职业教育信息技术系列新形态教材

信息技术与素养

主　编：杨　勇　殷智浩　李　晶
副主编：殷志昆　张　岩　周　寒
参　编：王惠惠　王　聪　白少华
　　　　王　晨　王凯旋　林　翔

北京理工大学出版社
BEIJING INSTITUTE OF TECHNOLOGY PRESS

内 容 简 介

本书共包括 8 个项目，主要内容为认识和选购计算机、计算机网络与应用、操作系统配置与管理、WPS 文字处理、WPS 表格的使用、WPS 演示的使用、新一代信息技术概述、信息素养与社会责任。本书的案例贴近工作实际、贴近日常应用，注重培养大学生的信息素养和职业能力。本书在内容上图文并茂，循序渐进，便于读者理解与掌握。

本书可作为信息技术基础、大学计算机基础等公共课程的教材，也可作为全国计算机等级考试的辅导用书，还可作为计算机爱好者学习计算机基础知识的参考书。

版权专有　侵权必究

图书在版编目（CIP）数据

信息技术与素养 / 杨勇,殷智浩,李晶主编．
北京：北京理工大学出版社，2024.6（2024.8 重印）．
ISBN 978-7-5763-4117-1

Ⅰ．TP3

中国国家版本馆 CIP 数据核字第 2024HR7810 号

责任编辑：王玲玲	**文案编辑**：王玲玲
责任校对：刘亚男	**责任印制**：施胜娟

出版发行 /	北京理工大学出版社有限责任公司
社　　址 /	北京市丰台区四合庄路 6 号
邮　　编 /	100070
电　　话 /	（010）68914026（教材售后服务热线）
	（010）68944437（课件资源服务热线）
网　　址 /	http://www.bitpress.com.cn
版 印 次 /	2024 年 8 月第 1 版第 2 次印刷
印　　刷 /	三河市天利华印刷装订有限公司
开　　本 /	787 mm×1092 mm　1/16
印　　张 /	19.25
字　　数 /	446 千字
定　　价 /	59.80 元

图书出现印装质量问题，请拨打售后服务热线，负责调换

前言

随着计算机应用的不断发展，计算机不仅可以用于科研等领域，而且已经深入日常生活、工作及各行各业，成为信息化社会的基本工具。熟练使用计算机和现代化办公软件及设备已成为当下大学生必备的能力，因而，信息技术基础成为高等学校普遍开设的一门计算机公共课程。

计算机技术和应用软件发展更新很快，本书在编写时进行了综合考虑，使读者能够通过项目学习典型实用技术，掌握计算机的基本操作方法，提高应用办公软件的能力，以适应工作、生活的需求。本书选择了几个贯穿整个课程的综合项目，作为训练学生职业综合能力的主要载体，并将项目分解为多个任务来训练学生的单项能力。本书案例贴近工作实际，贴近日常应用，注重培养大学生的信息素养和职业能力。

1. 主要内容

（1）认识和选购计算机：主要介绍计算机的定义、发展、特点，信息的表示和存储，计算机的选购。

（2）计算机网络与应用：包括计算机网络和 Internet 基础知识、IE 浏览器的用法、电子邮件的收发等。

（3）操作系统配置与管理：包括操作系统基础知识、Windows 10 的基本概念和基本操作、个性化操作、文件管理。

（4）WPS 文字处理：通过 4 个具体的任务介绍 WPS 文字 2019 的使用。

（5）WPS 表格的使用：通过 5 个具体的任务介绍 WPS 表格 2019 的使用。

（6）WPS 演示的使用：通过 4 个具体的任务介绍 WPS 演示文稿 2019 的使用。

（7）新一代信息技术概述：包括大数据、虚拟现实、物联网、区块链等。

（8）信息素养与社会责任：包括认识信息素养、学习信息安全、学习信息伦理与行业自律。

2. 主要特色与创新

本书以项目化的案例形式介绍计算机基础知识、计算机网络基础知识、Windows 10 操作系统的配置与管理、WPS 办公软件三大组件的常见应用。每个任务之前有任务描述，之后有知识拓展和过关练习。知识拓展部分讲解高级应用技巧，学有余力的学生可以选学；过关练习供学生课后选做。知识拓展和过关练习部分以二维码的方式呈现，读者可用手机扫描二维码浏览。

本书注重理论与实际案例相结合，力求通过各个任务的学习，重点培养学生的计算机操作、网络应用、办公应用等技能，以及利用计算机技术获取信息、处理信息、分析信息和发布信息的综合应用能力。

3. 与同类教材的比较

（1）突破了传统的知识体系和教材编写模式，以职业岗位需求为准则，以职业活动中的工作过程为依据，以"项目+任务"的方式组织编写。

（2）以"Windows 10 + WPS"为平台，取材于职业岗位活动，紧紧围绕职业能力目标选择实例和练习题。

（3）融知识、理论、能力训练和实践于一体。

本书注重实际应用，兼顾考试需要，可作为高等院校非计算机专业信息技术基础、大学计算机基础等公共课程的教材，也可作为参加全国计算机等级考试的辅导书。

本书由杨勇、殷智浩、李晶担任主编，殷志昆、张岩、周寒担任副主编，王惠惠、王聪、白少华、王晨、王凯旋、林翔担任参编。本书在编写过程中参考了国内同行编写的相关书籍及一些网络文献，在此向相关作者表示感谢。

由于时间仓促、编者水平有限，书中不足之处难免，恳请广大读者批评指正。

目录

项目 1　认识和选购计算机 …………………………………………………………… 1

　任务 1.1　认识计算机 …………………………………………………………………… 1

　　1.1.1　计算机的发展历史 ……………………………………………………………… 2

　　1.1.2　计算机的特点 …………………………………………………………………… 5

　　1.1.3　计算机的应用 …………………………………………………………………… 5

　　1.1.4　计算机的分类 …………………………………………………………………… 6

　　1.1.5　计算机的组成与工作原理 ……………………………………………………… 7

　　1.1.6　计算机的发展趋势 ……………………………………………………………… 9

　任务 1.2　了解信息的表示和存储 …………………………………………………… 11

　　1.2.1　信息与数据 …………………………………………………………………… 11

　　1.2.2　数据的存储 …………………………………………………………………… 11

　　1.2.3　数制 …………………………………………………………………………… 12

　　1.2.4　字符的编码 …………………………………………………………………… 15

　任务 1.3　选购计算机 ………………………………………………………………… 19

　　1.3.1　选购中央处理器 ……………………………………………………………… 20

　　1.3.2　选购存储器 …………………………………………………………………… 22

　　1.3.3　选购主板 ……………………………………………………………………… 26

　　1.3.4　选购输入/输出设备 …………………………………………………………… 30

项目 2　计算机网络与应用 ……………………………………………………………… 35

　任务 2.1　认识计算机网络 …………………………………………………………… 35

　　2.1.1　计算机网络的概念和组成 …………………………………………………… 36

　　2.1.2　计算机网络的功能 …………………………………………………………… 37

　　2.1.3　计算机网络的分类 …………………………………………………………… 38

　　2.1.4　计算网络硬件 ………………………………………………………………… 39

　　2.1.5　无线局域网 …………………………………………………………………… 40

　任务 2.2　认识全球最大的网络——Internet ………………………………………… 41

2.2.1	Internet 的概念	41
2.2.2	TCP/IP 协议	42
2.2.3	IP 地址与子网掩码	43
2.2.4	域名与域名解析	46
2.2.5	接入因特网	46
2.2.6	WWW 服务	48
2.2.7	电子邮件服务	49
2.2.8	因特网提供的其他服务	50

任务 2.3　使用 IE 浏览器浏览网页和检索信息 …… 51

2.3.1	使用 IE 浏览器浏览网页	52
2.3.2	使用搜索引擎	56
2.3.3	使用数据库检索系统	58

任务 2.4　收发电子邮件 …… 61

2.4.1	Web 电子邮件收发	61
2.4.2	使用 Outlook 2016 进行电子邮件收发	65

项目 3　操作系统配置与管理 …… 72

任务 3.1　了解操作系统基础知识 …… 72

3.1.1	操作系统的功能	72
3.1.2	操作系统的发展概况	74
3.1.3	操作系统的分类	74
3.1.4	常用的操作系统	76

任务 3.2　认识 Windows 10 操作系统 …… 78

3.2.1	基本概念	78
3.2.2	窗口的操作方法	81
3.2.3	任务栏的操作方法	82

任务 3.3　Windows 10 个性化操作 …… 85

3.3.1	桌面图标设置	85
3.3.2	Windows 10 颜色外观设置	86
3.3.3	设置桌面背景	86
3.3.4	设置屏幕保护程序	89
3.3.5	自定义任务栏	89

任务 3.4　Windows 10 文件管理 …… 90

3.4.1	文件系统的基本概念	91
3.4.2	文件资源管理器	91
3.4.3	文件与文件夹的基本操作	94

项目 4　WPS 文字处理 …… 103

任务 4.1　文档创建 …… 103

4.1.1	启动和关闭文档	103
4.1.2	创建和保存文档	106
4.1.3	输入和删除文字	107
4.1.4	编辑和输出文本	108

任务 4.2　表格处理 …………………………………………………………… 112

4.2.1	创建表格	112
4.2.2	编辑表格	114
4.2.3	设置表格格式	120
4.2.4	处理表格数据	124

任务 4.3　图文混排 …………………………………………………………… 124

4.3.1	插入和编辑图片	124
4.3.2	插入和编辑形状	129
4.3.3	插入和编辑文本框	135
4.3.4	插入和编辑艺术字	136

任务 4.4　文档排版 …………………………………………………………… 138

4.4.1	设置字符格式	138
4.4.2	设置段落格式	140
4.4.3	设置页面格式	145
4.4.4	自动生成目录	149
4.4.5	打印设置与导出	151

项目 5　WPS 表格的使用 ………………………………………………… 155

任务 5.1　WPS 表格的基础操作 ……………………………………………… 155

5.1.1	WPS 表格的基本操作	155
5.1.2	工作表的操作	158
5.1.3	单元格的操作	162
5.1.4	数据录入	168

任务 5.2　WPS 表格的格式设置 ……………………………………………… 172

5.2.1	设置单元格格式	172
5.2.2	设置条件格式	177
5.2.3	设置表格样式	183

任务 5.3　WPS 表格的公式和函数 …………………………………………… 186

5.3.1	公式计算	186
5.3.2	插入函数	188

任务 5.4　WPS 表格的数据处理 ……………………………………………… 195

5.4.1	数据排序	195
5.4.2	数据筛选	197
5.4.3	分类汇总	199
5.4.4	数据合并	201

5.4.5 数据透视表 202
任务 5.5 WPS 表格的图表 204
 5.5.1 图表结构 204
 5.5.2 创建图表 207
 5.5.3 修改图表 208

项目 6 WPS 演示的使用 214

任务 6.1 认识 WPS 演示 214
 6.1.1 WPS 演示的基本操作 215
 6.1.2 演示文稿的基本操作 218
 6.1.3 幻灯片的基本操作 221

任务 6.2 插入对象——创建论文答辩演示文稿 224
 6.2.1 插入文本 225
 6.2.2 设置项目符号 226
 6.2.3 插入图片 228
 6.2.4 插入表格 230
 6.2.5 绘制图形 233
 6.2.6 插入超链接和动作 234
 6.2.7 插入视频和屏幕录制 237
 6.2.8 插入艺术字 240

任务 6.3 外观设计——美化论文答辩演示文稿 242
 6.3.1 使用主题 242
 6.3.2 设置背景 245
 6.3.3 设置幻灯片大小和页脚 248
 6.3.4 设置母版 249

任务 6.4 放映设置——让论文答辩演示文稿动起来 251
 6.4.1 设置动画效果 251
 6.4.2 设置切换效果 256
 6.4.3 排练计时 259
 6.4.4 设置放映方式 260
 6.4.5 设置与播放自定义放映 261
 6.4.6 演示文稿导出 262

项目 7 新一代信息技术概述 267

任务 7.1 走进大数据时代 267
 7.1.1 初识大数据 267
 7.1.2 大数据技术 268

任务 7.2 虚拟现实 272
 7.2.1 初探虚拟现实 272

7.2.2　VR + ……………………………………………………………………………… 275
任务 7.3　物联网 ……………………………………………………………………………… 277
　　7.3.1　什么是物联网 …………………………………………………………………… 277
　　7.3.2　物联网的应用 …………………………………………………………………… 279
任务 7.4　区块链 ……………………………………………………………………………… 281
　　7.4.1　解读区块链 ……………………………………………………………………… 281
　　7.4.2　区块链的应用 …………………………………………………………………… 282

项目 8　信息素养与社会责任 …………………………………………………………… 285

任务 8.1　认识信息素养 ……………………………………………………………………… 285
　　8.1.1　信息素养基本概念 ……………………………………………………………… 286
　　8.1.2　信息素养主要要素 ……………………………………………………………… 286
　　8.1.3　信息技术发展史 ………………………………………………………………… 287
任务 8.2　学习信息安全 ……………………………………………………………………… 288
　　8.2.1　信息安全基本概念 ……………………………………………………………… 288
　　8.2.2　计算机网络安全技术对策 ……………………………………………………… 290
　　8.2.3　计算机网络安全维护的简要措施 ……………………………………………… 291
　　8.2.4　防治计算机病毒 ………………………………………………………………… 292
任务 8.3　学习信息伦理与行业自律 ………………………………………………………… 296
　　8.1.1　信息伦理基本概念 ……………………………………………………………… 296
　　8.1.2　伦理道德与社会相关法律 ……………………………………………………… 297

项目 1　认识和选购计算机

由于人类了解和改造自然的需要，出现了一些专门用于计算的工具，早期人们用小木棍帮助计算，后来又发明了算盘等辅助计算工具。随着计算复杂性的提高和计算量的增大，人们又发明了计算机，以解决精度很高的计算问题。最初的计算机只是为了降低计算的复杂程度，将科技人员的精力从大量繁杂的计算中解脱出来，但是到了今天，计算机的功能已远远不止科学计算了，它已成为人们从事各行各业的最佳助手。在这样的信息化世界中，掌握计算机应用技术也成为人才素质和知识结构中不可或缺的重要组成部分。

本项目包括认识计算机、了解信息的表示和存储、选购计算机 3 个任务，分别从计算机的发展、计算机的特点、计算机的分类和进位计数制、不同数制之间的转换、计算机硬件和软件系统等知识入手，通过这 3 个任务，学生可以快速掌握计算机应用的基础知识。

学习要点

（1）计算机的发展历史、特点和应用。
（2）计算机的组成和工作原理。
（3）计算机信息的表示和存储。
（4）数制的基本概念，不同数制之间的转换。
（5）计算机中字符和汉字的编码。
（6）台式计算机的主要部件。

任务 1.1　认识计算机

任务描述

计算机是一种能自动、高速、精确地进行信息处理的电子设备，自 1946 年诞生以来，计算机发展极其迅速，至今已在各个方面得到广泛的应用，它使人们传统的工作、学习、日常生活甚至思维方式都发生了深刻的变化。可以说，当今世界是一个丰富多彩的计算机世界，计算机文化被赋予了更深刻的内涵，学习和应用计算机知识，掌握和使用计算机技术已成为每个人的迫切需求。本任务的目标是了解计算机的发展历史、特点、应用、分类和发展趋势。

1.1.1 计算机的发展历史

1946年,第一台电子计算机——电子数字积分计算机(electronic numerical integrator and computer,ENIAC)(图1-1)在美国费城面世,标志着现代计算机的诞生。ENIAC是一个庞然大物,其占地面积为170 m^2,总质量达30吨。机器中约有18 800只电子管、1 500个继电器、70 000只电阻以及其他各种电气元件,每小时耗电量约为140 kW。这样一台"巨大"的计算机每秒钟可以进行5 000次加减运算,相当于手工计算的20万倍。每小时耗电量约为140 kW。

图1-1 电子数字积分计算机(ENIAC)

接着冯·诺依曼研制出电子离散变量自动计算机(electronic discrete variable automatic computer,EDVAC),他的两个主要思想一直沿用至今:①计算机中的数据以二进制形式存放;②程序和数据存放在存储器中,计算机能自动、连续地执行程序,不需要人工干预,并能得到预期的结果。

1. 现代计算机的发展史

自第一台计算机诞生后,在短短几十年的时间里,计算机的发展突飞猛进。在这一发展过程中,电子元器件的革新起到了决定性的作用,它是计算机更新换代的主要标志。根据计算机所使用的电子元器件,可将计算机的发展分为四个阶段。

1)第一代计算机

第一代计算机(1946—1958年)采用电子管作为主要元器件。这个阶段的计算机体积庞大、运算速度慢、成本高、可靠性较差、内存容量小,主要用于军事和科学研究领域。

2)第二代计算机

第二代计算机(1958—1964年)用晶体管代替电子管作为主要元器件。这一阶段还出现了高级程序设计语言,如COBOL和Fortran等,使计算机编程更容易。除了用于科学计算外，第二代计算机还用于数据处理和事务处理。

3）第三代计算机

第三代计算机（1964—1971年）主要采用中小规模集成电路作为电子元器件，每秒可进行几十万次甚至上百万次基本运算。在软件方面，操作系统进一步完善，出现了结构化程序设计语言，还出现了并行处理技术、多处理机、虚拟存储系统以及面向用户的应用软件。

4）第四代计算机

第四代计算机（1971年至今）的主要特征是采用大规模集成电路（large scale integrated circuit，LSI）、超大规模集成电路（very large scale integrated circuit，VLSI）、特大规模集成电路（super large scale integrated circuit，SLSI），在单个硅片上可以集成的晶体管数量从1万个到几千万个不等，甚至达到了10亿个。目前，个人计算机已经发展到了微型化、功耗低、可靠性很高的阶段。

在20世纪90年代，有人提出了第五代计算机的概念。第五代计算机的特征是智能化，它是把信息采集、存储、处理、传输与人工智能结合在一起的智能计算机系统。第五代计算机又称为新一代计算机，它将是计算机发展史上的一次重大变革，在未来可能会广泛应用于社会生活的各个方面。

2. 我国计算机的发展历史

我国计算机的研制起步于20世纪50年代，当西方发达国家致力于第二代计算机产品的研发时，我国正在研制第一代电子管计算机。与国外计算机的发展历程相似，国内计算机的发展也经历了从早期的基于电子管、晶体管的计算机，到基于中小规模集成电路的计算机，一直到基于超大规模集成电路的计算机的过程。虽然国内计算机的研制起步较晚，但是经过科研人员的艰苦努力，目前，我国在计算机领域很多方向上的研究已走在世界前列，并且部分研究已达到国际领先水平。

1956年，在毛泽东、周恩来等党和国家领导人的关怀下，我国制定了《1956—1967年科学技术发展远景规划》，著名科学家华罗庚教授等开始筹备中国科学院计算技术研究所（以下简称"中科院计算所"），着手研制电子计算机，我国的计算机事业由此起步。

1958年，中科院计算所成功研制了我国第一台小型电子管通用计算机103机，标志着我国第一台电子计算机的诞生。

1965年，中科院计算所成功研制了我国第一台大型晶体管计算机，这台计算机在"两弹"试验中发挥了重要作用。

1974年，清华大学等单位联合设计、研制了基于集成电路的"DJS–130"小型计算机，其运算速度达50万次/s。

1983年，国防科技大学成功研制了运算速度达上亿次每秒的"银河–Ⅰ"巨型机，这是我国高速计算机研制过程中的一个重要里程碑。

1992年，国防科技大学研制出"银河–Ⅱ"通用并行巨型机，运算速度达10亿次/s，总体上达到20世纪80年代中后期国际先进水平。该巨型机主要用于中期天气预报。

1993年，国家智能计算机研究开发中心（现为高性能计算机研究中心）成功研制了"曙光一号"对称型多处理机系统。

1995年，国家智能计算机研究开发中心推出了"曙光1000"大规模并行计算机系统，实际运算速度达 15.8 亿次/s。它突破了很多项大规模并行处理（MPP）的关键技术，使中国成为世界上少数几个能研制和生产大规模并行计算机系统的国家之一。

1997 年，国防科技大学成功研制了"银河-Ⅲ"百亿次并行巨型计算机系统，其综合技术达到 20 世纪 90 年代中期国际先进水平。

1997—1999 年，国家智能计算机研究开发中心先后在市场上推出了"曙光 1000A""曙光 2000-Ⅰ""曙光 2000-Ⅱ"超级服务器，其中，"曙光 2000-Ⅱ"超级服务器的运算速度已突破 1 000 亿次/s。

1999 年，国家并行计算机工程技术研究中心研制的"神威Ⅰ"计算机通过了国家级验收，其峰值运算速度可达 3 840 亿次/s，并在国家气象中心投入运行。

2000 年，国家智能计算机研究开发中心推出了峰值浮点运算速度可达 4 032 亿次/s 的"曙光 3000"超级服务器。

2001 年，中科院计算所成功研制了我国第一款通用 CPU——"龙芯"芯片。

2002 年，曙光信息产业股份有限公司推出了拥有完全自主知识产权的龙腾服务器，这是国内第一台完全实现自主知识产权的服务器产品，可在国防、安全等部门发挥重大作用。

2003 年，百万亿字节数据处理超级服务器"曙光 4000L"通过中国科学院的验收，再一次刷新了国产超级服务器的性能纪录。

2004 年，在全球超级计算机 500 强名单中，曙光信息产业股份有限公司研制的超级计算机"曙光 4000A"排名第十，其峰值运算速度达 11 万亿次/s。

2005 年，由中科院计算所研制的中国首个拥有自主知识产权的通用高性能 CPU"龙芯二号"正式亮相。

2013 年 6 月，"天河二号"以 3.39 亿亿次/s 的持续双精度浮点运算速度，获得全球最快的超级计算机的称号。

2016 年，我国自主研发的"神威·太湖之光"超级计算机（图 1-2）登上当年全球超级计算机排行榜榜首，该超级计算机不仅速度比"天河二号"快出近 2 倍，而且效率提高了 3 倍。

图 1-2 "神威·太湖之光"超级计算机

2017年5月，中国科学技术大学潘建伟院士及其同事陆朝阳、朱晓波等，联合浙江大学王浩华研究组，构建了世界上第一台超越早期经典计算机的光量子计算机。

自2017年11月至2019年11月，在每半年发布一次的世界超级计算机排名中，中国超级计算机上榜数量连续五次位居世界第一。

1.1.2 计算机的特点

计算机作为一种信息处理工具，具有很快的处理速度，强大的计算能力、存储能力和逻辑判断能力，主要特点如下。

1. 运算速度快，计算精度高

计算机可以高速、准确地完成各种算术运算，使大量复杂的科学计算问题得以解决。如我国的"神威·太湖之光"超级计算机的持续运算速度可达9.3亿亿次/s。

2. 具有逻辑判断能力

计算机不仅能进行精确的算术计算，还具有逻辑运算功能，能对信息进行比较和判断，也就是说，它具有逻辑判断能力，能"思考"。

3. 存储能力强

计算机内部的存储器具有"记忆"功能，可以存储大量的信息，这些信息不仅包括各类数据，还包括加工这些数据的程序。具有强大的存储能力，是计算机与其他计算装置（如计算器）的一个重要区别。

4. 工作自动化

计算机具有存储功能和逻辑判断能力，人们可以将预先编好的程序存入计算机中，在计算机开始工作后，从存储单元中依次取出指令来控制计算机的操作。在程序的控制下，计算机可以连续、自动地工作，不需要人的干预，实现操作的自动化。

5. 具有网络与通信功能

计算机技术与通信技术相融合产生了计算机网络，所有用户可共享网络上的资料、交流信息、互相学习。计算机网络改变了人类交流的方式和信息获取的途径。

1.1.3 计算机的应用

计算机发展迅速，广泛应用于各行各业。目前，计算机的应用已经渗透到人类社会的各个方面，从科学研究到生产、生活、医疗、教育等，到处都有计算机应用的成果。计算机的应用概括起来可分为以下几个方面。

1. 科学计算

科学计算是指计算机用于数学问题的计算，是计算机应用最早的领域。

2. 信息处理

信息处理又称为数据处理，是指用计算机对信息进行收集、加工、存储和传输等工作，为有各种需求的人们提供有价值的信息，作为管理和决策的依据。

3. 过程控制

过程控制是指用计算机对工业生产过程或某种装置的运行过程进行状态监测并实施自动控制。

4. 计算机辅助工程

计算机辅助工程主要包括计算机辅助设计（computer aided design，CAD）、计算机辅助制造（computer aided manufacturing，CAM）、计算机辅助测试（computer aided testing，CAT）和计算机辅助教学（computer assisted instruction，CAI）等。

5. 多媒体应用

随着计算机技术的发展，多媒体技术的应用领域正在不断拓宽。在文化教育、技术培训、电子图书、观光旅游等领域，已经出现了不少深受人们欢迎的、以多媒体技术为核心的电子产品，它们以图片、动画、视频、音乐及语音等大众易于接受的多媒体素材将需要反映的内容生动地展现出来。

6. 网络应用

随着计算机网络技术的快速发展，网络应用已成为计算机的重要应用领域，如电子邮件、WWW 服务、信息检索、IP 电话、电子商务、电子政务、网络论坛（BBS）、远程教育等。

7. 人工智能

人工智能是指利用计算机模拟人的智能活动。它包括用计算机模拟人的感知能力、思维能力和行为能力等。例如，使计算机具有识别语言、文字、图形及学习、推理和适应环境的能力等。随着人工智能研究的不断深入，智能计算机将出现在我们身边，它将拥有更接近人类的思维模式。

8. 嵌入式系统

嵌入式系统是一种完全嵌入受控器件的内部，为特定应用而设计的专用计算机系统。

1.1.4 计算机的分类

计算机的种类很多，可以从不同的角度对计算机进行分类。

1. 按照计算机处理数据的类型分类

（1）数字计算机：数字计算机用二进制数字"0"和"1"来表示信息，其基本运算部件是数字逻辑电路。它是目前应用最广泛的计算机。

(2) 模拟计算机：模拟计算机是对连续变化的模拟量如电流、电压等进行处理来表示信息的计算机，其基本运算部件是由运算放大器构成的微分器、积分器、通用函数运算器等模拟电路。

(3) 数字、模拟混合式计算机：其基本运算部件既有数字逻辑电路，又有模拟电路。

2. 按照计算机的用途分类

(1) 通用计算机：通用计算机是为解决各种问题而设计的计算机，具有较强的通用性。

(2) 专用计算机：专用计算机是为解决一个或一类特定问题而设计的计算机。

3. 按照计算机的性能、规模和处理能力分类

计算机的性能主要由字长、运算速度、存储容量、外部设备配置和软件配置等决定。按照性能、规模和处理能力，可以将计算机分为巨型机、大型通用机、微型计算机、工作站和服务器等，其中，服务器是网络的节点，存储和处理网络上80%的数据和信息，因此也称为"网络的灵魂"。它比普通计算机运行更快、存储容量更大。

1.1.5 计算机的组成与工作原理

1. 计算机的组成

计算机系统由硬件系统和软件系统两大部分组成，如图1－3所示。

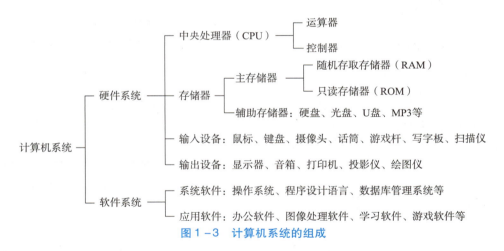

图1－3　计算机系统的组成

硬件系统是指计算机的物理设备，包括主机和外部设备。软件系统是指系统中的程序以及开发、使用和维护程序所需的文档的集合，包括计算机本身运行所需的系统软件和用户完成特定任务所需的应用软件。

1) 硬件系统

现代计算机的硬件系统主要采用的是冯·诺依曼体系结构，包括运算器、控制器、存储器、输入设备和输出设备五大部件，它们之间通过总线互相连接，如图1－4所示。其中，运算器和控制器组成中央处理器，存储器又分为主存储器（内存储器）和辅助存储器（外存储器）。

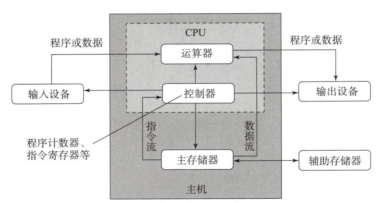

图 1-4 计算机硬件系统组成及运行关系

2）软件系统

所谓软件，是指为方便用户使用计算机和提高计算机使用效率而组织的程序，以及用于程序开发、使用和维护的有关文档。软件系统由系统软件和应用软件两大部分组成。系统软件由一组控制计算机系统并管理其资源的程序组成，功能包括启动、关闭计算机，存储、加载和执行应用程序，对文件进行排序、检索，将程序语言翻译成机器语言等。为解决各类实际问题而设计的程序系统称为应用软件，如 Office 套装软件、AutoCAD 等。从其服务对象的角度，可以将应用软件分为通用软件和专用软件两类。

没有软件的计算机称为"裸机"，裸机仅仅是一台机器，很难使用和发挥它的作用。要解决实际问题，必须有相应软件的支持，同样的计算机硬件配上不同的软件，它的功能也就不同。另外，软件的运行要以硬件为基础，所以两者的关系是相辅相成、缺一不可的。

2. 计算机工作原理

除了五大部件，冯·诺伊曼提出的另一个概念是"存储程序"，计算机的工作就是执行存储在其中的程序。输入设备在控制器的作用下将程序和数据录入计算机中并把它们存放到主存储器中；在程序开始执行后，依次从主存储器中取出程序里的各条指令，然后分析指令执行何种操作，需要哪些数据参与运算，由此产生相应的控制信号，发送到各个执行部件，由运算器执行相应的运算；在控制器的控制下，把运算结果存放到主存储器，或把主存储器中的有关数据、信息传送到输出设备上，本条指令执行完毕后，再取出下一条要执行的指令。如此反复，直到程序中的指令全部执行完毕。

计算机的工作过程实际上就是程序指令在中央处理器的控制下逐条执行的过程。从上述过程来看，它主要分为两个阶段，即取指令阶段和执行指令阶段。

取指令阶段：在 CPU 控制下，从主存储器中取出指令，送到指令寄存器，经指令译码器译码后，产生完成此指令的各种定时控制信号。

执行指令阶段：在 CPU 的控制下，执行该指令规定的操作。

每一条指令的执行都包括这两个阶段。执行一条指令的时间称为指令周期。每一个指令周期又可分为取指令周期和执行指令周期。取指令周期，对任何一条指令都是一样的；而执行指令则不同，由于指令性质不一样，所要完成的操作也各不相同，因此，指令的执行周期是不同的。

1.1.6 计算机的发展趋势

1. 计算机的发展方向

从类型上看,计算机发展的主要方向如下:

(1) 巨型化,指计算机的运算速度更快、容量更大、功能更完善。巨型计算机主要用于天文、气象、核技术、航空航天等尖端科学领域以及军事、国防系统的研究开发。巨型计算机的技术水平是衡量一个国家科技和工业发展水平的重要标志。

(2) 微型化,指利用微电子技术和超大规模集成电路技术,把计算机的体积进一步缩小,价格进一步降低,使个人计算机向便携机、掌上机的方向发展,取得更优的性价比。

(3) 网络化,指利用现代通信技术和计算机技术,将分布在不同地点的计算机连接起来,让用户实现软件、硬件、数据资源、专家资源等的全面共享。

(4) 智能化,指让计算机获得模拟人的感知和思维过程的能力。

2. 未来新一代的计算机

随着科学与技术的发展,未来新一代计算机的体系结构、工作原理、元器件及制造技术等都会有颠覆性的变革,未来可能出现的计算机有生物计算机、模糊计算机、光子计算机、超导计算机、量子计算机等。

1) 生物计算机

生物计算机是用生物芯片代替集成电路芯片制成的计算机,生物芯片的主要原材料是通过生物工程技术制造的蛋白质分子。生物计算机的芯片本身具有并行处理的能力,其理论运算速度要比当今最新一代的计算机快10万倍,而能量消耗仅相当于普通计算机的十亿分之一,存储信息的空间仅占普通计算机的百亿亿分之一。目前生物计算机的研究方向大致有两个:一是研制分子计算机,即制造有机分子元件代替目前的半导体逻辑元件和存储元件;二是深入研究人脑的结构、思维规律,再构想生物计算机的结构。

2) 模糊计算机

依照模糊理论,判断的结果不是以"是""非"两种绝对的值或"0"与"1"两种数码来表示,而是取很多模糊值,如"接近""几乎""差不多"和"差得远"等来表示。用这种不确切的模糊值进行工程计算的计算机就是模糊计算机。

模糊计算机是建立在模糊数学基础上的计算机。模糊计算机除了具有一般计算机的功能外,还具有学习、思考、判断和对话的能力,可以立即辨识外界物体的形状和特征,甚至可以帮助人类从事复杂的脑力劳动。模糊计算机还能用于地震灾情判断、疾病医疗诊断、发酵工程控制、海空导航巡视等方面。

3) 光子计算机

光子计算机是一种由光信号进行数字运算、逻辑操作、信息存储和处理的新型计算机,它由激光器、光学反射镜、透镜、滤波器等光学元件和设备构成,靠激光束进入反射镜和透镜组成的阵列进行信息处理,以光子代替电子,以光运算代替电运算。

目前,很多国家都投入了大量资金进行光子计算机的研究。随着现代光学技术与计算机技术、微电子技术的结合，在不久的将来，光子计算机有望成为人类普遍应用的工具。

4）超导计算机

超导计算机是利用超导技术制成的计算机，其性能是目前的电子计算机无法相比的。超导是低温下导体电阻变为零的现象，超导线圈中的电流可以无损耗地流动，但发生超导的临界温度很低，在20世纪80年代后期，科学家发现了一种陶瓷合金在－238 ℃时出现超导现象。我国物理学家找到一种材料，在－141 ℃时可出现超导现象。

目前，科学家还在为此继续奋斗，力图寻找出一种"高温"超导材料，甚至一种室温超导材料。一旦找到这些材料后，人们可以利用它们制成超导开关器件和超导存储器，再利用这些器件制成超导计算机。

5）量子计算机

量子计算机的概念源于对可逆计算机的研究。研究可逆计算机的目的是解决计算机的能耗问题。2012年，美国科学家已经研制出一台可处理2量子比特数据的量子计算机。由于量子比特比传统计算机中的"0"和"1"比特能存储更多的信息，因此，量子计算机的运行效率和功能将大大超越传统计算机。据科学家介绍，这种量子计算机可用于大信息量数据的处理。

2017年，中国科学技术大学潘建伟院士及其同事朱晓波等，联合浙江大学王浩华教授研究组，自主研发了10比特超导量子线路样品，通过发展全局纠缠操作，成功实现了当时世界上最大数目的超导量子比特的纠缠和完整测量，这是历史上第一台超越早期经典计算机的基于单光子的量子模拟计算机。

2019年8月，中科院院士、中国科学技术大学教授潘建伟和陆朝阳、霍永恒等人领衔，与多位国内外学者合作，在国际上首次提出一种新型理论方案，在窄带和宽带两种微腔上成功实现了确定性偏振、高纯度、高全同性和高效率的单光子源，为量子计算机的发展奠定了重要的科学基础。

知识拓展

嵌入式计算机是指嵌入对象体系中，实现对象体系智能化控制的专用计算机系统。嵌入式计算机系统是以应用为中心，以计算机技术为基础，并且软硬件可裁剪，适用于应用系统对功能、可靠性、成本、体积、功耗有严格要求的专用计算机系统。它一般由嵌入式微处理器、外围硬件设备、嵌入式操作系统以及用户的应用程序4个部分组成，用于实现对其他设备的控制、监视或管理等功能。

嵌入式计算机

嵌入式计算机有哪些应用？扫描二维码，获取更多知识。

过关练习

扫描二维码，完成过关练习。

练习1.1

任务 1.2 了解信息的表示和存储

任务描述

尽管计算机能处理很复杂的问题,且速度很快。但计算机的整个硬件基础,归根结底却是数字电路。在计算机的整个运行过程中,计算机内部的所有器件只有两种状态:"0"和"1"。计算机也只能识别这两种信号,并对它们进行处理。因此,计算机处理的所有问题,都必须转换成相应的"0"和"1"状态的组合,以便与机器的电子元件状态相适应。经过实践,人们发现所有信息也都可以用"0"和"1"的状态组合来表示。例如,灯亮可以表示为"1",灯灭可以表示为"0";天阴为"01",天晴为"10",下雨为"00",等等。只要二进制位数足够多,就可以表示所需的状态。总之,计算机的运算基础是二进制。本任务的目标是掌握信息与数据的基本概念、数据的存储方式和存储单位、常用数制和字符编码等。

1.2.1 信息与数据

数据(data)是指所有能输入计算机中并通过计算机程序处理的符号的总称,是计算机中信息的具体表现形式。数据的形式可以随着物理设备的改变而改变,数据可以在物理介质上记录或传输并通过外围设备由计算机接收、保存、传输、加工处理。

信息(information)是人们用来表示一定意义的符号的集合,即信号。它可以是数字、文字、图形、图像、动画、声音等,是人们用于对客观世界直接进行描述,可以在人们之间进行传递的一些知识。

数据和信息的区别在于信息是数据处理之后产生的结果,信息具有针对性、时效性。

1.2.2 数据的存储

1. 数据的存储方式

计算机内部的数据是用二进制数表示的。相对生活中常用的十进制数而言,二进制数只有"0"和"1"两个数码,采用二进制数表示数据不但运算简单、易于物理实现、通用性强,而且所占用的空间和所消耗的能量都较小,也可使计算机的可靠性更高。

2. 数据的存储单位

计算机中使用的数据存储单位有位、字节、字等。

1)位

位(bit)是计算机存储数据的最小单位。一个二进制位只能表示 $2^1=2$ 种状态,要想表示更多的信息,就得把多个位组合起来作为一个整体,每增加一位,所能表示的信息量就增加一倍。例如,ASCII 码用 7 个二进制位组合编码,能表示 $2^7=128$ 个字符。

2)字节

字节(byte)是数据处理的基本单位(用 B 表示),即计算机以字节为单位存储和解释信息。一个字节等于 8 个二进制位，即 1 B = 8 bit。通常存放一个 ASCII 码用 1 B，存放一个汉字国标码用 2 B，整数用 2 B 存储，单精度实数用 4 B 组织成浮点形式，双精度实数用 8 B 组织成浮点形式，等等。

存储器的容量大小是以字节数来度量的，其度量单位还有千字节（KB）、兆字节（MB）、吉字节（GB）、太字节（TB）、拍字节（PB）、艾字节（EB）等，其关系如下：

$1 \text{ KB} = 1\ 024 \text{ B} = 2^{10} \text{B}$　　　　$1 \text{ MB} = 1\ 024 \text{ KB} = 2^{20} \text{B}$

$1 \text{ GB} = 1\ 024 \text{ MB} = 2^{30} \text{B}$　　　$1 \text{ TB} = 1\ 024 \text{ GB} = 2^{40} \text{B}$

$1 \text{ PB} = 1\ 024 \text{ TB} = 2^{50} \text{B}$　　　$1 \text{ EB} = 1\ 024 \text{ PB} = 2^{60} \text{B}$

3）字

字是指计算机和信息处理系统在存储、传送或执行其他操作时，作为一个单元的一组字符或一组二进制位。一个字（word）通常由一个字节或若干字节组成。字的位数称为字长，字长是计算机一次所能处理的实际位数，所以字长是衡量计算机性能的一个重要标志，字长越长，性能就越强。通常称 16 位是一个字，32 位是一个双字，64 位是两个双字。

1.2.3　数制

1. 数制的基本概念

计算机是一种信息处理工具，信息必须转换成二进制形式的数据后，才能由计算机进行处理、存储和传输。

1）数制的定义

用一组固定的数字（数码符号）和一套统一的规则来表示数值的方法称为数制（number system），也称计数制。常用的数制除了十进制外，还有二进制、八进制、十六进制、二十四进制、六十进制等。

2）R 进制计数制

任意 R 进制计数制都有基数 R、权 R^i 和按权展开式。其中，R 可以是任意正整数，如二进制的 R 为 2，十进制的 R 为 10，十六进制的 R 为 16。

（1）基数。基数是指计数制中所用到的数码符号的个数。在基数为 R 的计数制中，包含 0、1、2、…、R−1 共 R 个数码符号，进位规律是"逢 R 进一"，称为 R 进制计数制，简称 R 进制。如十进制（decimal）包含 0、1、2、3、4、5、6、7、8、9 十个数字符号，基数 R 为 10，进位规律是"逢十进一"。

为区分不同数制的数，书中约定对于任意 R 进制的数 N，记作 $(N)_R$。例如，$(10101)_2$、$(7034)_8$、$(AE06)_{16}$ 分别表示二进制数 10101、八进制数 7034 和十六进制数 AE06。不用括号及下标的数，默认为十进制数，如 256 一般指十进制数 256。人们一般习惯在一个数的后面加上字母 D（十进制）、B（二进制）、Q（八进制）、H（十六进制）来说明其前面的数用的是什么进制，如 10101B 表示二进制数 10101；7034Q 表示八进制数 7034；AE06H 表示十六进制数 AE06。

（2）权（位值）。R 进制数中每一位所具有的值称为权。R 进制数的位权是 R 的整数次幂。例如，十进制数的位权是 10 的整数次幂，其个位的位权是 10^0，十位的位权是 10^1，依此类推。

(3) 数值的按权展开式。任意 R 进制数的值都可表示为各位数值与其权的乘积之和。

例如，二进制数 11001.11 按权展开为

$$11001.11B = 1 \times 2^4 + 1 \times 2^3 + 0 \times 2^2 + 0 \times 2^1 + 1 \times 2^0 + 1 \times 2^{-1} + 1 \times 2^{-2}$$

这个过程称为数值的按权展开。任意一个具有 n 位整数和 m 位小数的 R 进制数 N 的按权展开式如下：

$$N = a_{n-1} \times R^{n-1} + a_{n-2} \times R^{n-2} + \cdots + a_2 \times R^2 + a_1 \times R^1 + a_0 \times R^0 + a_{-1} \times R^{-1} + \cdots + a_{-m} \times R^{-m}$$

$$= \sum_{i=-m}^{n-1} a_i \times R^i$$

式中，a_i 为 R 进制数 N 的数码符号。

2. 十进制、二进制、八进制和十六进制

通过上述数制的介绍，相信读者对数制有了一定的理解。下面具体介绍十进制、二进制、八进制和十六进制，以及数制间的转换。

1）十进制

十进制具有以下特点：

（1）有 10 个不同的数码符号：0、1、2、3、4、5、6、7、8、9。

（2）每一个数码符号根据它在这个数中所处的位置（数位），按"逢十进一"来决定其实际数值，即各数位的位权是 10^i。

在计算机中，一般用十进制数作为数据的输入和输出。

2）二进制

二进制具有以下特点：

（1）有 2 个不同的数码符号：0、1。

（2）每一个数码符号根据它在这个数中所处的位置（数位），按"逢二进一"来决定其实际数值，即各数位的位权是 2^i。

显然，二进制数字冗长，书写麻烦且容易出错，不方便阅读。所以，在计算机技术文献的书写中，常用十六进制数表示。

3）八进制

八进制具有以下特点：

（1）有 8 个不同的数码符号：0、1、2、3、4、5、6、7。

（2）每一个数码符号根据它在这个数中所处的位置（数位），按"逢八进一"来决定其实际数值，即各数位的位权是 8^i。

八进制的应用不如十六进制广泛。有一些程序设计语言提供了使用八进制来表示数字的功能，目前还有一些比较老旧的 UNIX 应用在使用八进制。

4）十六进制

十六进制具有以下特点：

（1）有 16 个不同的数码符号：0、1、2、3、4、5、6、7、8、9、A、B、C、D、E、F。

（2）每一个数码符号根据它在这个数中所处的位置（数位），按"逢十六进一"来决定其实际数值，即各数位的位权是 16^i。

在一定数值范围内，有时需要直接写出各种数制之间的对应表示。表 1-1 列出了 0~15 这 16 个十进制数与其他 3 种数制的对应表示。

表 1-1　4 种数制的对应表示

十进制	二进制	八进制	十六进制	十进制	二进制	八进制	十六进制
0	0000	0	0	8	1000	10	8
1	0001	1	1	9	1001	11	9
2	0010	2	2	10	1010	12	A
3	0011	3	3	11	1011	13	B
4	0100	4	4	12	1100	14	C
5	0101	5	5	13	1101	15	D
6	0110	6	6	14	1110	16	E
7	0111	7	7	15	1111	17	F

5）各种数制间的转换

对于各种数制间的转换，重点要求掌握二进制整数与十进制整数之间的转换。

（1）R 进制数转换成十进制数。任意 R 进制数按权展开、相加即可得到十进制数。

例 1.1　将二进制数 101.01 转换成十进制数。

$$101.01B = 1 \times 2^2 + 0 \times 2^1 + 1 \times 2^0 + 0 \times 2^{-1} + 1 \times 2^{-2}$$
$$= 4 + 0 + 1 + 0 + 0.25 = 5.25D$$

例 1.2　将十六进制数 1BF 转换成十进制数。

$$1BFH = 1 \times 16^2 + 11 \times 16^1 + 15 \times 16^0 = 256 + 176 + 15 = 447D$$

（2）十进制数转换成 R 进制数。将十进制数转换成 R 进制数时，须将整数部分和小数部分分别进行转换。

①整数转换。采用除 R 取余法，即用 R 去除给出的十进制数的整数部分，取其余数作为转换后的 R 进制数的整数部分最低位数字；再用 R 去除所得的商，取其余数作为转换后的 R 进制数据的次低位数字；依此类推，直到商为 0 结束。

例 1.3　将十进制整数 53 转换成二进制整数。

按整数转换方法得：

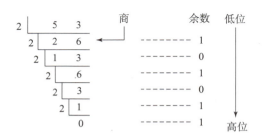

所以，53D = 110101B。

②小数转换。采用乘 R 取整法，用 R 去乘给出的十进制数的小数部分，取乘积的整数部分作为转换后 R 进制小数点后第一位数字；再用 R 去乘上一步乘积的小数部分，然后取新乘积的整数部分作为转换后 R 进制小数的低一位数字；重复第二步操作，一直到乘积为

0，或已得到要求的精度为止。

（3）二进制数与八进制数的相互转换。因为二进制的进位基数是2，八进制的进位基数是8，而$2^3=8$，显然，3位二进制数对应1位八进制数。

①二进制数换算成数八进制：整数部分从低位向高位，每3位用一个等值的八进制数来替换，不足3位时，在高位补0凑满3位；小数部分从高位向低位，每3位用一个等值的八进制数来替换，不足3位时，在低位补0凑满3位。

例1.4 将二进制数1101001110.11001转换成八进制数。

先分组，每3位一组，不足3位补0；然后将每组用1位八进制数表示即可，如下：

$$001\quad 101\quad 001\quad 110.\quad 110\quad 010$$
$$1\quad\quad 5\quad\quad 1\quad\quad 6.\quad\quad 6\quad\quad 2$$

故得结果：1101001110.11001B=1516.62Q。

②八进制数换算成二进制数：把每个八进制数字改写成等值的3位二进制数，且保持高低位的次序不变。

例1.5 将八进制数2467.32转换成二进制数。

$$2\quad\quad 4\quad\quad 6\quad\quad 7.\quad\quad 3\quad\quad 2$$
$$010\quad 100\quad 110\quad 111.\quad 011\quad 010$$

故得结果：2467.32Q=10100110111.01101B。

（4）二进制数与十六进制数的相互转换。用二进制数编码存在这样一个规律：n位二进制数最多能表示2^n种状态，分别对应0、1、2、3、…、2^{n-1}。可见，用4位二进制数就可对应表示1位十六进制数。

①二进制数转换成十六进制数：从小数点开始分别向左（整数部分）或向右（小数部分），将每4位二进制数分成1组，不足4位数的补0，然后将每组用1位十六进制数表示即可。

例1.6 将二进制整数1111101011001转换成十六进制整数。

先从左往右分组，不足4位补0，然后每组用一位十六进制数表示即可，如下：

$$0001\quad 1111\quad 0101\quad 1001$$
$$1\quad\quad F\quad\quad 5\quad\quad 9$$

故得结果：1111101011001B=1F59H。

②十六进制数转换成二进制数：将每位十六进制数用4位二进制数表示即可。

例1.7 将十六进制数3FC转换成二进制数。

$$3\quad\quad\quad F\quad\quad\quad C$$
$$0011\quad 1111\quad 1100$$

故得结果：3FCH=001111111100B。

（5）八进制数与十六进制数相互转换。八进制数与十六进制数之间直接转换有些困难，但是可以先把八进制数转换为二进制数，再转换为十六进制数；也可以先把十六进制数转换为二进制数，然后转换为八进制数。

1.2.4 字符的编码

1. 西文字符的编码

计算机中将非数字的符号表示成二进制形式，称为字符编码。为了在世界范围内进行信息的处理与交换，必须遵循一种统一的编码标准。目前，计算机中广泛使用的编码有 ASCII 码和 BCD 码。

ASCII（American Standard Code for Information Interchange）码即美国信息交换标准代码。标准 ASCII 码字符集见表 1 – 2。

表 1 – 2 标准 ASCII 码字符集

$b_3b_2b_1b_0$	$b_7b_6b_5b_4$							
	0000	0001	0010	0011	0100	0101	0110	0111
0000	NUL	DLE	SP	0	@	P	`	p
0001	SOH	DC1	!	1	A	Q	a	q
0010	STX	DC2	"	2	B	R	b	r
0011	ETX	DC3	#	3	C	S	c	s
0100	EOT	DC4	$	4	D	T	d	t
0101	ENQ	NAK	%	5	E	U	e	u
0110	ACK	SYN	&	6	F	V	f	v
0111	BEL	ETB	'	7	G	W	g	w
1000	BS	CAN	(	8	H	X	h	X
1001	HT	EM	)	9	I	Y	i	y
1010	LF	SUB	*	:	J	Z	j	z
1011	VT	ESC	+	;	K	[	k	{
1100	FF	FS	,	<	L	\	l	|
1101	CR	GS	-	=	M	]	m	}
1110	SD	RS	.	>	N	^	n	~
1111	SI	US	/	?	O	_	o	DEL

ASCII 码有 7 位版本和 8 位版本两种，国际上通用的是 7 位版本，7 位版本的 ASCII 码用 7 个二进制位（$2^7 = 128$）表示，有 128 个不同的字符编码，其中，控制字符 34 个，阿拉伯数字 10 个，大小写英文字母 52 个，各种标点符号和运算符号 32 个。在计算机中，实际用 8 位表示一个字符，最高位为"0"。

BCD 码，即扩展的二 – 十进制交换码，是西文字符的另一种编码，采用 8 位二进制数表示，共有 256 种不同的编码，可表示 256 个字符。IBM 系列大型机采用的就是 BCD 码。

2. 汉字的编码

计算机对汉字信息的处理过程实际上是各种汉字编码间的转换过程。这些编码主要包括汉字信息交换码（国标码）、汉字输入码、汉字内码、汉字字形码、汉字地址码及其他汉字内码等。

1）汉字信息交换码（图标码）

汉字信息交换码是用于汉字信息处理系统或者通信系统之间进行信息交换的汉字代码，简称"交换码"，也称为"国标码"。它是为了使系统、设备之间交换汉字信息时采用统一的形式而制定的。我国于1980年发布了国标码的国家标准——GB/T 2312—1980《信息交换用汉字编码字符集——基本集》。

国标码规定了进行一般汉字信息处理时所用的7 445个字符编码，其中有6 763个常用汉字和682个非汉字字符（图形、符号）。常用汉字字符编码中有一级汉字3 755个，以汉语拼音为序排列；二级汉字3 008个，以偏旁部首为序排列。

类似西文字符的ASCII码表，汉字也有一张区位码表。GB/T 2312—1980规定，国标码中所有的汉字和非汉字字符组成一个94×94的矩阵。在该矩阵中，每一行称为一个"区"，每一列称为一个"位"。显然，区号范围是1~94，位号范围也是1~94。这样，一个汉字在表中的位置就可以用它所在的区号与位号来确定。一个汉字的区号与位号的组合就是该汉字的"区位码"。区位码由4位十进制数字组成，高两位为区号，低两位为位号。区位码与每个汉字具有一一对应的关系，如汉字"啊"的区位码是1601，即第16区第1位。在区位码表中，1~9区是非汉字字符区；16~55区是一级常用汉字区；56~87区是二级次常用汉字区；10~15区及88~94区是保留区，可以用来存储自造字代码。实际上，区位码也是一种输入法，其最大的优点是一字一码，输入时无重码，最大的缺点是难以记忆。

国标码并不等于区位码，它是由区位码稍做转换得到的，转换方法如下：先将十进制的区码和位码转换为十六进制的区码和位码，这样就得到一个与国标码有一个相对位置差的代码，再将这个代码的第一个字节和第二个字节分别加上20H，就得到国标码。如汉字"啊"的区位码是1601D，国标码为3021H，转换过程为1601D→1001H + 2020H→3021H。

2）汉字输入码

为将汉字输入计算机而编制的代码称为汉字输入码，也称为"外码"。目前，汉字主要是通过标准键盘输入计算机的，所以，汉字输入码都是由键盘上的字符或数字组合而成的。汉字输入码大多是根据汉字的发音或字形结构等属性以及与汉语有关的规则编制的，目前流行的汉字输入码的编码方案有很多。全拼输入法和双拼输入法是根据汉字的发音进行编码的，称为音码；五笔字型输入法是根据汉字的字形结构进行编码的，称为形码；自然码输入法是以拼音为主、辅以字形字义进行编码的，称为音形码。

3）汉字内码

汉字内码是为在计算机内部对汉字进行存储、处理和传输而编制的汉字代码，它应能满足存储、处理和传输的要求。当一个汉字输入计算机后，转换为汉字内码，然后才能在机器内存储、传输和处理。汉字内码的形式多种多样。目前，对应于国标码，一个汉字的内码也用2 B存储，并把每个字节的最高二进制位置"1"作为汉字内码的标识，以免与单字节的ASCII码混淆。如果用十六进制表述，就是把汉字国标码的每个字节上加一个80H（即二进制数1000 0000）。例如，汉字"啊"的国标码为3021H（0011 0000 0010 0001B），机内码为B0A1H（1011 0000 1010 0001B），转换过程为3021H + 8080H→B0A1H。

4）汉字字形码

汉字字形码又称"汉字字模"，用于汉字的显示和打印。要将汉字通过显示器或打印机输出，必须配置相应的汉字字形码，用于区分如"宋体""楷体""黑体"等各种字体。描述汉字字形的方法主要有点阵字形和轮廓字形两种，因此，汉字字形码通常有两种表示方式，即点阵表示方式和矢量表示方式。

每个汉字的字形都必须预先存放在计算机内的汉字库中。目前，汉字字形码大多采用点阵表示方式。用点阵表示字形时，汉字字形码指的就是这个汉字的字形点阵代码。汉字是方块字，将方块等分成有 n 行 n 列的格子，简称它为"点阵"。凡笔画所到的格子点为黑点，用二进制数"1"表示，否则，为白点，用二进制数"0"表示。这样，一个汉字的字形就可用一串二进制数表示了。用点阵表示字形时，汉字字形码指的就是这个汉字字形点阵的代码。根据输出汉字的要求不同，点阵的多少也不同。简易型汉字为 16×16 点阵，普通型汉字为 24×24 点阵，提高型汉字为 32×32 点阵或 48×48 点阵等。图 1-5 为"中"字的 16×16 字形点阵。

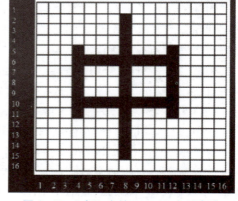

图 1-5 "中"字的 16×16 字形点阵

5）汉字地址码

汉字地址码是指汉字库（这里主要指汉字字形的点阵式字模库）中存储汉字字形信息的逻辑地址码。汉字库中，字形信息都是按一定顺序（大多数按国标码中汉字的排列顺序）连续存放在存储介质上，因此，汉字地址码大多是连续有序的。而且它与汉字内码之间有着简单的对应关系，以简化汉字内码到汉字地址码的转换过程。

6）其他汉字内码

（1）GBK 码。GBK 全称《汉字内码扩展规范》，由全国信息技术标准化技术委员会在 1995 年制定。GBK 对 2 万多个简、繁汉字进行了编码，是 GB 2312—1980 码的扩充。这种内码仍以 2 B 表示一个汉字：第一个字节为 81H ~ FEH，第二个字节为 40H ~ FEH。简体中文版 Windows 7/10 操作系统都支持 GBK 内码。

（2）UCS 码是国际标准化组织（ISO）为各种语言字符制定的编码标准。ISO/IEC 10646 字符集中的每个字符用 4 B 唯一地表示，可使用多个平面进行编码。其中，第一个平面称为基本多文种平面，包含字母文字、音节文字以及中、日、韩表意文字等。

（3）Unicode 编码是另一个国际编码标准，它最初是由 Apple 公司发起制定的通用多文种字符集，后来由多家计算机厂商组成的 Unicode 协会进行开发，并得到计算机界的支持，成为能用双字节编码统一地表示几乎世界上所有书写语言的字符编码标准。目前，Unicode 编码可容纳 65 536 个字符编码，主要用来解决多语言的计算问题。

（4）BIG5 码是目前台湾、香港地区普遍使用的一种繁体字编码标准。中文繁体版 Windows 7/10 操作系统支持 BIG5 内码。

知识拓展

数值信息有正负之分，还可能包含小数点，这是将数值信息在计算机内部表示时碰到的两个问题。计算机中规定用"0"表示正号，"1"表示负号，进一步又引入了原码、反码和补码等编码方法以方便运算；采用浮点表示法将实数用"指数"（也称"阶码"，是一个整数）和"尾数"（是一个纯小数）联合表示。

什么是原码、反码、补码和浮点表示法？扫描二维码，获取更多知识。

数值的编码

过关练习

扫描二维码，完成过关练习。

练习1.2

任务1.3 选购计算机

任务描述

计算机硬件系统一般分为主机和外围设备（简称外设），如图1-6所示。主机是一台计算机的主要部分，通常都放在一个机箱里，这个机箱及其所包括的内部设备，人们平常也称之为"主机"，但这个"主机"所包含的内容与前文所说的计算机系统的主机并不完全一致。辅助存储器中的硬盘和光驱属于外围设备，但因为使用频繁，除少数外置外，一般使用时也安装在机箱内。机箱中的部件主要有CPU、主板、内存、显卡、声卡、网卡、硬盘、光驱、电源等硬件。随着计算机技术的发展，声卡和网卡一般都集成在主板上，有的显卡集成在CPU内。虽然硬盘从功能上讲是辅助存储器，但在绝大多数情况下将其安装在机箱内（除少数无盘工作站外，硬盘在PC机中几乎是必不可少的）。外围设备除了已安装在机箱内的硬盘和光驱外，还包括输入设备（如键盘、鼠标）、输出设备（如显示器、打印机），以及辅助存储器中的移动存储设备。要选购计算机，需要掌握以下内容：各种硬件的功能、原理和性能指标；总线的分类、作用和性能指标；I/O接口的作用和常用接口。

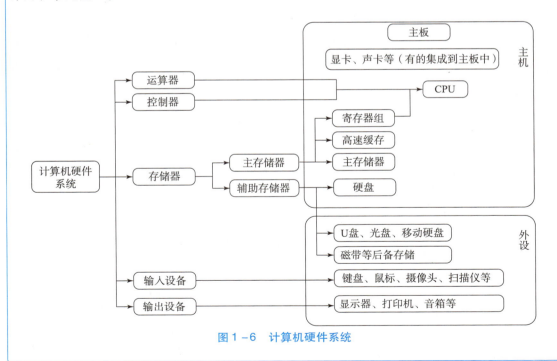

图1-6 计算机硬件系统

1.3.1 选购中央处理器

中央处理器（central processing unit，CPU）又称微处理器，如图1-7所示。它是一个超大规模集成电路芯片，目前复杂的CPU内部集成的晶体管数已达数十亿个。CPU是微型计算机的运算核心和控制核心。CPU由运算器、控制器、寄存器组及实现它们之间联系的数据、控制及状态总线构成。其功能主要是解释计算机指令以及处理计算机软件中的数据，控制着整个计算机系统。

图1-7 CPU

在一般情况下，巨型机和大型机都包含有成千上万甚至更多个CPU，采用"并行处理"操作多个CPU实现超高速计算。现在，个人计算机（甚至手机）已普遍采用"多核"CPU（即多个处理器内核封装在同一个芯片内），其性能得到了进一步提高。

1. CPU的组成

从总体上讲，CPU内部主要包括三大部分，即寄存器组、运算器和控制器，它们通过CPU内部总线连接在一起。CPU的组成及其与主存储器的关系如图1-8所示。

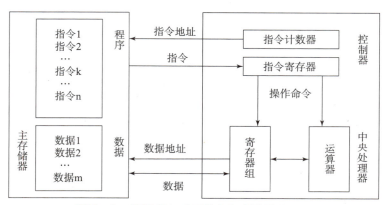

图1-8 CPU的组成及其与主存储器的关系

1）寄存器组

寄存器组由十几个甚至几十个寄存器组成。寄存器组包括通用寄存器组和专用寄存器组。寄存器，字面意思是用来暂时存放数据的部件。这里的"数据"是广义的，一类可以是参加运算的操作数或运算的结果，存放这类数据的寄存器称为"通用寄存器"；另一类"数据"表示计算机当前的工作状态，如下面要执行哪一条指令，执行的结果具有哪些特征（如有无进位）等，存放这类数据的是"专用寄存器"。寄存器的存取速度比存储器的存取速度快得多。

2）运算器

运算器是计算机中执行各种算术和逻辑运算操作的部件，也称"算术逻辑部件"（arithmetic and logic unit，ALU）。运算器的基本操作包括加、减、乘、除四则运算，与、或、非、异或等逻辑操作，以及移位、比较和传送等操作。计算机运行时，运算器的操作和操作种类由控制器决定。为了加快运算速度，很多CPU中还设置了多个单元，有的用于执行整数运算和逻辑运算，有的用于执行浮点运算。

3）控制器

控制器是整个计算机的指挥中心，它的主要功能是按照人们预先确定的操作步骤，控制整个计算机的各部件有条不紊地自动工作。控制器从主存储器中逐条地取出指令进行分析，根据指令的不同来安排操作顺序，向各部件发出相应的操作信号，控制它们执行指令所规定的任务。控制器主要由程序计数器（program counter，PC）、指令寄存器（instruction register，IR）和指令译码器（instruction decoder）等部件组成。程序计数器用来存放将要执行的指令在主存储器中的存储地址，当一条指令执行结束后，程序计数器的值一般会自动加1，指向下一条将要执行的指令。指令寄存器用来暂时存放从主存储器中取出的指令。指令译码器用来对指令进行译码，产生的译码信号识别该指令要进行的操作，以便产生相应的控制信号。

2. CPU 的性能指标

计算机的性能在很大程度上是由CPU决定的。CPU的性能主要体现为执行程序的速度。衡量CPU运算速度的指标是MIPS，即每秒能执行多少百万条指令。

CPU的主要性能指标如下：

（1）字长（位数）：字长指的是CPU定点运算器的宽度，即一次能同时进行二进制整数运算的位数，位数越多，运算速度就越快。目前大多数个人计算机使用的CPU是64位的。

（2）频率：CPU频率指其工作频率，分为主频和总线频率。

主频是CPU内核工作时的时钟频率。CPU主频的单位是Hz，它是CPU的内部频率。CPU主频决定着CPU内部数据传输和指令执行的速度。显然，CPU的主频越高，它的处理速度就越快。CPU运算速度 = 主频 × IPC（每个时钟可执行的指令条数）。目前大多数CPU的主频为1.5~4 GHz。

总线频率是CPU与外界交换数据的工作频率，是CPU的外部频率（主频 = 外频 × 倍频），是CPU与主板之间同步运行的速度。

3. CPU 产品

目前，市场上的CPU主要是英特尔公司（Intel）和超威半导体公司（AMD）两大厂家的产品。由于制造工艺水平及相关技术的差别，Intel CPU 和 AMD CPU 之前也存在着差异。一般来说，Intel CPU 主频较高，性能稳定，但价格较高；而 AMD CPU 主频稍低，但性价比高。

Intel CPU 面向个人计算机的品牌是酷睿 i 系列，档次从低到高又分为酷睿 i3、酷睿 i5、酷睿 i7、酷睿 i9。从酷睿 i3 到酷睿 i9，核心数越来越多，二、三级缓存也越来越高，性能也越来越强。Intel CPU 在产品品牌后一般还跟有 4 位数字，对同类 CPU 而言，一般数字越大，性能越强。另外，有些 CPU 数字后面还带有 T、K、X 等字母，T 代表低电压版本，功耗低；K 代表不锁倍频版本，容易超频；X 代表当时的旗舰型号，是性能最强的。

AMD 于 2017 年 2 月推出了采用全新架构的锐龙（Ryzen）系列处理器，分为锐龙 9、锐龙 7、锐龙 5、锐龙 3 四类，分别定位旗舰、高端、中端和中低端，分别与 Intel 酷睿 i9、i7、i5、i3 系列处理器展开全面竞争。

1.3.2 选购存储器

存储器是存储程序和各种数据信息的记忆部件，它是一个记忆装置，也是计算机能够实现"存储程序控制"的基础。存储器分为主存储器（简称主存，也称内存，如图 1-9 所示）和辅助存储器（也称外存储器）。两者的本质区别在于能否与 CPU 直接交换数据。

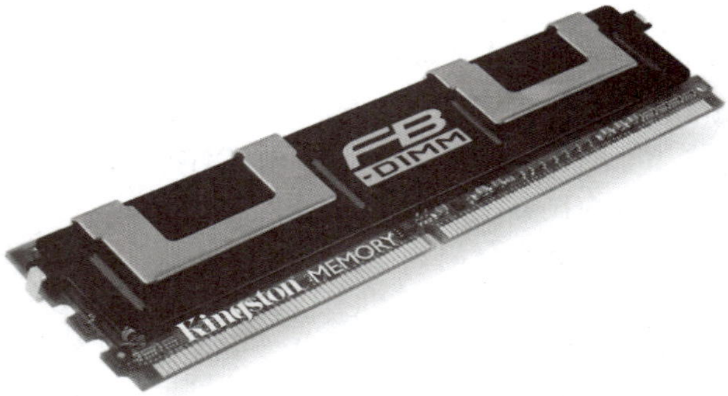

1. 主存储器

主存储器（main memory）用于存

图 1-9 内存

放指令和数据，是供中央处理器直接随机存取的存储器。所有数据必须装入主存储器后才能被处理器操作。中央处理器只能直接访问存储在主存储器中的数据，辅助存储器中的数据只有调入主存储器后，才能被中央处理器访问和处理。

1）主存储器的分类

主存储器分为随机存取存储器（random access memory，RAM）和只读存储器（read-only memory，ROM）两类。

（1）随机存取存储器也称随机存储器，是一种可随机读写，且读写内容所需的时间与内容所处位置无关的存储器。这种存储器在断电时将丢失其存储内容，故主要用于存储短时间内要使用的程序。按照存储信息的不同，随机存取存储器又分为静态随机存储器（static random access memory，SRAM）和动态随机存储器（dynamic random access memory，DRAM）。DRAM 的特点是集成度高，必须定期刷新才能保存数据，所以速度较慢，计算机内存条采用的是 DRAM；SRAM 的特点是存取速度快，制造成本高，主要用于高速缓冲存储器。主流内存技术为同步动态随机存储器（synchronous dynamic random access memory，SDRAM），以及在同步动态随机存储器基础上发展的双倍数据速率（double data rate，DDR）同步动态随机存储器：①同步动态随机存储器需要同步时钟，它的刷新周期与系统时钟保持同步，在一个时钟周期内传输一次数据；②双倍数据速率同步动态随机存储器（DDR

SDRAM）使用了更多、更先进的同步电路，在一个时钟周期内传输两次数据①。

（2）只读存储器是对一次性写入的内容，在正常工作时只能读取、不能重新改写的非易失性存储器。ROM 所存数据，一般是在装入整机前事先写好的，整机工作过程中只能读出，而不能像随机存储器那样快速、方便地进行改写。ROM 所存数据稳定，断电后所存数据也不会改变；其结构较简单，数据读出较方便，因而常用于存储各种固定程序和数据。下面介绍几种常用的 ROM。

①可编程只读存储器（programmable read – only memory，PROM）：出厂时内容空白，可由用户利用电气方法一次性写入内容的只读存储器。

②可擦可编程只读存储器（erasable programmable read – only memory，EPROM）：通过特殊装置将信息写入，但写之前需用紫外线照射，将所有存储单元擦除至初始状态后才可重新写入。通常在外壳上预留一个透明窗，以方便曝光。

③电擦除可编程只读存储器（electrically – erasable programmable read – only memory，EEPROM）：可在实际工作电路中根据控制信号擦除旧内容、写入新内容的只读存储器。其使用原理类似于 EPROM，不同之处在于擦除是使用高电场完成的，因此不需要透明窗曝光。

2）主存储器的性能指标

（1）存储容量：指一个存储器包含的存储单元总数。目前常用的 DDR3、DDR4 内存条存储容量一般为 2 GB、4 GB 和 8 GB，而服务器专用内存条容量可达 32 GB。

（2）存取速度：一般用存储周期来表示，即 CPU 从主存储器中存取数据所需的时间。目前半导体存储器的存取周期一般为 5~10 ns。

2. 辅助存储器

辅助存储器是除计算机主存及中央处理器缓存以外的存储器，也称外部存储器。外存属于永久性存储器，用于存放用户保存的数据和程序。与内存相比，外部存储器的特点是存储量大、价格较低，而且在断电的情况下也可以长期保存信息，所以又称永久性存储器。目前，常用的外部存储器有硬盘、闪速存储器、存储卡、光盘存储器等。

1）硬盘

硬盘存储器简称"硬盘"，它是计算机最重要的辅助存储器。与其他种类的外存相比，硬盘的存储容量大、可靠性高、存取速度快，是最重要的辅助存储器。硬盘有机械硬盘、固态硬盘和混合硬盘三种。

（1）机械硬盘。

①机械硬盘的工作原理。机械硬盘由硬盘盘片（存储介质）、主轴、传动手臂、读写磁头与控制电路等组成，这些部件全部密封于一个盒状装置内，也就是通常所说的硬盘驱动器。磁盘盘片与硬盘驱动器的结构组成如图 1 – 10 所示。

机械硬盘盘片由铝合金、玻璃材料制成，盘片上涂有一层很薄的磁性材料，它通过磁层的磁化来记录数据。一般一块硬盘由 1~5 张盘片（1 张盘片也称 1 个单碟）组成，它们都固定在主轴上。硬盘主轴底部有一个电动机，当硬盘工作时，电动机带动主轴，主轴带动磁盘高速旋转，其速度为几千转每分钟，甚至上万转每分钟。硬盘盘片高速旋转时，带动的气流

---

① 随着科学技术的发展，出现了四倍数据速率（double – data – rate three，DDR3）和八倍数据速率（double – data – rate four，DDR4）同步动态随机存储器。这些英文缩写在计算机配置页面上随处可见。

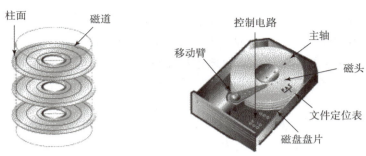

图1-10 硬盘盘片与硬盘驱动器的结构组成

将盘片上的磁头托起,磁头是一个质量很小的薄膜组件,它负责盘片上数据的写入或读出。硬盘的移动臂用于固定磁头,使磁头可以沿着盘片的径向高速移动,以便定位到指定的磁道。

硬盘信息记录模式与软盘相似。一个硬盘驱动器中包含多张盘片,每个盘片有两个记录面(两个磁头),每个记录面有若干磁道,每个磁道有若干扇区,每个扇区存储512 B的二进制数据。硬盘的柱面指的是所有记录面中半径相同的所有磁道。

硬盘上的数据需要使用3个参数来定位:柱面号、扇区号和磁头号。

②硬盘的技术指标。

硬盘容量:是硬盘最主要的参数,一般以GB、TB为单位。硬盘容量的计算公式如下:

硬盘容量 = 每扇区字节数 × 扇区数 × 磁道数 × 记录面数 × 盘片数

转速:转速是指硬盘盘片每分钟转动的圈数,单位为r/min(转/分钟)。转速越高,内部传输速率就越快,访问时间就越短,硬盘的整体性能也就越好。

平均访问时间:是指读写磁头从起始位置到达目标磁道位置,并且从目标磁道上找到要读写的数据扇区所需的时间。

数据传输速率:硬盘的数据传输速率是指硬盘读写数据的速度,单位为MB/s。硬盘数据传输速率包括内部数据传输速率和外部数据传输速率。

③硬盘接口。常见的硬盘接口有ATA、SATA和SCSI接口。

(2)固态硬盘。固态硬盘(solid state drives,SSD)是用固态电子存储芯片阵列制成的硬盘,由控制单元和存储单元组成。固态硬盘的存储介质分为两种:一种是采用闪存(一种以"块"为单位、可用电擦除和重写的非易失性存储器)作为存储介质;另一种是采用DRAM作为存储介质。固态硬盘的优点如下:

①读写速度快。固态硬盘采用闪存作为存储介质,读取速度比机械硬盘更快,体现在持续写入速度、随机读写速度和存取时间上。固态硬盘不用磁头,寻道时间可达0.1 ms甚至更短(主流机械硬盘的寻道时间为9 ms左右),持续读写速度可达500 MB/s。

②物理特性好。在防震、功耗、噪声、工作温度范围和便携性方面均优于传统机械硬盘。

- 防震性更好。固态硬盘内部不存在任何机械部件,即使在高速移动甚至伴随翻转、倾斜的情况下,也不会影响正常使用,而且在发生碰撞和震动时,能够将数据丢失的可能性降到最小。相比传统机械硬盘,固态硬盘占有绝对优势。

- 功耗更低。固态硬盘的功耗要低于传统机械硬盘。基于闪存的固态硬盘在工作状态下能耗和发热量较低(但高端或大容量产品能耗会较高)。

- 低噪声。固态硬盘没有机械电动机和风扇,工作时几乎没有噪声。

- 工作温度范围更宽。典型的机械硬盘只能在 5~55 ℃范围内工作，而大多数固态硬盘可在 10~70 ℃范围内工作。
- 更轻便。固态硬盘的质量更小。与 1.8 in① 硬盘相比，质量更小，为 20~30 g。

但是固态硬盘也有如下缺点：

①容价比偏低。容价比指的是容量和价格的比，相比机械硬盘，固态硬盘的容价比低。

②有寿命限制。固态硬盘闪存具有擦写次数限制的问题，寿命到期后，数据会读不出来且难以修复。

2）闪速存储器

闪速存储器是一种非易失性半导体存储器（通常称为 U 盘）。U 盘采用一种可读写、非易失的半导体存储器。闪存作为存储介质，通过通用串行总线（universal serial bus，USB）与主机相连，可以像使用硬盘一样在该 U 盘上读写文件。目前主流 U 盘的容量为 8~64 GB，除此之外，还有 128 GB、256 GB、512 GB、1 TB 等。

U 盘之所以广泛使用，是因为它具有很多优点：

（1）体积小、质量小，便于携带。

（2）采用 USB 接口，无须外接电源，支持即插即用和热插拔，在 Windows 7 以上的操作系统中不用安装驱动程序就可以直接使用。

（3）数据至少可保存 10 年，擦写次数可达 10 万次以上。

（4）抗震、防潮性能好，还具有耐高低温等特点。

存储卡是用闪存做成的另一种固态存储器，形状为扁平的长方形或正方形，可热插拔。近年来，随着数码产品的不断发展，存储卡的存储容量不断得到提升，应用也快速普及，已广泛用于手机、数码相机、便携式计算机等数码产品上。

存储卡的种类很多，如 SD 卡、MMC 卡、TF 卡（又称 micro SD 卡）、CF 卡、MS 卡（又称记忆棒）等，如图 1-11 所示。

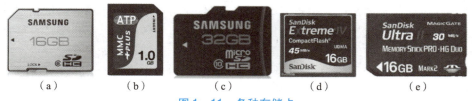

图 1-11　各种存储卡

(a) SD 卡；(b) MMC 卡；(c) TF 卡；(d) CF 卡；(e) MS 卡

3）光盘存储器

光盘又称光碟，是 20 世纪 80 年代中期开始广泛使用的一种外存储器，它具有容量大、价格低、体积小、质量小、易于长期保存等优点。一张 DVD 光盘能存储超过 4.7 GB 的数据，相当于 10^6 页文本文档或一个中等规模的图书馆资料中所存储的信息。光盘的出现给存储媒体带来了深远的影响。

光盘由基层、反射层和保护膜三层构成。基层由硬质塑料制成，坚固耐用；反射层由铝箔制成，是记录信息的载体；上层为透明的保护膜，用来保护中间的反射层，以免其被划

---

① 1 in = 2.54 cm。

伤。光盘通常是单面的，正面存储信息，背面印制标签。光盘的反射层上有两种状态，即凹点和空白，光盘就是利用这些凹点和空白来存储信息的，凹点转折处代表"1"，空白平坦处表示"0"，所以记录的也是二进制信息。光盘上的数据存储与硬盘不同，硬盘轨道是一组同心圆，而光盘轨道则是一条从中心开始的渐开线，如果把这条线展开，它则是一根完整的线，这条线称为轨。

光盘通常分为小型光盘、数字通用光盘和蓝光光盘等几种。

3. 存储产品的选购

1）内存条的选购

购买内存条时，首先要选择合适的内存容量。对于32位操作系统平台，2 GB 内存能正常运行，最大只能使用不到4 GB 的内存，超过部分系统不能识别，造成浪费。对于64位操作系统平台，如被人们使用得越来越广泛的 Windows 10 操作系统，则至少需要4 GB 内存才能保证操作系统流畅地运行，如果还有使用其他大型软件的需求，则内存越大越好。

购买内存要能满足平台需要。现在的主流内存条是 DDR4 系列，市面上大多数 DDR4 内存条的频率从2 133 MHz 到3 600 MHz 不等，甚至更高的都有。频率越高，价格就越高，但是对于大多数人而言，频率高的，价格高且用不上，频率低的，便宜但又担心性能不足，那么，到底怎样选择呢？在一般情况下，选择的内存条频率要能满足平台搭配的处理器所支持的频率，如果更高频率的内存条价格相差不大，考虑到未来升级的需要，也可购买。还有一点很重要，即，在条件允许的情况下，如果平台支持双通道，那么就购买2条内存条；如果支持四通道，那么就购买4条内存条，这样才能充分发挥平台的性能。另外，购买内存条时，要注意尽量从正规渠道购买终身质保的品牌内存条，这样质量有保障。

2）硬盘的选购

硬盘选购应从容量、速度、价格、缓存大小、噪声大小、售后服务等方面考虑。容量是硬盘最为直观的参数，也是人们最为关注的焦点，容量大的硬盘价格会很高，但容量低的硬盘则会出现性价比较差的情况，每吉字节或太字节价格会高于主流产品。一般情况下，选择当时的主流配置即可，这样的硬盘性价比较好。机械硬盘的转速与计算机整体性能是密切相关的，更高的转速可以缩短硬盘的寻道时间并提高数据传输速率。如果条件允许，则建议购买一个小容量（120～256 GB）的固态硬盘做系统盘，另外购买一个机械硬盘作为数据盘，这样可以显著提升系统运行速度。这时对数据盘的转速则不必强求，对声音敏感的，还可以专门选择转速较低的，这样的硬盘噪声较小，晚上使用时会很安静。标配机械硬盘的笔记本计算机用户可以考虑购买一个固态硬盘来替换标配的机械硬盘，然后买一个移动硬盘盒，把原机械硬盘拆下后做成移动硬盘使用。这样笔记本计算机运行速度会明显提升，而且功耗更低，待机时间更长。硬盘缓存容量的大小与硬盘的性能有着密切的关系，大容量的缓存对硬盘盘性能的提升也有明显的帮助。另外，无论购买哪一款商品，一定要多留意售后服务，硬盘由于读写操作比较频繁，是比较容易出现故障的计算机部件，所以更应注意保修问题。

1.3.3 选购主板

1. 主板

主板（mainboard），又称主机板、系统板或母板，它安装在机箱内，是微型计算机系统中最大的一块电路板，是微型计算机最基本的也是最重要的部件之一，如图 1-12 所示。

图 1-12　主板

主板是一块矩形电路板，集成了组成计算机的主要电路系统，一般有 CPU 插座、内存条插槽、BIOS 芯片、I/O 控制芯片、控制芯片组、硬盘接口、面板控制开关接口、指示灯插接件、扩充插槽、主板的直流电源供电插接件等元件。

典型的主板能提供一系列接合点，供 CPU、显卡、声卡、硬盘、内存条等进行接合，它们通常可以直接插入相应的插槽，或用线路连接，所以说主板是支撑并连接主机内其他部件的平台，也是主机内各部件和各种外部设备之间的连接载体。

主板的功能通常有两种：一是提供 CPU、内存条和各种部件的插座与插槽，部分主板甚至可以集成某些功能的芯片；二是为各种常用外部设备提供通用接口，如为打印机、扫描仪、调制解调器和外部移动存储器提供不同种类的接口。

通过更换插在主板插槽上的部件，可以对微型计算机的相应子系统进行局部升级，使厂家和用户在配置机型方面有更大的灵活性。

计算机系统的主板将 CPU 等各种部件有机地结合起来形成一套完整的系统，因此，主板的性能在相当程度上决定了计算机的整体运行速度和稳定性。

2. 总线

计算机中的各个部件，包括 CPU、主存储器、辅助存储器和输入输出设备的接口，它们之间是通过一条公共信息通路连接起来的，这条信息通路就称为"总线"。总线可以将信息从一个或多个源部件传送到一个或多个目的部件。

1) 总线的分类

（1）根据总线上传送信息的不同，可以分为数据总线、地址总线和控制总线。

数据总线：在 CPU 与主存储器、CPU 与输入/输出接口之间传送信息，它是双向的传输总线。数据总线的宽度决定了每次能同时传输信息的位数，是决定计算机性能的主要指标。

地址总线：指出数据总线上源数据或目的数据在主存储单元或 I/O 端口的地址，它是单向传输总线。地址总线的位数决定了 CPU 可直接寻址的内存空间大小，如 16 位微型机的地址总线为 20 位，其可寻址空间为 2^{20} B = 1 MB。一般来说，若地址总线为 n 位，则可寻址空间为 2^n B。

控制总线：用于传送 CPU 发出的各种控制信号，以指挥和协调整个计算机的工作，控制总线同时也负担着送回各部件对 CPU 的应答信号，如中断申请信号、总线请求信号、设备就绪信号等，因此，控制总线是双向传输总线。

（2）根据总线的位置和功能不同，可以分为内部总线、系统总线和外部总线。

内部总线是 CPU 与外围芯片（包括主存储器）之间连接的总线，用于芯片一级的互连。

系统总线是各接口卡与主板之间连接的总线，用于接口卡一级的互连。

外部总线是主机和外部设备之间的连线，用于设备一级的互连。

在这三类总线中，系统总线是微机系统中最重要的总线，连接微机各功能部件，人们通常所说的总线就是指系统总线。为了匹配各个功能部件的速度，系统总线又可分为处理器总线、存储器总线和 I/O 总线，这些总线通过桥接器连接，如图 1 – 13 所示。

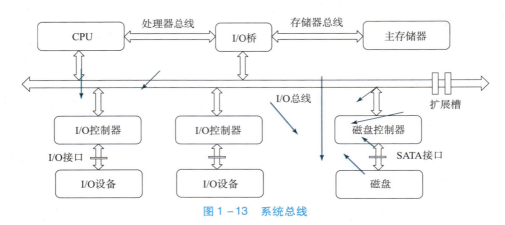

图 1 – 13　系统总线

其中，CPU 通过 CPU 插座连接在处理器总线上，内存条通过内存条插槽连接在存储器总线上，各个 I/O 模块通过 I/O 总线连接到主机中。

（3）按照传输数据的方式，可以分为串行总线和并行总线。

串行总线：二进制数据逐位通过一根数据线发送到目的器件，如 SPI、I2C、USB 等。

并行总线：同时可传输多位二进制数据，其数据线通常超过 2 根。

（4）按照时钟信号是否独立，可以分为同步总线和异步总线。

同步总线：时钟信号独立于数据，如 SPI、I2C。

异步总线：时钟信号是从数据中提取出来的，如 RS – 232。

2）总线标准

制定总线标准的目的是便于机器的扩充和新设备的添加。有了总线标准，不同厂商可以按照同样的标准和规范生产各种不同功能的芯片、模块和整机，用户也有更大的选择空间。下面首先介绍系统总线标准。

随着人们对计算机性能的要求越来越高，系统总线不断得到改进，诞生了很多人们耳熟能详的总线标准。

（1）工业标准结构总线（industry standard architecture bus，ISA bus）是 IBM 公司于 1984 年为推出个人计算机 PC/AT 而建立的总线标准，所以也称 AT 总线。后来又以 ISA 为基础，推出了扩充的工业标准结构总线（extended industry standard architecture bus，EISA bus）。EISA 总线是增强的工业标准总线，该总线与 ISA 总线完全兼容，是 32 位总线。

ISA 和 EISA 总线的工作频率低，数据传输速率也不高，对于早期个人计算机基于文本的应用还可以应付，但随着 Windows 操作系统的推出，图形界面成为个人计算机的基本应用界面，对总线的传输速率提出了更高要求，ISA 和 EISA 总线逐渐无法满足要求。

（2）外设部件互连总线（peripheral component interconnection bus，PCI bus）由英特尔公司、IBM 公司、DEC 公司所制定，最早是为了满足图像用户接口的视频要求而设计的。PCI 是一个高速的 32 位或 64 位总线，它的速度比 ISA 快了 20 倍以上。随着计算机结构的进一步发展和改进，PCI 总线已逐步替代 ISA 总线，用于连接微型计算机的各种适配件。

然而到了 20 世纪 90 年代后期，显示器的分辨率提高到了 1 600 像素×1 200 像素，因此，对计算机的图形处理能力要求提高，英特尔公司另外设计了一种总线，即加速图形端口总线。

（3）加速图形端口（accelerated graphics port，AGP）是微型计算机图形系统接口的一种。AGP 总线的最主要结构是在 AGP 芯片的显示卡与主存储器之间建立专用高速通道，使主存储器与显示卡的显示内存之间建立一条新的数据传输通道，让影像和图形数据直接传送到显示卡，而不需要经过 PCI 总线，从而大大改进了商业应用中总体的图形质量。

（4）PCI-e 即是 PCI express 总线，是一种全新的总线接口。2001 年年底，包括英特尔公司、AMD 公司、戴尔公司、IBM 公司在内的 20 多家业界主导公司开始起草新的总线技术规范，并在 2002 年完成，同时，将其正式命名为 PCI express，称之为第三代总线技术。它采用了点对点串行连接方式，比起 PCI 以及更早期的计算机总线的共享并行架构，每个设备都有自己的专用连接，不需要共享带宽，可以把数据传输率提高到一个很高的水平，达到 PCI 所不能提供的高带宽。PCI express 总线技术已经普遍应用于当今新一代的计算机系统中。

3）总线性能指标

（1）总线位宽：总线位宽是指总线能够同时传送的二进制数据的位数，如 32 位总线、64 位总线等。总线位宽越大，总线带宽越大。

（2）总线工作频率：总线的工作频率以 Hz 为单位，工作频率越高，总线工作速度越快，总线带宽越大。

（3）总线数据传输速率（总线带宽）：总线带宽是指单位时间内总线上传送的数据量，反映了总线数据传输速率。总线带宽与总线位宽及总线工作频率之间的关系如下：

$$总线带宽 = 总线工作频率 \times 总线位宽 \times 传输次数/8$$

式中，传输次数是指每个时钟周期内的数据传输次数，一般为 1。

由此可见，总线位宽越大，总线工作频率越高，总线传输速率就越快。例如，PCI 总线工作频率为 33.3 MHz，总线位数为 32 位，则总线带宽为 32 b/8×33.3 MHz＝133.2 MB/s。南北桥总线带宽曾是一个尖锐的问题，早期的芯片组都是通过 PCI 总线来连接南北桥的，而它所能提供的带宽只有 133 MB/s，这个带宽势必形成严重的瓶颈。而现在以 PCI-e 总线全面取代 PCI 总线，带宽不足的问题已成为历史。

3. 主板产品

在选购主板时，首先考虑的是为 CPU 搭配什么样的芯片组。目前，市场上主要有 Intel

和 AMD 两大类芯片组，它们分别支持 Intel CPU 和 AMD CPU。

一般来说，主板做工和用料对主板的性能和寿命都有很大的影响。其中，主板所用电容及主板的供电相数是很重要的因素。在选购主板时，要尽量选用固态电容主板。主板的供电相数多，能为 CPU 提供充足的动力，使系统能够稳定、高效地工作。一般可以通过看 CPU 插座附近电感和 MOS 管的数量来判断主板供电相数。电感和 MOS 管越多的主板，其供电相数相对较多，主板品质也相对较好。

另外，可以在一定范围内考虑主板的升级和扩展能力。计算机升级主要是更换更好的 CPU，能否升级其实是由 CPU 厂家所决定的。如果当前使用的 CPU 架构在一段时间内没有变动，那么升级的可能性大；如果 CPU 架构很快变化，那么就无法升级。计算机的扩展能力主要取决于主板上扩展槽和内存插槽的数量，但由于目前计算机的集成度越来越高，很多用户甚至不需要使用任何扩展卡，因此，现在的选购余地也非常大，只要有空余的 PCI-e 扩展槽即可。

1.3.4 选购输入/输出设备

1. 输入设备

输入设备（input devices）的作用是把要处理的数据输入存储器中，常用的输入设备有键盘、鼠标、扫描仪、数码相机、数码摄像机、游戏操作杆、麦克风、触摸屏、手写笔、条码阅读器、光学字符阅读器等，如图 1-14 所示。

图 1-14 常用输入设备

1）鼠标

鼠标（mouse）即"鼠标器"，它用来控制在显示器上所显示的指针光标。鼠标的使用使计算机的操作更加简便。鼠标的操作一般有移动、拖动、单击、双击和右击等。

鼠标按工作原理的不同，可分为机械鼠标和光电鼠标。一般来说，光电鼠标比机械鼠标更精确、更耐用、更容易维护。

鼠标的接口主要有 PS/2 和 USB，现在基本上都使用 USB 接口。另外，采用无线连接方式的无线鼠标也较普遍。

在笔记本计算机中，一般还配备了轨迹球和触摸板，它们都是用来控制鼠标指针的。

2）键盘

键盘（keyboard）是最常用也是最主要的输入设备，通过键盘，可以将英文字母、数字、标点符号等输入计算机中，从而向计算机发出命令、输入数据等。

键盘由一组按键排成的开关阵列组成，按下一个键就产生一个相应的扫描码，不同位置的按键对应不同的扫描码。键盘上的按键可以划分成四个区域。

（1）功能键区：包含12个功能键F1～F12，这些功能键在不同的软件系统中有不同的定义。

（2）主键盘区：包含字母键、数字键、运算符号键、特殊符号键、特殊功能键等。

（3）副键盘区（数字小键盘区）：包含10个数字键和运算符号键，另外，还有Enter键和一些控制键。有的数字键均有两种功能，由数字锁定键（NumLock）选择。

（4）控制键区：包含插入、删除、光标控制键、翻屏键等。

表1-3列出了键盘中常用键的名称和功能。

表1-3 键盘中常用键的名称和功能

名称	功能	名称	功能
Alt	控制键	Insert	插入/覆盖键
Ctrl	控制键	Shift	换挡键
Esc	强行退出键	PrintScreen	全屏截图，将其复制到剪贴板中
Backspace	退格键	CapsLock	大小写字母锁定键
PageUp	向前翻页	NumLock	数字小键盘锁定键
PageDown	向后翻页	Home	行首键
Enter	回车键	End	行尾键
Tab	插入制表符	←↑→↓	光标移动键

3）其他输入设备

（1）触摸屏。触摸屏是在液晶面板上覆盖一层触摸面板，压感式触摸板对压力很敏感，当手指或塑料笔尖施压其上时，会有电流产生，以确定压力源的位置，并可对其进行跟踪，用于取代机械式的按钮面板。透明的触摸面板附着在液晶屏上，不需要额外的物理空间，具有视觉对象与触觉对象完全一致的效果，实现无损耗、无噪声的控制操作。

（2）扫描仪。扫描仪就是一种通过捕获图像并将之转换成计算机可以显示、编辑、存储和输出的数字化输入设备。照片、文本页面、图纸、美术图画、照相底片等都可作为扫描对象。

（3）数码相机。数码相机是另一种重要的图像输入设备。与传统的照相机相比，数码相机不需要使用胶卷，能直接将照片以数字形式记录下来，并能输入计算机进行存储、处理和显示，或通过打印机打印出来，或与电视机连接进行观看。

数码相机的镜头和快门与传统的照相机基本相同，不同之处是它不使用光敏卤化银胶片成像，而是将影像聚焦在成像芯片上，并由成像芯片转换成电信号，再经模数转换（A/D转换）变成数字图像，经过必要的图像处理和数据压缩之后，存储在相机内部的存储器中。其中，成像芯片是数码相机的核心。

2. 输出设备

输出设备（output devices）将计算机的处理过程或处理结果以人们熟悉的文字、图形、图像、声音等形式展现出来。常用的输出设备有显示器、打印机和绘图仪等，如图 1-15 所示。

　　显示器　　　　　　　打印机　　　　　　　绘图仪

图 1-15　常用的输出设备

1）显示器和显卡

显示器，也称监视器，是计算机系统中最基本的输出设备。目前使用的显示器一般为液晶技术显示器（常称为 LCD 显示器）。显示器的主要技术参数如下：

（1）屏幕尺寸。屏幕尺寸是指显示屏对角线的长度，以英寸为单位。现在使用较多的有 19 in、22 in、27 in 等。传统显示屏的宽度与高度之比为 4∶3，宽屏液晶显示器屏幕比例常见的有 16∶9 和 16∶10 两种。

（2）点距。点距指屏幕上相邻两个同色像素单元之间的距离，即两个红色（或绿、蓝）像素单元之间的距离。目前常见的点距有 0.28 mm、0.26 mm、0.24 mm、0.22 mm 等多种规格，最小的可达 0.20 mm。点距越小，分辨率就越高，显示出来的图像也就越细腻。

（3）像素。像素是指屏幕上能被独立控制其颜色和亮度的最小区域，是显示画面的最小组成单位。一个屏幕像素点数的多少与屏幕尺寸和点距有关。

（4）分辨率。分辨率指整个屏幕上像素的个数，通常写成"水平分辨率×垂直分辨率"的形式，如 800 像素×600 像素、1 024 像素×768 像素、1 280 像素×1 024 像素等。分辨率越高，屏幕上显示的图像像素越多，那么显示的图像就越清晰。显示分辨率通常与显示器、显卡有密切的关系。

显卡又称显示适配器，如图 1-16 所示，是显示器与主机通信的桥梁。显卡负责把需要显示的图像数据转换成视频控制信号，从而控制显示器显示该图像。不同类型的显示器要配不同的显卡。显卡由显示控制器、显示存储器（video random access memory，VRAM）和接口电路组成。

显卡分为集成显卡和独立显卡。独立显卡是指显卡以独立的板卡存在，需要插在主板的 PCI-e 接口上。它具备单独的显存，不占用系统内存，而且在技术上领先于集成显卡，能够提供更好的显示效果和运行性能。集成显卡是指显示芯片集成在主板芯片组中的显卡，在价格方面更具优势，但不具备显存，需要占用系统内存。集成显卡基本能满足普通的家庭、娱乐、办公等方面的应用需求，但如需进行 3D 图形设计或是图形方面的专业应用，则独立显卡是最好的选择。

目前，也有另一种核心显卡，它是集成显卡的变种，本质上是把集成在主板上的显卡移动到 CPU 内部，这样就可以与 CPU 更好地通信，并且有可能获得更大的内存（也就是显

图 1-16 显卡

存）带宽支持。核心显卡在 CPU 内部只占用一部分逻辑电路，功耗和成本都得到了较好控制，虽然性能方面比集成显卡好一些，但依然无法与独立显卡媲美。

2）打印机

打印机（printer）用于将计算机处理结果打印在相关介质上。衡量打印机好坏的指标包括打印分辨率、打印速度、耗材成本和噪声。一般微型计算机使用的打印机有针式打印机、喷墨打印机和激光打印机。

（1）针式打印机：广泛用于银行、税务、超市等单位的票据和报表类打印。

（2）喷墨打印机：其基本原理是带电的喷墨雾点经过电极偏转后，直接在纸上形成所需的字形。喷墨打印机既可以打印信封、信纸等普通介质，也可以打印胶片、照片纸、光盘封面、卷纸、T恤转印纸等特殊介质。

（3）激光打印机：其基本原理是将微粒炭粉固化在纸上而形成字符和图形。其特点是打印质量好、速度快、噪声小，所以常用于办公。

知识拓展

了解了计算机系统的组成之后，就可将选购的硬件组装起来。组装计算机的配件一般有 CPU、主板、内存条、显卡、硬盘、光驱、显示器、机箱、电源、键盘和鼠标。除了机器配件以外，还需要用到螺丝刀、尖嘴钳、镊子等工具。另外，还要在室内准备好电源插头等。

如何组装计算机？扫描二维码，获取更多知识。

组装计算机

过关练习

扫描二维码，完成过关练习。

练习1.3

习 题 1

1. 选择题

(1) 完整的计算机系统由硬件和（　　）组成。
A. 程序　　　　B. 主机　　　　C. 软件　　　　D. CPU

(2) CAI 是计算机主要的应用领域，它的含义是（　　）。
A. 计算机辅助教学　　　　B. 计算机辅助测试
C. 计算机辅助设计　　　　D. 计算机辅助管理

(3) 计算机中数据的表示形式是（　　）。
A. 二进制　　　B. 八进制　　　C. 十进制　　　D. 十六进制

(4) 微型计算机硬件系统中最核心的部件是（　　）。
A. 主板　　　　B. CPU　　　　C. 内存储器　　　D. I/O 设备

(5) 大写字母 B 的 ASCII 码值是（　　）。
A. 65　　　　　B. 66　　　　　C. 98　　　　　D. 97

(6) 将十进制数 85 转换成无符号二进制数等于（　　）。
A. 1010101　　B. 1100001　　C. 001111　　　D. 1100011

(7) 计算机最早的应用领域是（　　）。
A. 计算机辅助　　B. 过程控制　　C. 科学计算　　D. 数据处理

(8) 汉字的国标码和机内码之间相差（　　）。
A. 20H　　　　B. 80H　　　　C. 20D　　　　D. 80D

(9) 下列选项中，属于输出设备的是（　　）。
A. 键盘　　　　B. 扫描仪　　　C. 摄像头　　　D. 显示器

2. 计算题

(1) 将二进制数 1011.01 转换成十进制数。

(2) 将十进制数 115 转换成二进制数。

(3) 将二进制数 1110101 转换成十六进制数。

(4) 将十进制数 96 转换成八进制数。

项目 2
计算机网络与应用

计算机网络已经在人们的生活及生产各领域中得到了普及,既方便了人们的生活,又提高了社会生产力,促进了社会经济及科学技术发展,在社会发展中的作用及影响力越来越大,得到了社会各方人士的重视及关注,并将提高计算机网络应用安全性作为计算机网络发展的一大目标。目前,很多计算机相关企业都在不断完善计算机网络应用技能,以提高计算机网络应用效率,同时提高信息安全性,从而保证计算机网络应用更具有安全性,更有利于人类社会的信息化、网络化及健康化发展。

本项目包含认识计算机网络、认识全球最大的网络——Internet、使用 IE 浏览器浏览网页和检索信息、收发电子邮件四个任务。通过这四个任务,学生可了解计算机网络和 Internet 的相关知识,合理利用 Internet 提供的各种服务。

学习要点

(1) 计算机网络的定义和组成。
(2) 计算机网络的功能、应用与分类。
(3) Internet 的基本概念。
(4) 网络协议、IP 地址、子网掩码和域名。
(5) Internet 提供的服务。
(6) IE 浏览器的使用。
(7) 电子邮件的收发。

任务 2.1 认识计算机网络

任务描述

随着计算机应用的深入,特别是个人计算机的日益普及,一方面,希望众多用户能共享信息资源,另一方面,也希望各计算机之间能互相传递信息进行通信。个人计算机的硬件和软件配置有限,可将分散的计算机连接成网,组成计算机网络,共享它们所管理的信息资源和打印件等硬件资源。因此,需要了解计算机网络,掌握以下知识点:数据通信系统中常用的概念;计算机网络的定义、组成、作用、分类;常用的计算机网络硬件;无线局域网的结构和标准。

2.1.1 计算机网络的概念和组成

1. 计算机网络的定义

所谓计算机网络，是指互连起来的、功能独立的计算机集合。这里的"互连"意味着互相连接的两台或两台以上的计算机能够互相交换信息，达到资源共享的目的。"功能独立"是指每台计算机的工作是独立的，任何一台计算机都不能干预其他计算机的工作，如启动、停止等，任意两台计算机之间没有主从关系。

从上述简单的定义可以看出，计算机网络涉及三个方面：①两台或两台以上的计算机相互连接起来才能构成网络，达到资源共享的目的。②计算机互相通信交换信息，需要一条通道。这条通道是通过物理方式，由硬件实现的，这就是连接介质，有时也称为信息传输介质。它们可以是双绞线、同轴电缆或光纤等有线介质；也可以是激光、微波等无线介质。③计算机系统之间的信息交换必须遵循某种约定或规则，这就是协议。这些协议可以由硬件或软件来完成。

因此，可以把计算机网络定义如下：将地理位置分散的、功能独立的多台计算机系统通过线路和设备互连，以功能完善的网络软件实现网络中资源共享和信息交换的系统。

2. 计算机网络的组成

一般而言，计算机网络有三个主要组成部分：①若干个为用户提供服务的主机；②一个通信子网，它主要由节点交换机和连接这些节点的通信链路组成；③一系列的协议，这些协议是为在主机和主机之间或主机和子网中各节点之间的通信而设置的，它是通信双方事先约定好且必须遵守的规则。

为了便于分析，按照数据通信和数据处理的功能，一般从逻辑上将网络分为通信子网和资源子网两个部分。图2-1给出了典型的计算机网络的基本结构。

1）通信子网

通信子网由通信控制处理机（CCP）、通信线路与其他通信设备组成，负责完成网络数据传输、转发等通信处理任务。

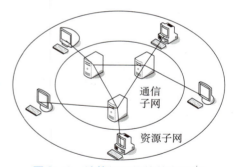

图2-1 计算机网络的基本结构

通信控制处理机在网络拓扑结构中被称为网络节点。它一方面作为与资源子网的主机、终端连接的接口，将主机和终端连入网内；另一方面又作为通信子网中的分组存储转发节点，完成分组的接收、校验、存储、转发等功能，实现将源主机报文准确发送到目的主机的作用。目前通信控制处理机一般为路由器和交换机。

> **注意**：在以交互式应用为主的微机局域网中，一般不需要配备通信控制处理机，但需要安装网络适配器（即网卡），用来担负通信部分的功能。

通信线路为通信控制处理机与通信控制处理机、通信控制处理机与主机之间提供通信信道。计算机网络采用了多种通信线路，如电话线、双绞线、同轴电缆、光纤电缆、无线通信信道、微波与卫星通信信道等。

2）资源子网

资源子网由主机系统、终端、终端控制器、连网外设、各种软件资源与信息资源组成。资源子网实现全网的面向应用的数据处理和网络资源共享，它由各种硬件和软件组成。

3. 现代网络结构的特点

在现代的广域网结构中，随着使用主机系统用户的减少，资源子网的概念已经有了变化。目前，通信子网由交换设备与通信线路组成，它负责完成网络中数据传输与转发任务。交换设备主要是路由器与交换机。随着微型计算机的广泛应用，接入局域网的微型计算机数目日益增多，它们一般通过路由器将局域网与广域网相连接。图2-1为目前常见的计算机网络的基本结构。

另外，从组网的层次角度看网络的组成结构，图2-2为一个典型的三层网络结构，最上层称为核心层；中间层称为分布层；最下层称为接口层，为最终用户接入网络提供接口。

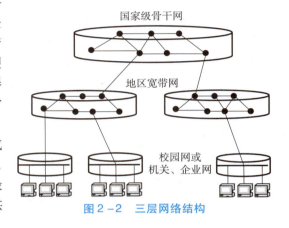

图2-2 三层网络结构

2.1.2 计算机网络的功能

计算机网络将计算机技术与通信技术紧密结合。它不仅使计算机的作用范围超越了地理位置的限制，而且大大加强了计算机本身的功能。计算机网络具备了单个计算机所不具备的功能和特点。

1. 数据交换和通信

计算机网络中的计算机之间或计算机与终端之间，可以快速、可靠地相互传递数据、程序或文件。例如，电子邮件（E-mail）可以使相隔万里的异地用户快速、准确地相互通信；文件传送协议（FTP）可以实现文件的实时传递，为用户复制和查找文件提供了便捷的工具。

2. 资源共享

充分利用计算机网络提供的资源（包括硬件、软件和数据）是计算机组成网络的目的之一。通过计算机网络，用户可以共享较昂贵的计算机软、硬件资源，如巨型计算机、大型数据库软件等，既可以减少用户的投资，又可以提高这些资源的利用率。

3. 提高系统的可靠性和可用性

当计算机连成网络后，各计算机可以通过网络互为后备，当某一处计算机发生故障时，可由别处的计算机代为处理当前的事务，还可以在网络的一些节点上设置备用设备，作为整个网络的公用后备。

4. 均衡负荷，相互协作

用户可将大型的综合性任务，采用合适的算法分解并分配到不同的计算机上处理，形成分布式网络。当网络中某台计算机的任务负荷过重时，可以将任务分配到较空闲的计算机上处理，使得整个网络中的计算机能均衡负荷，互相协作，既有利于任务的执行，又能充分利用网络资源。

5. 分布式网络处理

在计算机网络中，用户可根据问题的实质和要求选择网内最合适的资源来处理，以便使问题能迅速而经济地得以解决。对于综合性大型问题，可以采用合适的算法将任务分散到不同的计算机上进行处理。各计算机连成网络也有利于共同协作进行重大科研课题的开发和研究。利用网络技术还可以将许多小型机或微型机连成具有高性能的分布式计算机系统，使它具有解决复杂问题的能力。

6. 提高系统性能价格比，易于扩充，便于维护

计算机组成网络后，虽然增加了通信费用，但由于资源共享，明显提高了整个系统的性价比，降低了系统的维护费用，且易于扩充，方便系统维护。

计算机网络的以上功能和特点使得它在社会生活的各个领域得到了广泛应用。

2.1.3 计算机网络的分类

计算机网络的分类方法有很多，各种分类方法可以从不同的角度反映网络的特征。常用的分类方法有按网络覆盖的地理范围分类、按网络的拓扑结构分类、按传输技术分类和按网络的应用领域分类等。

1. 按网络覆盖的地理范围分类

按网络覆盖的地理范围分类是最常用的分类方法，也是人们最熟悉的分类方法。按照网络覆盖的地理范围的大小，可以把计算机网络划分为广域网（wide area network，WAN）、城域网（metropolitan area network，MAN）和局域网（local area network，LAN）三种类型。

广域网的地理覆盖范围可从几十千米到几千千米甚至几万千米。

城域网的地理覆盖范围介于局域网和广域网之间，一般为几千米到几十千米。

局域网是一种在较小区域内使用的网络，其覆盖范围一般在几千米之内，最大距离不超过 10 km。

2. 按网络的拓扑结构分类

网络结点通过信道连接起来所具有的结构形式称为拓扑结构。常见的拓扑结构有星型拓扑、总线拓扑、环型拓扑和树型拓扑等（图 2-3）。图中的小方块又称为结点。结点处既可以是一台计算机，也可以是另外一个网络。

3. 按传输技术分类

根据所使用的传输技术，可以将网络分为广播网络和点到点网络。

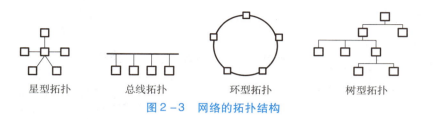

图 2-3 网络的拓扑结构

4. 按应用领域分类

根据应用领域的不同，可以将网络分为专用网络和公共网络两大类。

2.1.4 计算网络硬件

1. 传输介质

传输介质是连接网络终端的中间介质、信号传输的媒体，也是网络中发送方与接收方之间的物理通路。常用的传输介质主要分为有线传输介质和无线传输介质两大类。有线传输介质又称为导向性传输介质，在其中传输的信号沿着固体的固定方向传播，如双绞线、光纤等；无线传输介质又称为非导向性传输介质，在其中传输的信号在自由空间中传播，如无线电、微波、红外线等。

2. 网卡

网卡是网络接口卡（network interface card，NIC）的简称，是连接计算机与网络的硬件设备。网卡插在计算机主板的扩展槽中，通过网线与网络共享资源和交换数据。目前大多数计算机的主板上都集成了网卡，普遍应用的是 10/100/1 000M 自适应网卡。网卡上的 RJ45 接口通过双绞线与其他计算机或交换机相连。

3. 局域网交换机

目前，在交换式局域网中最为常见也最核心的设备是局域网交换机，如图 2-4 所示。局域网交换机通常有几个到几十个端口，每个端口都直接与计算机相连，各端口速率可以不同，工作方式也可以不同，如可以提供 100M、1 000M 的带宽，提供半双工、全双工、自适应的工作方式等。此外，局域网交换机能同时连通很多对端口，使每一对相互通信的计算机都能像独占通信媒体那样，进行无冲突的数据传输。

图 2-4 局域网交换机

4. 无线接入点

无线接入点（wireless access points，WAP）是目前组建小型无线局域网最常用的设备。无线接入点的主要功能是将各无线网络客户端连接到一起，然后将无线网络接入以太网。目前的无线接入点可分为两类：单纯型无线接入点和扩展型无线接入点（图2-5）。单纯型无线接入点就是一个无线交换机，不具备路由功能，仅提供无线信号发射功能。扩展型无线接入点就是我们常说的无线路由器，即带有路由功能的无线接入点，它主要应用于用户上网和无线覆盖。通过路由功能，可以实现家庭无线网络的因特网连接共享，也能实现ADSL和小区宽带的无线共享接入。

图2-5 扩展型无线接入点

5. 路由器

路由器是校园网等局域网接入广域网的主要设备，如图2-6所示。路由器检测数据的目的地址，对路径进行动态分配，根据不同的地址将数据分流到不同的路径中。如果存在多条路径，则根据路径的状态选择一条最佳路径，动态平衡通信负载。

图2-6 路由器

2.1.5 无线局域网

无线局域网使用的是无线传输介质，按照所采用的技术可以分为3类：红外无线局域网、扩频无线局域网和窄带微波无线局域网。

1. 无线局域网拓扑结构

IEEE 802.11标准定义了两种无线网络的拓扑结构：一种是基础设施网络（infrastructure networking）；另一种是特殊网络（Ad-Hoc networking）。

在基础设施网络中，无线终端通过接入点访问骨干网设备，或者相互访问。

特殊网络是一种点对点连接，不需要有线网络和接入点的支持，以无线网卡连接的终端设备之间可以直接通信。这种拓扑结构适合在移动情况下快速部署网络，主要用在军事领域，也可以用在商业领域进行语音和数据传输。

2. 无线局域网标准 IEEE 802.11

1990年，IEEE 802标准化委员会成立 IEEE 802.11 无线局域网（WLAN）标准工作组，专门从事无线局域网的研究，先后发布了4个标准，见表2-1。其中，现在比较通行的标准是802.11b和802.11g。

项目2　计算机网络与应用

表 2-1　IEEE 802.11 标准

标准	频段/GHz	最高数据速率/（Mb·s^{-1}）	扩频/调制技术	传输距离
802.11	2.4	1, 2	跳频、直接序列	100 m
802.11b	2.4	11	跳频	100 m
802.11a	5	54	正交频分复用	5~10 km
802.11g	2.4	54	直接序列	

> **提示**：无线局域网是以太网与无线通信技术相结合的产物，采用的协议主要是802.11（俗称WiFi）。无线局域网还不能完全脱离有线网络，它只是有线网络的补充。

蓝牙（blue tooth）是近距离无线数字通信的标准，是802.11的补充。最高数据传输速率可达1 Mb/s（有效传输速率为721 Kb/s），传输距离为10 cm~10 m，适用于办公室或家庭环境的无线网络（无线个人网 WPAN）。

知识拓展

手机上网具有方便性、随时随地性，应用已经越来越广泛，逐渐成为现代生活中重要的上网方式之一。手机上网是移动互联网的一种体现形式，是传统计算机上网的延伸和补充。移动互联技术已经发展到5G。

什么是移动互联技术？扫描二维码，获取更多知识。

移动互联技术

过关练习

扫描二维码，完成过关练习。

练习2.1

任务2.2　认识全球最大的网络——Internet

任务描述

Internet已经成为人们获取信息的主要渠道，人们已经习惯每天到一些感兴趣的网站上浏览新闻、收发电子邮件、下载资料、与好友聊天等。要使用Internet，需要先对它有所了解，掌握以下知识点：Internet的概念、提供的服务；TCP/IP模型；IP地址和域名解析。

2.2.1　Internet 的概念

因特网是一种以TCP/IP协议为基础的、国际性的计算机互联网络，是世界上规模最大的计算机网络系统，我们一般称之为因特网或国际互联网。因特网作为一种计算机网络通信系统和一个庞大的技术实体，促进了人类社会从工业社会向信息社会的发展。

信息技术与素养

因特网最早起源于美国国防部高级研究计划局（ARPA）建立的 ARPANET。20 世纪 60 年代，ARPA 提出并资助了 ARPANET 网络计划，目的是将各地不同的主机以一种对等的通信方式连接起来。为解决 ARPANET 协议不适合跨越多个网络运行的问题，1974 年瑟夫（Cerf）和卡恩（Kahn）发明了 TCP/IP 参考模型和协议。ARPA 将 TCP/IP 协议作为 ARPANET 的标准协议，为因特网的发展奠定了基础。

我国在 1994 年 4 月正式接入因特网。1996 年年初，我国的因特网形成了四个具有国际出口的网络体系，即中国科技网（CSTNET）、中国教育和科研计算机网（CERNET）、中国公用计算机互联网（CHINANET）和中国金桥信息网（CHINAGBN）。

今天，因特网正在向着更大、更快、更安全、更及时、更方便、更智能、更有效的方向飞速发展。我们无时无刻不在享受着因特网为我们提供的万维网、电子邮件、远程登录、文件传输、信息查询、娱乐及会话等服务。

2.2.2　TCP/IP 协议

TCP/IP 协议是因特网的基础协议，是加入因特网的每一台计算机都要遵循的一系列协议的集合。TCP/IP 参考模型采用分层的思想，将网络分为四层，自下而上依次为网络接口层、网际层、传输层和应用层。

1. 网络接口层

网络接口层的功能包括 IP 地址与物理地址的映射，以及将 IP 地址封装成帧。基于不同类型的网络接口，网络接口层定义了与物理介质的连接。网络接口层包括了数据链路层的地址，包含源 MAC 地址和目标 MAC 地址。它是 TCP/IP 协议的最底层，负责接收从网际层传来的 IP 数据报，并且将 IP 数据报通过底层物理网络发出去，或者从底层的物理网络中接收物理帧，解析出 IP 数据报，交给网际层处理。

2. 网际层

网际层中含有四个重要的协议：互联网协议（IP）、互联网控制报文协议（ICMP）、地址解析协议（ARP）和反向地址解析协议（RARP）。网际层的功能主要由互联网协议来提供。除了提供端到端的分组分发功能外，互联网协议还提供了很多扩充功能。例如，为了克服网络接口层对帧大小的限制，网际层提供了数据分块和重组功能，这使得很大的数据包能分块后分组在网上传输。网际层的另一个重要功能是在互相独立的局域网上建立互联网络，即网际网。网间的报文会根据它的目的 IP 地址通过路由器传到另一个网络。

3. 传输层

传输层提供了两个主要的协议：传输控制协议（TCP）和用户数据报协议（UDP）。传输控制协议是为实现在不可靠的因特网上提供可靠的端到端字节流而设计的一个传输协议。因特网中需要大量传输交互式报文的应用，如远程上机协议（telnet protocol）、简单邮件传送协议（SMTP）、文件传送协议（FTP）、超文本传送协议（HTTP）等，在传输层都依赖于 TCP 协议所提供的可靠的面向连接的服务。用户数据报协议规定了分组交换计算机通信的数据报模式。

4. 应用层

应用层是 TCP/IP 参考模型的第一层，是直接为应用进程提供服务的。对不同种类的应用程序，它们会根据自己的需要来使用应用层的不同协议，邮件传输应用使用简单邮件传送协议，万维网应用使用超文本传送协议，远程登录服务应用使用远程上机协议。在应用层还能加密、解密、格式化数据。

2.2.3 IP 地址与子网掩码

IP 是英文 internet protocol 的缩写，指的是互联网协议，以前称为因特网协议。它规定了计算机在因特网上进行通信时应当遵守的规则，是因特网的基本协议，也可以用于其他网络。任何厂家生产的计算机系统，只要遵守 IP 协议，就可以与因特网互连互通。正因为有了 IP 协议，因特网才得以迅速发展成为世界上最大的、开放的计算机通信网络。

1. IP 地址

1）IP 地址的组成

IP 地址是为连接到互联网上的设备分配的网络层地址。IP 协议经过 30 年的发展，主要有两个版本，即 IPv4 协议和 IPv6 协议，两者最大的区别是地址表示方式不同。IP 地址在 IPv4 协议中由 32 位构成，在 IPv6 协议中由 128 位构成。各项资料显示，由于互联网的蓬勃发展，全球 IPv4 地址在 2011 年已分配完毕。为了避免地址空间的不足妨碍互联网的进一步发展，IPv6 协议一劳永逸地解决了地址短缺问题。此外，在 IPv6 协议的设计中，还考虑了在 IPv4 中没有解决的其他问题。如果不做特别说明，本节的 IP 地址指的是 IPv4 地址。

IP 地址是一个 32 位的二进制数，由地址类别、网络号和主机号三个部分组成，如图 2-7 所示。为了表示方便，国际上通行一种"点分十进制表示"的方法，即将 32 位地址分为 4 段，每段 8 位，组成一个字节，每个字节用一个十进制数表示，每个字节之间用点号"."分隔。这样，IP 地址就表示成了以点号隔开的四个数字，每组数字的取值范围是 0~255（即一个字节表示的范围），如图 2-8 所示。IPv4 就是有 4 段数字，每一段最大不超过 255。

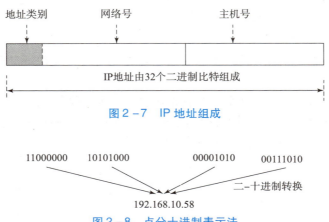

图 2-7 IP 地址组成

图 2-8 点分十进制表示法

2）IP 地址的分类

IP 地址分为 A、B、C、D 和 E 五类，详细结构如图 2-9 所示。

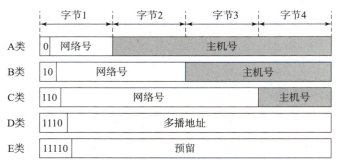

图 2-9　IP 地址分类详细结构

（1）A 类地址。A 类地址网络号占一个字节，主机号占三个字节，并且第一个字节的最高位为 0，用来表示地址是 A 类地址，因此，A 类地址的网络数为 2^7（128）个，每个网络对应的主机数可达 2^{24}（16 777 216）个，A 类地址的范围是 0.0.0.0~127.255.255.255。

由于网络号全为 0 和全为 1 用于特殊目的，所以 A 类地址有效的网络数为 126 个，其范围是 1~126。另外，主机号全为 0 和全为 1 也有特殊作用，所以每个网络号对应的主机数最多应该是 $2^{24}-2$，即 16 777 214 个。因此，一台主机能使用的 A 类地址的有效范围是 1.0.0.1~126.255.255.254。

（2）B 类地址。B 类地址网络号、主机号各占 2 字节，并且第一个字节的最高两位为 10，用来表示地址是 B 类地址，因此 B 类地址网络数为 2^{14} 个（实际有效的网络数是 $2^{14}-1$），每个网络号所对应的主机数可达 2^{16} 个（实际有效的主机数是 $2^{16}-2$）。B 类地址的范围为 128.0.0.0~191.255.255.255，与 A 类地址类似（网络号和主机号全为 0 和全为 1 有特殊作用），一台主机能使用的 B 类地址的有效范围是 128.1.0.1~191.255.255.254。

（3）C 类地址。C 类地址网络号占 3 字节，主机号占 1 个字节，并且第一个字节的最高三位为 110，用来表示地址是 C 类地址，因此 C 类地址网络数为 2^{21}（实际有效的网络数为 $2^{21}-1$）个，每个网络号所对应的主机数可达 256（实际有效的主机数为 254）个。C 类地址的范围为 192.0.0.0~223.255.255.255，同样，一台主机能使用的 C 类地址的有效范围是 192.0.0.1~223.255.255.254。

（4）D 类地址。D 类地址用于多播，多播就是同时把数据发送给一组主机，只有那些已经登记可以接收多播地址的主机，才能接收多播数据包。D 类地址的范围是 224.0.0.0~239.255.255.255。

（5）E 类地址。E 类地址是为将来预留的，也可用于实验目的，它们不分配给主机。

其中，A、B、C 类地址是基本的因特网地址，是用户使用的地址，为主类地址。D、E 类地址为次类地址，有特殊用途，为系统保留的地址。

表 2-2 列出了 A、B、C 类 IP 地址的概况。

表 2-2　A、B、C 类 IP 地址的概况

网络类型	第一字节范围	可用网络号范围	最大网络数	每个网络中的最大主机数
A	1~126	1~126	126（2^7-2）	16 777 214（$2^{24}-2$）
B	128~191	128.0~191.255	16 383（$2^{14}-1$）	65 534（$2^{16}-2$）
C	192~223	192.0.0~223.255.255	2 097 151（$2^{21}-1$）	254（2^8-2）

2. 子网的划分

通常 A 类或 B 类地址的 1 个网络号可以对应很多主机，C 类地址的一个网络号只能对应 254 台主机。

因此，一个较大的网络常分成几个部分，每个部分称为一个子网。在外部，这几个子网依然对应一个完整的网络号。子网划分的方法就是将地址的主机号部分进一步划分成子网号和主机号两个部分，如图 2-10 所示。

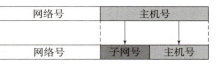

图 2-10　子网的划分

其中，表示子网号的二进制位数（占用主机地址位数）取决于子网的个数，假设占用主机地址的位数为 m，子网个数为 n，它们之间的关系是 $2^m=n$。

例如，一个 B 类网络 172.17.0.0，将主机号分为两部分，其中 8 位用于子网号，另外 8 位用于主机号，那么这个 B 类网络就可分为 254 个子网，每个子网可以容纳 254 台主机。

子网掩码（subnet mask）也是一个用点分十进制表示的 32 位二进制数，通过子网掩码，可以指出一个 IP 地址中的哪些位对应于网络地址（包括子网地址）、哪些位对应于主机地址。对于子网掩码的取值，通常是将对应于 IP 地址中网络地址（网络号和子网号）的所有位都设置为"1"，对应于主机地址（主机号）的所有位都设置为"0"。

例如，位模式 11111111 11111111 11111111 00000000 中，前 3 字节全为 1，代表对应 IP 地址中最高的三个地址为网络地址；后一个字节全为 0，代表对应 IP 地址中最后的一个字节为主机地址。

默认情况下，A、B、C 三类网络的子网掩码见表 2-3。

表 2-3　A、B、C 三类网络的子网掩码

地址类型	点分十进制数	子网掩码的二进制位			
A	255.0.0.0	11111111	00000000	00000000	00000000
B	255.255.0.0	11111111	11111111	00000000	00000000
C	255.255.255.0	11111111	11111111	11111111	00000000

子网掩码的作用是判断信源主机和信宿主机是否在同一网段上，方法是把信源主机地址和信宿主机地址分别与所在网段的子网掩码进行二进制"与"运算，如果产生的两个结果相同，则在同一网段；如果产生的结果不同，则两台主机不在同一网段，这两台计算机要进行相互访问时，必须通过一台路由器进行路由转换。

2.2.4 域名与域名解析

虽然用数字表示网络中各主机的 IP 地址对计算机来说很恰当，但对于用户来说，记忆一组毫无意义的数字是相当困难的。为此，TCP/IP 协议引进了一种字符型的主机命名方式，这就是域名。域名（domain name）的实质就是用一组便于记忆的英文简写名代替 IP 地址。为了避免重名，主机的域名采用层次结构，各层次的子域名之间用点号"."隔开，从右到左分别为第一级域名、第二级域名直至主机名。

其结构如下：

主机名．……．第二级域名．第一级域名

图 2-11 所示是一个域名示例。

图 2-11 域名示例

关于域名应该注意以下几点：

（1）只能以字母开头，以字母或数字结尾，其他位置可用字母、数字、连字符或下划线。

（2）域名中大、小写字母视为相同。

（3）各级域名之间以点号隔开。

（4）域名中最左边的子域名通常代表主机所在单位名，中间各级域名代表相应层次的域名，第一级域名是标准化了的代码（常用的一级子域名标准代码见表 2-4）。

表 2-4 常用一级子域名的标准代码

域名代码	意义
COM	商业组织
EDU	教育机构
GOV	政府机构
MIL	军事部门
NET	主要网络支持中心
ORG	其他组织
INT	国际组织

（5）整个域名的长度不得超过 255 个字符。

域名和 IP 地址都表示主机的地址，实际上是同一个事物的不同表示方法。用户可以使用主机的 IP 地址，也可以使用它的域名。从域名到 IP 地址或者从 IP 地址到域名的转换由域名服务器（domain name server，DNS）完成。

域名系统的提出为用户提供了极大的方便，但主机域名不能直接用于 TCP/IP 协议的路由选择。当用户使用主机的域名进行通信时，必须首先将其解析成 IP 地址，这个过程称为域名解析。在因特网中，域名服务器中有相应的软件把域名转换成 IP 地址。

2.2.5 接入因特网

目前接入因特网的方式主要有非对称数字用户线（ADSL）、光纤接入（FTTx）、专线直接连接、局域网（LAN）和无线连接。

1. ADSL 接入

ADSL 的中文名称是非对称数字用户线,它是一种上、下行不对称的高速数据调制技术,提供下行 6~8 Mb/s、上行 1 Mb/s 的上网速率。它以普通电话线为传输介质,采用先进的数字调制技术和信号处理技术,在提供电话业务的同时,还可以向用户提供高速宽带数据业务和视频服务,使传统电话网络同时具有提供各种综合宽带业务和接入因特网的能力,在提高性能的同时,充分利用了现有资源。

2. 光纤接入

光纤接入分为多种情况,可以表示成 FTTx(fiber to the x),x 可以是路边(Curb,C)、大楼(building,B)和家(home,H)。在城域网建设中,千兆以太网已经分布到居民密集区、学校以及写字楼区。把小区内的千兆位或百兆位以太网交换机通过光纤连接到城域网,小区内采用综合布线,用户计算机终端通过 10/100/1 000 Mb/s 的以太网卡就可以实现网络接入。光纤接入可以提供高速上网、视频点播、远程教育等多项业务。光纤接入所必需的用户认证、鉴权和计费功能主要通过 PPPoE 方式实现。

3. 专线直接连接方式

专线直接连接方法不用普通电话线,而是直接用电缆将个人计算机连接到距离最近的一个网络上,而这个网络又与因特网相连,同时要有一个独立的 IP 地址。专线直接连接方式入网的性能和服务很好,数据传输率高,但是费用也较高,一般是有特殊需求的单位或者研究所采用这种方式。

4. 局域网连接方式

如果单位或学校的局域网已经接入了因特网,那么在接入该局域网的同时,也就接入了因特网,但要通过恰当的配置才能得以实现。

5. 无线连接方式

无线上网具有可移动性,可以使人们摆脱网络线路的制约,实现随时随地上网的梦想,无线连接方式已逐渐成为一种重要的上网方式。目前无线上网主要有以下两种形式:

(1)通过无线局域网(WLAN)方式上网。采用该方式上网,先决条件是用户所处的区域有 ISP 服务商提供的访问点,即已有 WLAN 网络覆盖。其次,用户计算机或者上网终端要具有 WiFi 连接支持模块。现在一些酒店、写字楼或机场都提供无线局域网方式上网。

(2)通过无线通信网方式上网。对于 2G(第二代)无线通信网,主要通过 GPRS 方式上网,用户上网设备需要有支持 GPRS 连接的模块。2G 上网速度慢,上网费用较高。3G(第三代)无线通信网可以通过支持 TD – SCDMA、CDMA 2000 或 WCDMA 的终端上网。3G 网络的理论速度在 2 Mb/s 以上,比 2G 网络快近 100 倍。同时,上网费用与 2G 相当,甚至还要略低一些。4G(第四代)无线通信网可以通过支持 LTE、LTE – Advanced、WiMAX 的终端上网,理论速度达 100 Mb/s。

2.2.6　WWW 服务

WWW，即万维网（world wide web，WWW），可以缩写为 W3 或 Web，又称为"环球网"。

WWW 并不是独立于因特网的另一个网络，而是基于超文本（hypertext）技术将很多信息资源连接成一个信息网。它是由节点和超链接组成的，方便用户在因特网上搜索和浏览信息的超媒体信息查询服务系统，是互联网的一部分。WWW 中节点的连接关系是相互交叉的，一个节点可以通过各种方式与另外的节点相连接。它的优点是用户可以通过传递一个超链接，得到与当前节点相关的其他节点的信息。

超媒体（hypermedia）是一个与超文本类似的概念，在超媒体中，超链接的两端可以是文本节点，也可以是图像、语音等各种媒体的数据。WWW 通过超文本传送协议（HTTP）向用户提供多媒体信息，所提供信息的基本单位是网页，每一个网页可以包含文字、图像、动画、声音、视频等多种信息。

WWW 服务采用客户机/服务器模式（C/S 模式），它以超文本标记语言（hypertext markup language，HTML）与超文本传送协议（hypertext transfer protocol，HTTP）为基础，为用户提供界面一致的信息浏览系统。WWW 服务器负责对各种信息进行组织，并以文件的形式存储在某一指定目录中，WWW 服务器利用超链接来组织各信息片段，这些信息片段既可集中地存储在同一主机上，也可分散地放在不同地理位置的不同主机上。WWW 服务中的客户机（浏览器）负责显示信息和向服务器发送请求。当客户机提出访问请求时，服务器负责响应客户机的请求并按其要求发送文件；客户机收到文件后，解析该文件，并在屏幕上显示出来。图 2-12 所示为 WWW 服务系统的工作原理。

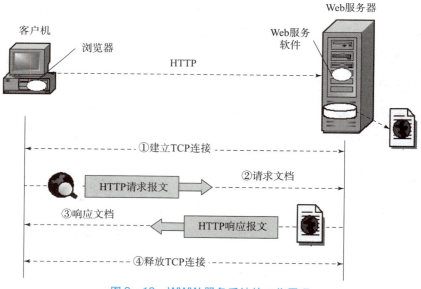

图 2-12　WWW 服务系统的工作原理

显然，WWW 是通过 Web 服务器来提供服务的。网页可存放于全球任何地方的 Web 服务器上（如北京大学 Web 服务器 http://www.pku.edu.cn），当上网时，就可以使用浏览器

（如微软公司的 Internet Explorer、Google 公司的 Chrome）访问全球任何地方的 Web 服务器上的信息。

2.2.7 电子邮件服务

电子邮件（E-mail）是目前因特网上使用最频繁的服务之一，它为因特网用户之间发送和接收信息提供了一种快捷、廉价的通信手段，特别是在国际交流中发挥着重要的作用。

1. 电子邮件定义

电子邮件是利用计算机网络与其他用户进行联系的一种快速、简便、高效、廉价的现代化通信手段。电子邮件与传统邮件大同小异，只要通信双方都有电子邮件地址，即可以网络为媒介通信。可见，电子邮件是以电子方式发送传递的邮件。

2. 电子邮件系统

因特网上电子邮件系统采用客户机/服务器模式，电子邮件的传输过程如图 2-13 所示。信件的传送通过相应的软件来实现，这些软件要遵循有关的邮件传送协议。传送电子邮件时使用的协议有 SMTP（simple mail transport protocol）和 POP3（post office protocol version 3），其中，SMTP 用于电子邮件发送服务，POP3 用于电子邮件接收服务。当然，还有其他的通信协议，在功能上它们与上述协议是相似的。

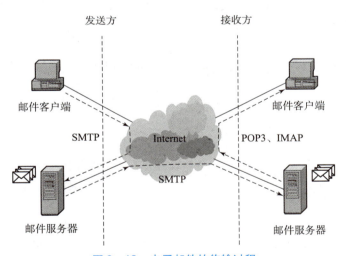

图 2-13 电子邮件的传输过程

3. 电子邮件地址

用户在因特网上收发电子邮件，必须拥有一个电子信箱，每个电子信箱有唯一的地址，通常称为电子邮件地址。电子邮件地址由两部分组成，以符号"@"间隔，"@"前面的部分是用户名，"@"后面的部分为邮件服务器的域名，如电子邮件地址"abc@163.com"，其中，"abc"是用户名，"163.com"是网易邮件服务器的域名。

4. 电子邮件工具

用户不仅要有电子邮件地址,还要有一个负责收发电子邮件的应用程序。电子邮件应用程序很多,常见的有 Foxmail、Outlook 2016 等。

2.2.8 因特网提供的其他服务

1. 远程上机服务

远程上机(telnet)实际上可以看成因特网的一种特殊通信方式,是指在远程上机协议的支持下,用户的计算机通过因特网暂时成为远程计算机终端的过程。用户可以通过自己的计算机进入位于地球任一地方的连接在网上的某台计算机系统中,就像使用自己的计算机一样使用该计算机系统。

2. FTP 服务

文件传送协议(FTP)允许因特网上的用户将一台计算机上的文件和程序传送到另一台计算机上,允许从远程主机上得到想要的程序和文件,就像一个跨地区跨国家的全球范围内的复制命令。这与前面提到的远程上机服务有些类似,它是一种实时的联机服务,工作时首先要登录到对方的计算机上。与远程上机服务不同的是,FTP 服务仅允许用户在登录后进行与文件检索和文件传送有关的操作,如获取、更改当前文件目录、设置传输参数、传送文件等。通过 FTP 服务可以获取远程计算机上的文件,同时也可以将文件从自己的计算机中复制到远程计算机中。FTP 服务采用客户机/服务器模式,客户机与服务器之间利用 TCP 建立双重连接:一个控制连接和一个数据连接,如图 2-14 所示。

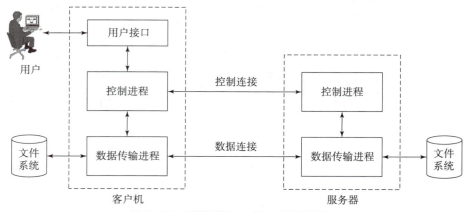

图 2-14 FTP 服务客户机/服务器模型

3. 信息讨论和公布服务

因特网拥有大量用户,因此,其成为人们相互联系、交换信息和发表观点以及发布信息的场所。公告板系统(BBS)、邮件发送清单(mailing list)、新闻组(newsgroup)往往就是供那些对共同主题感兴趣的人们相互讨论、交换信息的场所。

4. IP 电话

IP 电话（IP phone）可以在因特网上实现实时的语音传输服务，与传统的电话业务相比，它具有巨大的优势和广阔的市场前景，并得到了工业界的广泛关注。IP 电话不仅可以提供 PC – to – PC 的实时语音通信，还可以提供 PC – to – Phone、Phone – to – Phone 的实时语音通信，并在此基础上实现语音和视频数据合一的实时多媒体通信。

5. 网上学习

网上有很多教育资源，我们可以在学前教育网站上学习，可以订阅网上的免费电子刊物，可以进入科学网站了解科学知识，可以到相应的学习辅导网站跟名师学习及与网友交流学习心得。

6. 网上远程教学

参加网络学校的网上远程教学，在学习方式上比较方便、灵活。学生可以在网上接受实时互动的课堂教学，包括在线讨论和答疑辅导。学生还可以通过点播课件在任何时间上课。目前国内的网上学校主要进行中小学教学辅导、学历教育和职业培训等，用户可以根据自己的需要来选择合适的网上学校。

7. 网上休闲娱乐

休闲娱乐是现代生活中的一个重要方面，网络作为一个新的世界，也包含了各种各样的休闲娱乐资源，可以让我们在学习工作之外，享受网络带来的新体验，如网上游戏、网上影视、网上读书等。

知识拓展

在家庭、办公室中，往往需要将多台设备接入网络。为了免去布线的麻烦，越来越多的人使用无线路由器接入网络。

如何使用无线路由器接入 Internet？扫描二维码，获取更多知识。

无线接入 Internet

练习 2.2

过关练习

扫描二维码，完成过关练习。

任务 2.3　使用 IE 浏览器浏览网页和检索信息

任务描述

IE 浏览器是微软公司的一款比较常用的浏览器，它是一个把因特网上的文本文档（和其他类型的文件）翻译成网页并显示出来的工具。网页可以包含图形、图像、音视频和文本。浏览器有很多种类，本节以 Internet Explorer 11（简称为"IE 浏览器"）为例来介绍。

2.3.1 使用 IE 浏览器浏览网页

1. 启动 IE 浏览器

启动 IE 浏览器有以下两种方法。

方法 1：双击桌面上的 IE 快捷方式。

方法 2：执行"开始"→"所有程序"→"Internet Explorer"命令，即可启动 IE 浏览器。

打开 IE 浏览器运行窗口，运行窗口大致可以分为标题栏、菜单栏、地址栏、工具栏、命令栏和状态栏几部分，如图 2 – 15 所示。为了使网页浏览区域变大，IE 浏览器在默认情况下不显示菜单栏、命令栏、状态栏，如要显示，可右击标题栏，在弹出式菜单中选中相应的选项，如图 2 – 16 所示。

图 2 – 15　IE 浏览器运行窗口

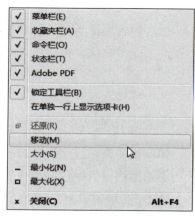

图 2 – 16　标题栏右键快捷菜单

2. 利用 IE 浏览器浏览网页

1）通过地址栏浏览

在地址栏中输入需要浏览的网站的网址，输完后按 Enter 键即可。如在地址栏中输入 www.baidu.com，按 Enter 键，可以打开百度主页。

2）通过链接栏浏览

单击地址栏右侧的下拉按钮，打开链接列表，可以看到经常浏览的网页地址，单击这些地址也可以链接到相应的网站，如图 2 – 17 所示。

3）通过收藏夹或历史记录栏浏览

单击工具栏上的"查看收藏夹、源和历史记录"按钮，在浏览器页面的右侧出现如图 2 – 18 所示的收藏中心，其中，"收藏夹"选项卡中列出了收藏的网址；"历史记录"选项卡中列出了曾经浏览过的网页地址，单击这些网址即可链接到相应的网站。

4）通过网站页面的链接浏览

在一些网站中，也可以通过网站中的超链接跳转到目标网站进行浏览。一般在鼠标指针碰到有超链接的项目时，项目的文字等会有颜色的变化。

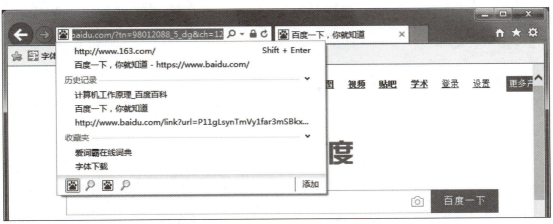

图 2-17　通过链接栏浏览网页

图 2-18　通过收藏夹浏览网页

3. 保存网页

在上网浏览时，常常需要将网页中的某些信息或整个网页保存在计算机的硬盘上或打印出来。

1）保存整个网页

（1）打开要保存的网页，按 Alt 键显示菜单栏，在"文件"菜单中执行"另存为"命令，打开"保存网页"对话框。

（2）选择保存路径，在"文件名"文本框内输入文件名，在"保存类型"下拉列表框中根据需要可以从"网页，全部""Web 档案，单个文件""网页，仅 HTML"和"文本文件"四类中选择一种。文本文件节省存储空间，但是只能保存文字信息，不能保存图片等多媒体信息。

（3）单击"保存"按钮。

2）保存网页中的文本内容

（1）用鼠标选定要保存的页面文字，按 Ctrl + C 组合键将选定的内容复制到剪贴板中。

（2）打开一个空白的 Word 文档或记事本，按 Ctrl + V 组合键将剪贴板中的内容粘贴到文档中。

（3）给定文件名并指定保存位置，保存文档。

> **提示**：保存在记事本里的文字不会保留其在网页中的字体和样式，超链接也会失效。

3）保存网页中的图片

（1）右击图片，在弹出式菜单中执行"图片另存为"命令（图 2 - 19），打开"保存图片"对话框。

图 2 - 19　保存网页中的图片

（2）选择要保存的路径，输入图片的名称，单击"保存"按钮。

4）保存超链接指向的资源

（1）右击超链接，在弹出的快捷菜单中执行"目标另存为"命令，打开"另存为"对话框。

（2）选择要保存的路径，输入要保存文件的名称，单击"保存"按钮。

4. 收藏网页

对于经常要浏览的网站，可以分门别类地将其地址存放在 IE 浏览器的收藏夹中，以后每次都可以从收藏夹中快速访问该网站，从而省去查找地址、输入地址的麻烦。

1）添加网页地址到收藏夹

（1）打开要收藏的网页，单击 IE 浏览器上的 ☆ 按钮，在打开的窗口中单击"添加到收藏夹"按钮，打开"添加收藏"对话框。

（2）单击"新建文件夹"按钮创建一个新的文件夹，或者在"创建位置"下拉列表框中选择已经存在的文件夹，作为保存的位置。

（3）在"名称"文本框中输入要保存网页的名称，或直接使用系统给定的名称。

（4）单击"添加"按钮，则在收藏夹中添加了一个网页地址。

当需要访问某个网页时，只需单击 IE 上的 ☆ 按钮，在打开的窗口中选中"收藏夹"选项卡。在收藏夹窗口中，选择所需的网页名称并单击，就可以转向相应的网页。

2）整理收藏夹

收藏夹保存的网址越来越多时，可能会变得很杂乱。为了便于查找和使用，需要将收藏夹中的网址进行整理。

单击 IE 浏览器上的 ☆ 按钮，在打开的窗口中单击"添加到收藏夹"右边的下拉按钮，执行"整理收藏夹"命令，打开如图 2-20 所示的"整理收藏夹"对话框。

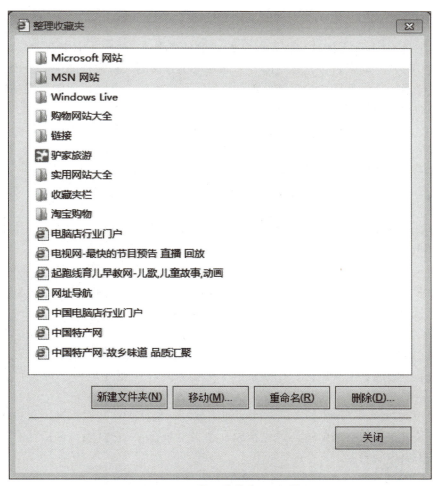

图 2-20 "整理收藏夹"对话框

选中要整理的文件夹或网页，按需求单击"移动""重命名"或"删除"按钮；也可以右击选中的文件夹或网页，在弹出式菜单中执行"复制""剪切""重命名"或"删除"等命令，还可以使用拖曳的方式移动文件夹和网页的位置，从而改变收藏夹的组织结构。

3）收藏夹的导出与导入

收藏夹中积累了比较重要的、经常使用的网址，当重装系统或更换计算机时，通常需要将收藏夹中的网址导出到某一文件中，然后通过这一文件将网址导入新系统或新的计算机的 IE 收藏夹中。

单击 IE 浏览器上的 ☆ 按钮，在打开的窗口中单击"添加到收藏夹"右边的下拉按钮 ☆，执行"导入和导出"命令，打开"导入/导出设置"对话框，根据提示操作便可完成收藏夹内容的导入和导出。

2.3.2 使用搜索引擎

1. 搜索引擎的概念

搜索引擎是 Internet 上的一个网站，它的主要任务是在 Internet 中主动搜索其他 Web 站点中的信息并对其自动索引，其索引内容存储在可供查询的大型数据库中。当用户利用关键词查询时，该网站会告诉用户包含该关键词信息的所有网址，并提供通向该网站的链接。目前使用较多的搜索引擎有百度和谷歌（Google）。

搜索引擎就是帮助用户来方便地查询网上信息的，但是当你输入关键词后，出现了成百上千个查询结果，而且这些结果中并没有多少你想要的东西，这不是因为搜索引擎没有用，而是由于没能很好地驾驭它，没有掌握它的使用技巧，才导致这样的后果。

2. 搜索引擎的使用技巧

每个搜索引擎都有自己的查询方法，只有熟练地掌握它，才能运用自如。下面主要介绍使用关键词进行查询。

（1）使用双引号（""）。给要查询的关键词加上双引号（半角），可以实现精确查询。这种方法要求查询结果精确匹配，不包括演变形式。例如，在搜索引擎的文字框中输入"电传"，它就会返回网页中有"电传"这个关键字的网址，而不会返回诸如"电话传真"之类的网页。

（2）使用加号（+）。在关键词的前面使用加号，也就等于告诉搜索引擎该单词必须出现在搜索结果中的网页上。例如，在搜索引擎中输入"+电脑+电话+传真"就表示要查找的内容必须要同时包含"电脑、电话、传真"这 3 个关键词。

（3）使用减号（-）。在关键词的前面使用减号，也就意味着在查询结果中不能出现该关键词。例如，在搜索引擎中输入"电视台-中央电视台"，它就表示最后的查询结果中一定不包含"中央电视台"。

（4）使用元词检索。大多数搜索引擎都支持"元词"（metawords）功能，依据这类功能，用户把元词放在关键词的前面，这样就可以告诉搜索引擎你想要检索的内容具有哪些明确的特征。例如，在搜索引擎中输入"title:清华大学"，就可以查到网页标题中带有清华大学的网页。在键入的关键词后加上"domain:org"，就可以查到所有以 org 为后缀的网站。其他元词还包括：

image：用于检索图片。

link：用于检索链接到某个选定网站的页面。

URL：用于检索地址中带有某个关键词的网页。

filetype：用于检索特定类型文档。"filetype："后可以跟以下文件格式：DOC、XLS、PPT、PDF、RTF、ALL。其中，ALL 表示搜索所有这些文件类型。

3. 使用百度学术搜索引擎

（1）打开 IE 浏览器，在地址栏中输入百度网址"www.baidu.com"，按 Enter 键确认。

（2）弹出百度首页，单击"更多"按钮。

（3）打开的网页中显示百度产品大全，单击"百度学术"超链接，如图 2-21 所示。

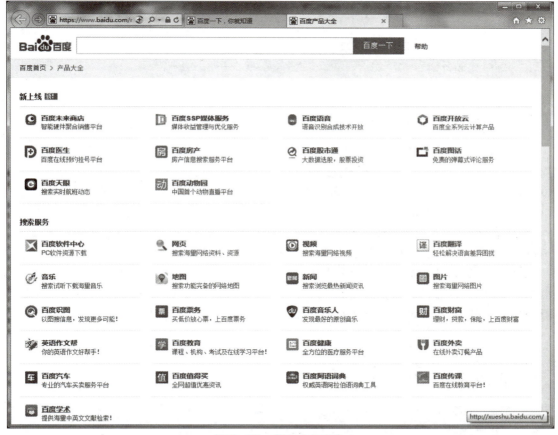

图 2-21 百度产品大全

（4）打开百度学术搜索引擎，在搜索文本框中输入要搜索的文章名，如"高校毕业生就业形式分析"，然后单击"百度一下"按钮，即可搜索并显示查找到的文章信息，如图 2-22 所示。

（5）选择要浏览或下载的文章，单击进入下载页面。

图 2-22　学术搜索

2.3.3　使用数据库检索系统

随着网上检索技术和现代信息技术的发展，人们对传统印刷版期刊和手工检索的使用率越来越低，取而代之的是方便快捷的电子期刊。目前，我国公开出版的中文纸版期刊共 8 000 余种，其中，学术性、知识性较强且编辑出版质量较好的期刊有 5 500 种左右。而中文电子期刊收录了这些内容，并采用全文、文摘、题录等多种形式向国际互联网用户提供服务，使读者能够轻松、快捷地检索到所需资料。中国知网（CNKI）是目前国内广泛使用的一种中文期刊数据库，本小节介绍 CNKI 的基本用法。

一般大学的教师、学生可在校内直接通过自己学校图书馆的电子资源链接进入 CNKI 系列数据库，也可以通过在浏览器地址栏中输入网址 http://www.cnki.net 进入。为了更好地使用该系列数据库，读者请自行下载 CAJ 或 PDF 阅读器，网站均有提供。

1. 两种检索界面

CNKI 系列数据库有两种检索界面：单库检索和跨库检索（图 2-23）。

图 2-23　"中国知网"文献数据库的检索界面

①单库检索：在 CNKI 系列数据库中的任意一个库内检索。

②跨库检索：用户可以选择多个数据库的资源进行检索，能够在同一个检索界面下完成对期刊、学位论文、报纸、会议论文、年鉴等各类型数据库的跨库检索。

2. 多种检索方式

单库检索和跨库检索一般都设有一框式检索、高级检索和专业检索等多种检索方式，用户可以根据检索条件和检索技术水平选择其中的一种方式。下面介绍常用的 3 种方式。

①一框式检索：即在检索框中输入与检索项匹配的检索词，同时对检索结果加以限定即可。例如，选择"中国学术期刊全文数据库"，在篇名检索项中输入"信息技术"，即可得到十几万条篇名中含有"信息技术"的记录。

②高级检索：如图 2-24 所示，高级检索提供检索项之间的逻辑关系控制，如果要提高检准率，则可以添加多个逻辑关系，进行多种检索控制，如相关度排序、时间控制、词频控制、精确/模糊匹配等。这种方式适用于对检索方法有一定了解的用户。

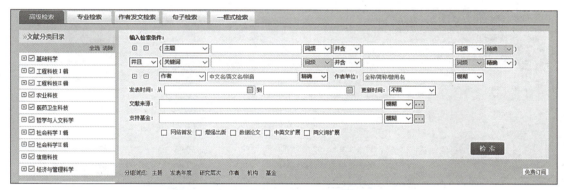

图 2-24 "中国知网"文献数据库的高级检索界面

③专业检索：专业检索需要在检索文本框输入检索表达式，该检索方法适用于对检索非常熟悉的读者。例如，输入"作者=杨正翔 and 题名=信息"，单击"检索"按钮就会看到如图 2-25 所示的检索结果。

图 2-24 和图 2-25 可以帮助读者更好地理解高级检索和专业检索这两种检索方式。

3. 二次检索

在已有检索结果的基础上，重新设置检索条件，能进一步缩小检索范围，逼近检索目标。

4. 检索结果

执行检索后，可以看到检索结果列表，如图 2-26 所示。单击文献标题，可以进入该文献的详情页面进行下载、打印和保存等操作。

> **知识拓展**
>
> 除了 CNKI，常用的中文期刊数据库还有维普和万方。维普是由重庆维普资讯有限公司建立发行的《中文科技期刊数据库》；万方是由万

三大中文期刊数据库

方数据股份有限公司收录发行的《万方数据数字化期刊》。

这三大中文期刊数据库有何区别？扫描二维码，获取更多知识。

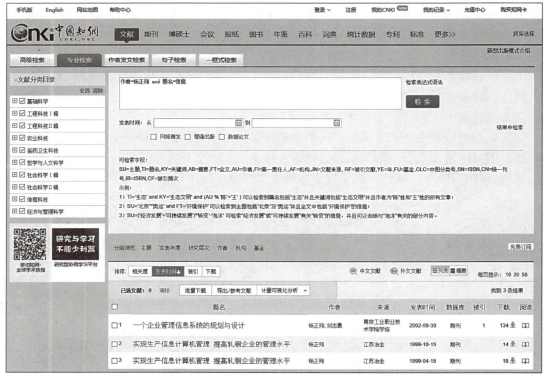

图2-25 "中国知网"文献数据库的专业检索结果界面

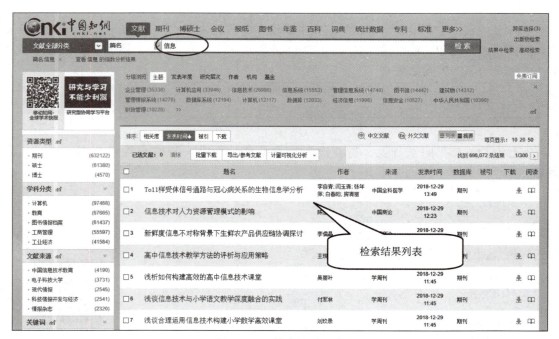

图2-26 检索结果列表

> **过关练习**
>
> 扫描二维码，完成过关练习。

练习 2.3

任务 2.4　收发电子邮件

任务描述

电子邮件是一种用电子手段提供信息交换的通信方式，是互联网中广泛应用的一种服务。通过网络的电子邮件系统，用户可以非常快速地将邮件发送到世界上任何指定的目的地，与世界上任何一个角落的网络用户联系。电子邮件的存在极大地方便了人与人之间的沟通与交流，促进了社会的发展。本任务的目标是学会使用网页注册电子邮件账户、收发电子邮件，掌握 Outlook 2016 的基本用法，学会使用 Outlook 2016 进行联系人管理、收发电子邮件。

2.4.1　Web 电子邮件收发

1. 申请免费电子邮箱

（1）在浏览器地址栏中输入"www.163.com"，打开网易首页，如图 2-27 所示。单击"注册免费邮箱"按钮，进入注册界面，如图 2-28 所示。

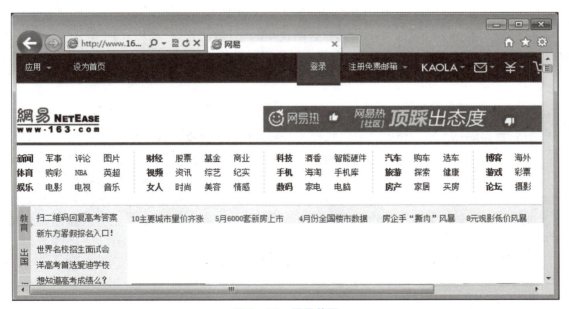

图 2-27　网易首页

（2）确定邮箱地址和密码。在"邮箱地址"文本框中按提示输入准备使用的用户名（不包括"@"和"@"之后的所有内容），如果提示"该邮箱地址已被注册"，那么需要

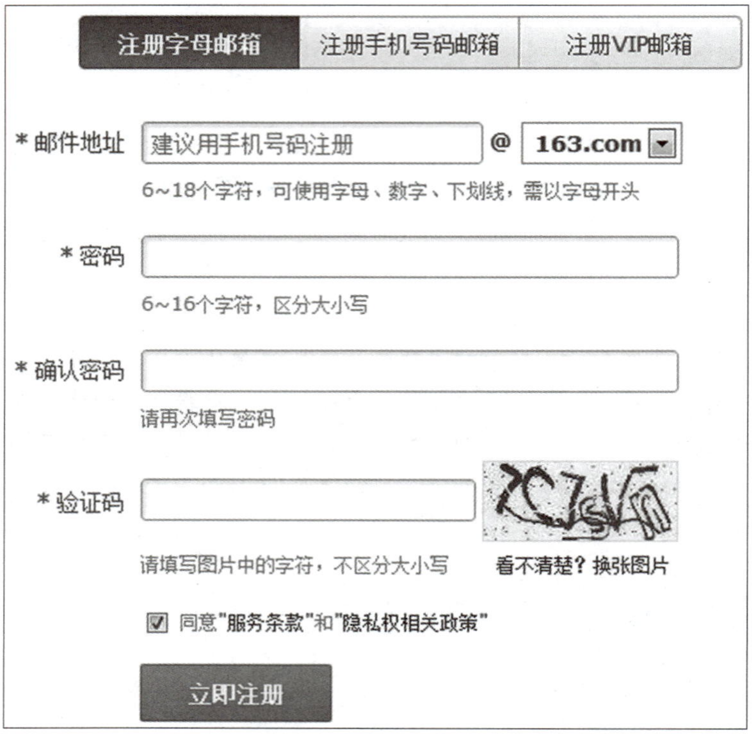

图 2-28　网易免费邮箱注册页面

更换用户名重新注册。

（3）在"密码"和"确认密码"文本框中设置登录邮箱的密码。

（4）在"验证码"文本框中输入其后图片中的字母和数字，选择"同意'服务条款'和'隐私权相关政策'"复选框，单击"立即注册"按钮。

（5）免费邮箱申请成功之后，就可以登录邮箱并使用其全部功能。

2. 以 Web 方式发送电子邮件

（1）登录网易主页，单击"登录"按钮，输入用户名和密码进入邮箱。

（2）单击"写信"按钮，打开编辑邮件页面，如图 2-29 所示。

（3）填写收件人地址信息、编辑邮件内容。在"收件人"文本框填写收件人的电子邮箱地址，在"主题"和"内容"文本框直接输入即可；如果想发送文字以外的其他信息，如图片等，则可单击"添加附件"按钮，将其他信息作为附件发送，如图 2-30 所示。

（4）写好邮件内容后，单击"发送"按钮，即可发送邮件。

3. 接收邮件

（1）登录网易主页，单击"登录"按钮，输入用户名和密码进入邮箱。

（2）单击文件夹列表中的"收件箱"，打开收件箱，查看已经接收到的信件，如图 2-31 所示。

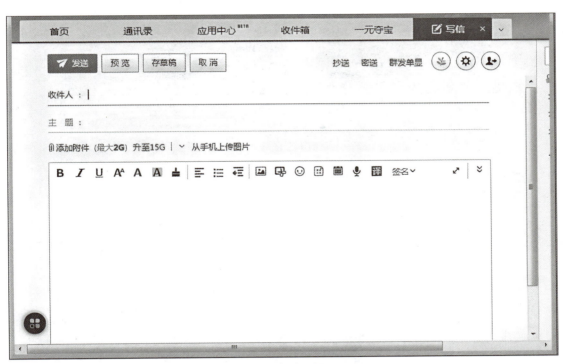

图 2-29　邮件编辑页面

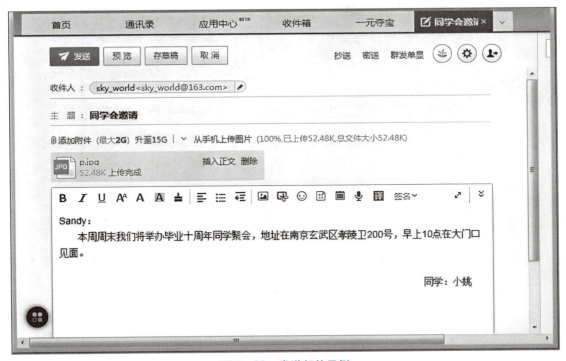

图 2-30　发送邮件示例

（3）收件箱以列表的形式按时间顺序显示接收到的邮件，列出了每封邮件的发送信息。

（4）单击邮件标题，即可打开邮件，如图 2-32 所示。

图 2-31　收件箱中邮件页面

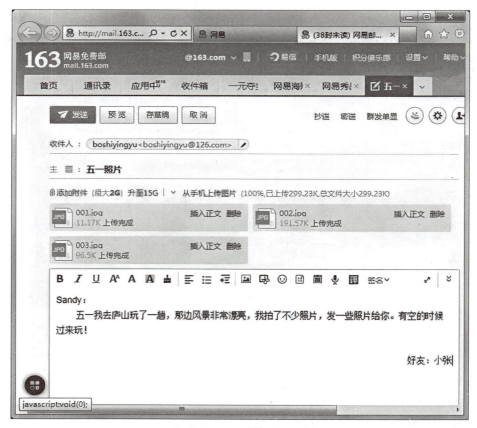

图 2-32　阅读邮件页面

2.4.2 使用 Outlook 2016 进行电子邮件收发

除了在网页上进行电子邮件的收发，还可以使用电子邮件客户端软件。使用电子邮件客户端软件收发邮件时，不需要下载网站页面内容，速度更快；而且，用户可以将收到的和曾经发送的邮件保存在本地计算机中，不需要上网就可以对旧邮件进行阅读和管理。因为电子邮件客户端软件功能强大，所以，在日常应用中，使用它更加方便。下面以 Outlook 2016 为例来介绍使用电子邮件的撰写、收发和阅读等操作。

1. 账号的设置

在使用 Outlook 收发电子邮件之前，必须先对 Outlook 进行账号设置。

（1）首次打开 Outlook 时，会弹出如图 2-33 所示的对话框，输入电子邮件地址，选择"让我手动设置我的账户"复选框，单击"连接"按钮。

（2）在弹出的"高级设置"对话框中，单击"POP"图标，如图 2-34 所示。

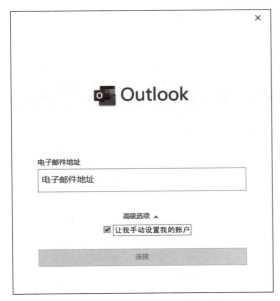

图 2-33　Outlook 首次启动界面

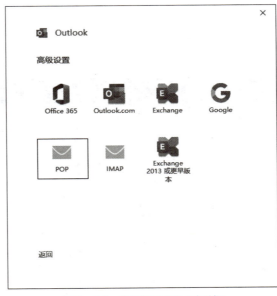

图 2-34　"高级设置"对话框

（3）在弹出的"POP 账户设置"对话框中，分别设置接收邮件服务器和待发邮件服务器，然后单击"下一步"按钮，如图 2-35 所示。

（4）在弹出的对话框中输入密码，单击"连接"按钮，如图 2-36 所示。

（5）连接成功后，打开 Outlook 主界面，如图 2-37 所示。

信息技术与素养

图 2-35　设置 POP 账户

图 2-36　输入密码

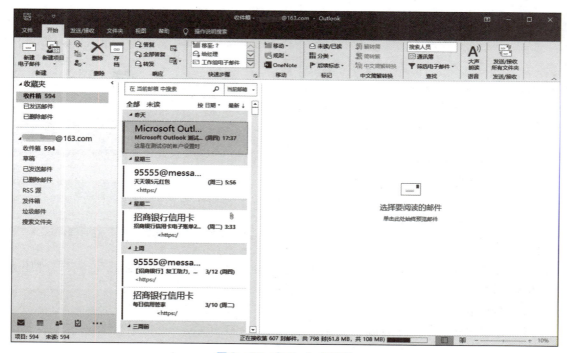

图 2-37　Outlook 主界面

> **提示**：如果邮箱登录失败，无法链接到邮箱服务器，此时应通过网页打开邮箱，查看是否开启了 IMAP/SMTP 和 POP3/SMTP 服务。由于在第三方登录网易邮箱，可

能存在邮件泄露风险,因此很多邮箱服务器都关闭了这两项服务。对于 163 邮箱,打开邮箱后,单击"设置"按钮,执行"POP3/SMTP/IMAP"命令,在打开的界面中将 IMAP/SMTP 服务和 POP3/SMTP 服务设置为"开启"(图 2–38),再使用授权密码登录 Outlook。

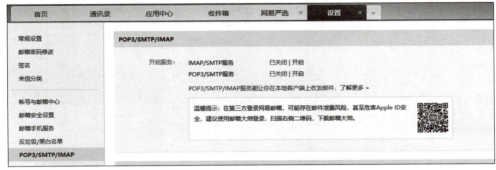

图 2–38 开启 POP3 和 SMTP 服务

2. 添加联系人

(1)单击"开始"选项卡→"查找"组→"通讯簿"按钮,弹出"通讯簿:联系人"对话框。

(2)在"文件"菜单中执行"添加新地址"命令,在弹出的对话框中选择"新建联系人"选项,单击"确定"按钮,如图 2–39 所示。

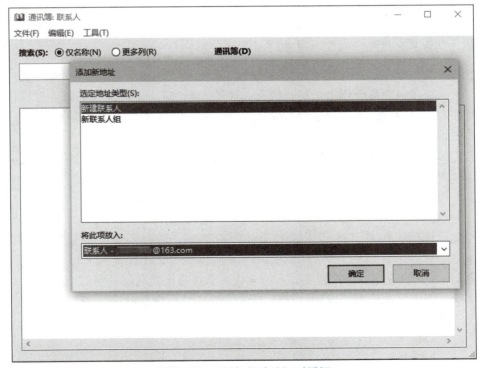

图 2–39 "添加新地址"对话框

（3）弹出"联系人"选项卡（图2-40），在其中输入联系人的基本信息和电子邮件地址，单击窗口左上方的"保存并关闭"按钮。

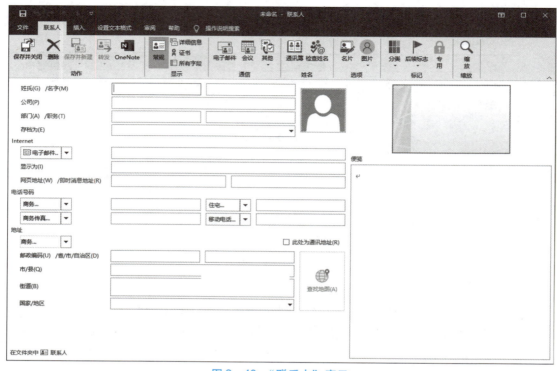

图2-40 "联系人"窗口

3. 撰写和发送邮件

单击"开始"选项卡→"新建"组→"新建电子邮件"按钮，打开"邮件"选项卡，如图2-41所示。在信头部分依次填写收件人、抄送（可选）、主题。如果邮件需要抄送给多人，且发件人不希望收件人看到这封邮件都发给了谁，则可以单击"选项"选项卡→"密件抄送"按钮，采用密件抄送的方式发送。

在信体部分按照信件的书写格式输入邮件内容。如果需要发送计算机中的其他文件，如Word文档、图片等，可以把这些文件作为邮件的附件一起发送。添加附件的方法主要有两种。

方法1：单击"邮件"选项卡→"添加"组→"附加文件"下拉按钮，在下拉列表中选择"浏览此计算机"信息，打开"插入文件"对话框，选择要插入的文件后，单击"插入"按钮。

方法2：在资源管理器中找到要插入的文件，直接拖到发送邮件窗口上。

邮件撰写完成后，单击"发送"按钮即可。如果是在脱机状态下撰写的邮件，则邮件会保存在"发件箱"中，在下次连接到因特网时自动发出。

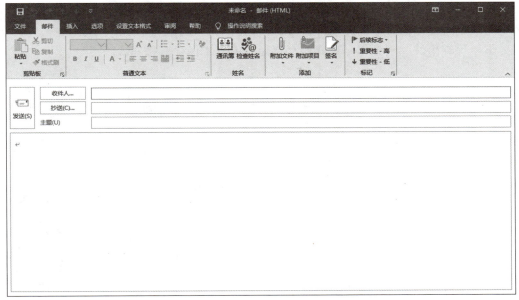

图 2-41　撰写新邮件窗口

4. 接收和阅读邮件

接收邮件前，要确定本地计算机已经连接到因特网，然后执行如下步骤：

（1）单击"发送/接收"选项卡→"发送/接收所有文件夹"按钮。

（2）单击左侧窗格中的"收邮箱"按钮，便可在中间窗格中预览收件箱中的邮件列表。

（3）若要简单浏览某个邮件，单击邮件列表区中的某个邮件，如图 2-42 所示；若要详细阅读或对邮件做各种操作，可以双击打开对应邮件。

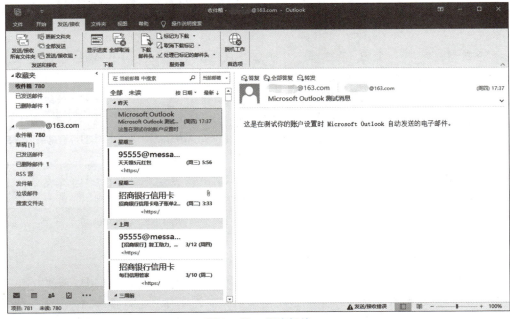

图 2-42　阅读邮件

(4) 如果邮件中含有附件，单击附件名，可以在 Outlook 中浏览；有些无法在 Outlook 中浏览的或是需要保存在本地的附件，可右击附件名，在弹出式菜单中执行"另存为"命令，弹出"保存附件"对话框，选择保存路径，单击"保存"按钮。

5. 回复邮件

在邮件阅读窗口中单击上方的"答复"按钮，即可打开邮件编辑界面，按照撰写邮件的方法操作即可。

知识拓展

工作中或生活中，会收到很多人发来的邮件，如果不分文件夹分别管理，则会很麻烦，因此可以通过创建规则，来实现邮件自动归类功能。

过关练习

扫描二维码，完成过关练习。

练习2.4

习 题 2

1. 选择题

(1) 不属于按照覆盖范围大小进行分类的计算机网络有（   ）。
A. 局域网　　　　　　B. Internet　　　　　　C. 环型网　　　　　　D. 广域网

(2) LAN 是（   ）的简称。
A. 局域网　　　　　　B. 对等网　　　　　　C. Internet　　　　　　D. 广域网

(3)（   ）不是组建局域网必需的设备。
A. 网卡　　　　　　　B. Hub　　　　　　　　C. Vedio　　　　　　　D. 网线

(4) 网络物理连接的构型称为拓扑结构，常见的拓扑结构有星型、（   ）、环型、树型等。
A. 分散型　　　　　　B. 总线型　　　　　　C. 合成型　　　　　　D. 集成型

(5) 不属于网络传输介质的是（   ）。
A. 同轴电缆　　　　　B. 卡线工具　　　　　C. 光纤　　　　　　　D. 双绞线

(6) 专门用来进行发送 E-mail 的应用软件是（   ）。
A. Internet Explorer　　B. Outlook Express　　C. FrontPage　　　　　D. PowerPoint

(7) 计算机网络最突出的优点是（   ）。
A. 进行通话联系　　　B. 上网聊天　　　　　C. 收发电子邮件　　　D. 资源共享

(8) 当个人计算机以拨号方式接入 Internet 时，必须使用的设备是（   ）。
A. 网卡　　　　　　　　　　　　　　　　　B. 调制解调器（modem）
C. 电话机　　　　　　　　　　　　　　　　D. 浏览器软件

(9) WWW 的中文名称为（   ）。
A. 电子商务　　　　　B. 万维网　　　　　　C. 浏览器　　　　　　D. 网页

(10) 用户要想在网上查询 WWW 信息，必须安装并运行一个被称为（   ）的软件。
A. 万维网　　　　　　B. 网络服务器　　　　C. 搜索引擎　　　　　D. 浏览器

2. 操作题

（1）已知某网站的主页地址为 http://news.sohu.com，打开此主页，任意打开一条新闻的页面浏览，并将页面保存到指定文件夹下。

（2）使用"百度搜索"查找学前教育专家陈鹤琴的个人资料，将他的个人资料复制保存到 Word 文档中。

（3）在 IE 浏览器的收藏夹中新建一个目录，命名为"快捷搜索"，将百度搜索的网址（www.baidu.com）添加到该目录下。

（4）向园长助理王强发送一个电子邮件，并将考生文件夹下的一个 Word 文档 plan.docx 作为附件一起发出，同时抄送给柳园长。

具体要求如下：

收件人：wangq@bj163.com

抄送：liuy@263.net.cn

主题：教学计划

邮件内容："发去教学计划草案，请审阅。具体计划见附件。"

项目 3
操作系统配置与管理

操作系统是管理计算机硬件和软件资源，控制程序运行，改善人机界面和为应用软件提供运行环境的系统软件。操作系统通过对处理器、存储器、文件和设备的管理来实现对计算机的管理。Windows 操作系统是目前备受欢迎的桌面操作系统。它采用图形化模式 GUI，方便用户操作。随着计算机硬件和软件的不断升级，微软的 Windows 也在不断升级，目前主流的是 Windows 7、Windows 8 和 Windows 10。

本项目以 Windows 10 为例，介绍操作系统的配置与管理。

学习要点

（1）操作系统的概念、功能、分类。
（2）Windows 10 操作系统的启动和退出。
（3）桌面、"开始"屏幕、窗口等基本概念。
（4）窗口、任务栏的操作。
（5）Windows 10 操作系统的个性设置。
（6）文件及文件夹的管理。

任务 3.1 了解操作系统基础知识

任务描述

操作系统是管理计算机硬件与软件资源的计算机程序，提供一个让用户与系统交互的操作界面。通过操作系统可以管理与配置内存，控制输入设备与输出设备，操作网络与管理文件系统，等等。本任务的目标是了解操作系统的概念、功能、发展、分类以及常用的操作系统。

3.1.1 操作系统的功能

操作系统的主要功能如下。

1. 管理系统中的各种资源

计算机系统中的所有硬件设备（如 CPU、存储器、输出设备打印机、输入设备键盘等）称为硬件资源，程序和数据等称为软件资源。这些资源通常是独占型的，即一次只能分配给一个请求者。如果有两个进程同时申请某一独占设备，就会发生冲突。操作系统的主要功能之一就是对计算机的所有资源（软件和硬件）进行合理的分配和管理。

1）处理器管理

中央处理器（CPU）是计算机系统的核心硬件资源，是执行程序（包括系统程序和用户程序）的唯一部件，管理好 CPU、提高 CPU 的使用效率就成为操作系统的核心任务。

为了提高 CPU 的利用率，操作系统一般都支持多个程序同时进入内存运行，这称为多任务处理。以 Windows 操作系统为例，它一旦成功启动，就进入了多任务处理状态。例如，除了运行操作系统本身所需的一些相关程序，还可以同时编辑文档、播放音乐、浏览网页等。操作系统通过一个处理器调度程序来实现多任务处理。该调度程序一般采用时间片（如 1/20 s）循环轮转（Round Robin）的策略，使得多个任务"同时"执行：通过把一个 CPU 时间片分配给某个任务，在该任务的时间片用完之后，调度程序就把 CPU 交给下一个任务，每个任务都能轮流得到一个时间片的 CPU 时间，如此循环往复。由于 CPU 处理速度很快，用户难以察觉，看起来就像是"同时"执行了多个任务。

2）内存管理

内存管理主要包括内存空间的分配、保护和扩充。凡是要执行的程序，都要进入内存，进入内存的程序就变为进程，操作系统将为进程分配存储空间。在进程运行结束后，操作系统应将其所占用的内存空间收回。为了实现存储资源的分配和回收，操作系统需要记录内存资源的使用情况，如哪些区域尚未分配、哪些区域已经分配以及分配给哪些进程等。操作系统用分配表来记录已分配的区域，用空闲表来记录尚未分配的区域。

虽然计算机的物理内存容量不断扩大，但限于成本及安装空间有限等原因，其容量总有限制。在运行较大程序时，内存往往不够用。特别是在多任务处理系统中，要求存储器能被多个任务所共享，因此，对物理内存进行扩充就显得尤为重要。操作系统一般都采用虚拟存储技术（也称虚拟内存技术，简称虚存）为用户提供一个比实际内存大得多的"虚拟存储器"。

3）设备管理

I/O 设备用于与计算机进行数据传输，I/O 设备不同，其所处理的信息的原始形态及信息的载体也就各不相同。操作系统通过"设备管理"程序对系统中的各种 I/O 设备进行统一的分配、回收及调度。设备分配会将设备资源分配给某个申请进程，设备回收会将设备资源从某个占有资源的进程处收回。对于独占型设备，如打印机、扫描仪、绘图仪，在任一段时间之内最多只能有一个进程占有并使用它；对于共享型设备，如磁盘、显示器，可以把来自不同进程的数据传输以块为单位交叉进行。设备管理程序将根据每个设备的特点来全局调度和安排设备的操作。

4）文件管理

文件是为了某种目的而组织起来的信息的集合。它可以是一个源程序、一篇文章或一类报表。文件与管理信息资源的程序集合称为文件系统。文件系统是现代操作系统的重要组成部分，操作系统通过文件系统来管理文件以及用于保存文件的外存空间。

文件系统为用户提供一种简便的、统一的存取和管理信息的方法，即按文件名称存取文件。每个文件都有一个名称，称为文件名，用户只要提出文件名，通过文件系统规定的操作，按照信息的逻辑关系就可存取所需要的信息。

2. 为用户提供友好的接口

用户接口可分为两种：

一种是程序级接口，即操作系统提供了一组"系统调用"，用户在编程时，通过这些系统调用可以访问系统资源，或要求操作系统完成一些特定的功能。

另一种是作业级接口，即操作系统用户界面，如 DOS 的命令行界面、Windows 10 的图形化用户界面等。

3.1.2 操作系统的发展概况

计算机的操作系统是随着计算机系统结构和使用方式的发展而逐步产生和变化的。

第一阶段（20 世纪 40 年代）：人工操作方式。
第二阶段（20 世纪 50 年代）：单道批处理操作系统。
第三阶段（20 世纪 60 年代）：多道批处理操作系统。
第四阶段（20 世纪 70 年代）：分时操作系统。
第五阶段（20 世纪 70 年代）：实时操作系统。
第六阶段（20 世纪 80 年代）：个人计算机操作系统。
第七阶段（20 世纪 90 年代）：网络操作系统。

早期的计算机采用人工操作方式，即操作员将"写"有程序和数据的纸带装进输入机，输入程序和数据，然后通过控制台的开关来启动程序运行。当程序执行完毕，输出计算结果，并取出纸带后，才能开始下一个任务。这种人工操作的方式存在两个缺点：一是计算机只能执行一个任务；二是 CPU 等待人工操作。随着计算机规模的不断扩大、CPU 运算速度的加快，这种操作方式严重影响了计算机的工作效率，便相继出现了单道批处理操作系统和多道批处理操作系统。但在这两种操作系统中，用户不能亲自运行自己编写的程序。为了让用户亲自控制计算机，又能同时运行多道程序，支持多任务的分时操作系统应运而生。与此同时，为了满足计算机在工业控制领域的应用，产生了能够满足严格响应时间要求的实时操作系统。信息技术的发展使个人计算机逐渐普及，个人计算机操作系统得到广泛应用；网络的出现又触发了网络操作系统的产生与发展。

3.1.3 操作系统的分类

1. 根据特性分类

根据特性，将操作系统分为四大类：

1）单用户操作系统

单用户操作系统的主要特征是计算机系统内一次只能支持运行一个用户程序。它的缺点是计算机的资源不能充分利用。早期的 DOS 操作系统属于这类系统。

2）批处理操作系统

批处理操作系统是 20 世纪 70 年代运行于大、中型计算机上的操作系统。当时单用户单任务操作系统的 CPU 使用效率低，输入/输出设备资源未能充分利用，因而产生了批处理操作系统。它允许多个程序或多个作业同时存在和运行，因此也称为多任务操作系统。IBM 的 DOS/VSE 就是这类操作系统。

3）分时操作系统

分时操作系统是指多个用户共用同一台计算机，它将计算机的 CPU 的使用权从时间上分割成很小的时间段，每个时间段称为一个时间片，系统将 CPU 的时间片轮流分配给多个用户，每个用户通过终端使用同一台计算机，并通过终端直接控制程序运行，进行人与机器之间的交互。由于时间片分割得很小，每个用户都感觉自己独占一台计算机。

4）实时操作系统

实时操作系统包括实时过程控制系统和实时信息处理系统两种。当计算机直接用于工业控制系统或事务处理系统时，要采用实时操作系统。这类系统要求计算机能对外部发生的随机事件做出及时的响应，并对它进行处理。例如，在化工过程控制系统中，要求计算机对受控对象的温度、压力等参数变化做出迅速的反应并及时给出控制信息；在售票系统中，要求计算机能及时更新票证的出售情况并准确地进行检索。

由于实时操作系统要求对外部事件的响应及时、迅速，而外部事件一般都以中断的方式通知操作系统，因此，要求实时操作系统有较强的中断处理机制。此外，可靠性对实时操作系统来说尤为重要，因为实时操作系统控制、处理的对象往往是重要的军事、经济目标，任何故障都会导致重大的损失，所以，重要的实时操作系统往往采用双机系统，以保证可靠性。

实际运用中，经常将以上四种类型的操作系统组合起来使用，形成通用操作系统。例如，在计算中心往往把批处理与分时操作系统组合起来，以分时作业为前台作业，以批处理作业为后台作业，这样在分时作业的空隙中可以处理批处理作业，以充分发挥计算机的处理能力。也可以将实时操作系统与分时操作系统组合起来。实时操作系统的作业具有最高的优先级，在满足实时作业的前提下，还可以将资源分配给其他用户使用。

5）网络操作系统

网络操作系统是将位于不同地理位置的多个独立的计算机系统互连起来，通过网络协议在不同的计算机之间实现信息交换和资源共享。

2. 根据功能分类

根据功能特征，将操作系统分为四大类：

1）服务器操作系统

服务器操作系统一般指的是安装在大型计算机上的操作系统，如 Web 服务器、应用服务器和数据库服务器等，是企业计算机系统的基础架构平台。有一些服务器操作系统也可以安装在个人计算机上。在一个具体的网络中，服务器操作系统与供个人使用的操作系统相比，要提供额外的管理、配置功能，具有更高的稳定性和安全性，相当于每个网络的"心脏"。

服务器操作系统主要分为四种：Windows、NetWare、UNIX 和 Linux。

Windows 服务器操作系统结合 .NET 开发环境，为微软公司的企业用户提供了良好的应用框架。目前最新的版本是 Windows Server 2019。

NetWare 服务器操作系统多用于一些特定的行业。其优秀的批处理功能和安全、稳定的系统性能使其具有较大的市场份额。目前常用的版本主要有 Novell NetWare 3.11/3.12/4.10/5.0 等中英文版。

UNIX 服务器操作系统由 AT&T 公司和 SCO 公司共同推出，主要支持大型的文件系统服务、数据服务等。目前市面上流行的主要有 SCO SVR、BSD UNIX、SUN Solaris、IBM – AIX、HP – U、FreeBSDX。

Linux 服务器操作系统与 UNIX 服务器操作系统类似，但它不是 UNIX 服务器操作系统的衍生版本。Linux 内核的开发者从开始编写内核代码时就效仿 UNIX，因此它们在外观和交互方式上非常类似。Linux 最大的创新是开源免费，这是它能够蓬勃发展的重要原因。

2）个人计算机操作系统

个人计算机（PC）操作系统是指安装在个人计算机上的操作系统，如 DOS、Windows、macOS。

DOS 是第一个 PC 操作系统。它的功能简单、硬件要求低，但存储能力有限，使用不便。

Windows 是目前应用最广泛的 PC 操作系统，它提供了图形用户界面，使用户能够简单、高效地操作计算机。

macOS 是由苹果公司自行设计开发的 PC 操作系统，专用于苹果计算机。它基于 UNIX 内核，是首个在商业领域获得成功的图形用户界面操作系统。目前最新的版本为 macOS Catalina。

3）实时操作系统

实时操作系统是能够保证在限定的时间内完成特定任务的操作系统，如 VxWorks 等。

4）嵌入式操作系统

嵌入式操作系统是一种以应用为中心的操作系统，适用于对功能、可靠性、成本、体积、功耗有严格要求的专用计算机系统。如 Palm OS。

3.1.4 常用的操作系统

1. 个人计算机操作系统

目前常用的操作系统有 DOS、Windows、UNIX、Linux 等，其中，Windows 系列是微软公司推出的基于图形用户界面的操作系统，是目前世界上应用最广泛的操作系统。

1）DOS

DOS（disk operating system）是 1981 年推出的应用于个人计算机的磁盘操作系统，全名为 MS – DOS。MS – DOS 是字符界面的操作系统，用户使用键盘命令控制计算机的使用。

2）Windows 操作系统

Windows 操作系统是 20 世纪 80 年代发展起来的图形用户界面操作系统，由微软公司研制开发。1990 年推出了 Windows 3.0；1995 年推出了 Windows 95；2000 年推出了 Windows 2000；2001 年推出了 Windows XP；2007 年推出了 Windows Vista；2009 年推出了 Windows 7；2012 年推出了 Windows 8；2014 年又推出了 Windows 10。

3）UNIX/Xenix 操作系统

UNIX 是 1969 年推出的一种多用户多任务操作系统，具有使用简便、通用性强、良好的可移植性和开放性等特点。1980 年，UNIX 操作系统移植到 80286 微型计算机上，称为 Xenix，其特点是代码简洁紧凑、运行速度快。

4）Linux 操作系统

Linux 是一种与 UNIX 类似的多用户多任务操作系统，具有良好的开放性、便捷的用户界面、丰富的网络功能、较高的系统安全性和良好的可移植性等优点，用户可以修改它的源代码并自由传播。

5）Mac 操作系统

1986 年，苹果公司推出的 Mac 操作系统（简称为 macOS）是一套运行于 Macintosh 系列计算机上的操作系统。Mac 操作系统由苹果公司自行开发，是基于 UNIX 内核的图形化操作系统，一般情况下，其在普通 PC 上无法安装。macOS 设计简单直观，安全易用，高度兼容。从启动 Mac 后所看到的桌面，到日常使用的应用程序，都设计得简约精致。无论是浏览网络、查看邮件还是视频聊天，所有事情都简单高效、趣味盎然。目前，苹果机的操作系统版本已经发展到了 macOS 10，代号为 macOS X（X 为 10 的罗马数字写法），macOS X 的界面非常独特，突出了形象的图标和人机对话。2011 年 7 月 20 日，macOS X 已经正式被苹果公司改名为 macOS X。macOS X 是世界上第一个采用"面向对象操作系统"的操作系统，采用 C、C++ 和 Objective-C 编程开发，采用闭源编码。

2. 移动终端操作系统

移动终端是指可以在移动中使用的计算机设备，广义地讲，包括手机、平板电脑、POS 机等。大部分情况下，移动终端是指具有多种应用功能的智能手机（smart phone）以及平板电脑。随着互联网+时代的到来，计算机网络和计算机软件技术都朝着越来越宽带化的方向发展，智能手机已经成为人们生活中不可或缺的移动设备，普及率几乎达到了 90%。

这里所讲的移动终端操作系统就是一种具有较强运算能力及功能的智能手机操作系统。最常用的移动终端操作系统有 Android（安卓）、iOS、Windows Phone 和 BlackBerry OS 等，它们之间的应用软件互不兼容。下面将分别针对 Android 和 iOS 这两种常见的移动终端操作系统进行简要的介绍。

1）Android 操作系统

Android 一词的本义指"机器人"，也是以 Linux 内核为基础的、开放源代码的操作系统名称，该平台由操作系统、中间件、用户界面和应用软件组成，号称首个为移动终端打造的真正开放和完整的移动操作系统。Android 操作系统诞生的初衷是为智能手机而开发，但现在已逐渐扩展到平板电脑及其他领域上，如电视、数码相机、游戏机等。

2）iOS 操作系统

iOS 操作系统是由苹果公司开发的手持设备操作系统，其核心与苹果的 macOS X 操作系统一样，都源自 Apple Darwin。与 Linux 一样，Darwin 也是一种"类 UNIX"系统，具有高性能的网络通信功能，支持多处理器和多种类型的文件系统。

iOS 操作系统最初是设计给 iPhone 使用的，因此这个系统原本名为 iPhone OS。由于后来 iPhone OS 陆续套用到了 iPad 平板电脑、iPod touch 播放器以及 Apple TV 播放器等产品上，因此，在 2016 年 WWDC 大会上，苹果宣布将 iPhone OS 改名为 iOS（iOS 为美国 Cisco 公司网络设备操作系统注册商标，苹果改名已获得 Cisco 公司授权）。iOS 只支持苹果公司自己的硬件产品，不支持非苹果公司的硬件设备。

知识拓展

虽然计算机的物理内存容量不断扩大,但限于成本及安装空间有限等原因,其容量总有限制。在运行较大程序时,内存往往不够用。特别是在多任务处理系统中,要求存储器能被多个任务所共享,因此对物理内存进行扩充就显得尤为重要。操作系统一般都采用虚拟内存技术(也称为虚拟存储技术,简称虚存)为用户提供一个比实际内存大得多的"虚拟存储器"。

什么是虚拟存储技术?扫描二维码,获取更多知识。

虚拟内存技术

过关练习

扫描二维码,完成过关练习。

练习 3.1

任务 3.2　认识 Windows 10 操作系统

任务描述

Windows 10 是微软公司于 2014 年在美国旧金山对外展示的新一代操作系统。Windows 10 操作系统在加强系统的安全性、稳定性的同时,重新对性能组件进行了完善和优化,在满足用户娱乐、工作、网络生活中的不同需要等方面达到了一个新的高度。本任务的目标是熟悉 Windows 10 的窗口、任务栏和"开始"屏幕。

3.2.1　基本概念

1. 桌面

启动 Windows 10 以后,会出现如图 3-1 所示的画面,这就是通常所说的桌面。用户的工作都是在桌面上进行的,桌面上有图标、任务栏等部分。

基本概念

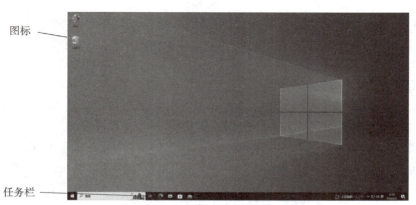

图 3-1　Windows 10 桌面

1）图标

桌面上的小图片称为图标（图3-1），它可以代表一个程序、文件、文件夹或其他项目。Windows 10 的桌面上通常有"此电脑""回收站"等图标，还有一些程序文件的快捷方式图标。

（1）"此电脑"中可以查看当前计算机中的所有内容。双击这个图标，可以快速查看硬盘、光碟驱动器以及映射网络驱动器中的内容。

（2）"回收站"中保存着用户从硬盘中删除的文件/文件夹。当用户误删除或再次需要这些文件/文件夹时，还可以到"回收站"中将其取回。

2）任务栏

任务栏是位于屏幕底部的一个水平的长条，由"开始"按钮、搜索栏、快速启动区、任务按钮区、通知区域5个部分组成，如图3-2所示。

图3-2 任务栏

（1）"开始"按钮：用于打开"开始"屏幕。
（2）搜索栏：用于搜索文件/文件夹等内容。
（3）快速启动区：单击其中的按钮即可启动程序。
（4）任务按钮区：显示已打开的程序和文档窗口的缩略图，单击任务按钮可以快速地在这些程序中进行切换，也可以右击任务按钮，通过弹出式菜单对程序进行控制。
（5）通知区域：包括时钟、输入法、音量、一些特定程序的通知和计算机状态设置的图标。

2. "开始"屏幕

"开始"屏幕是计算机程序、文件夹和设置的主门户，使用"开始"屏幕可以方便地启动应用程序、打开文件夹、访问因特网和收发邮件等，也可以对系统进行各种设置和管理。"开始"屏幕的组成如图3-3所示。

（1）"开始"按钮：展开/收起"开始"屏幕。
（2）应用列表：用于显示计算机上已经安装的程序。
（3）"动态磁贴"面板：提供了对常用文件夹、文件、设置和其他功能访问的链接，如图片、文档、音乐、控制面板等。
（4）搜索栏：输入搜索关键词，即可在系统中查找相应的程序或文件。
（5）固定项目列表：其中包括一组工具，可以注销当前用户账户、锁定系统或切换用户，可以使系统休眠或睡眠，也可以关闭或重新启动计算机，还可以做一些系统设置。

3. 窗口

每次打开一个应用程序或文件/文件夹后，屏幕上出现的一个长方形的区域就是窗口。下面以"此电脑"窗口为例，介绍一下窗口的组成，如图3-4所示。

图 3-3 "开始"屏幕的组成

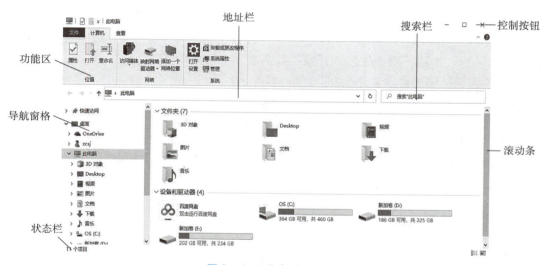

图 3-4 "此电脑"窗口

窗口的各组成部分及其功能介绍如下：

（1）地址栏：在地址栏中可以看到当前打开的窗口在计算机或网络上的位置。在地址栏中输入文件路径后，即可找到相应的文件。

（2）搜索栏：在搜索栏中输入关键词可以筛选出相应的文件/文件夹，可以将查找范围限定在当前文件夹及其所有子文件夹。搜索的结果将显示在文件列表中。

（3）功能区：功能区中主要显示的是应用程序的选项卡。在每个选项卡中可以选择需要的操作命令。

（4）控制按钮：单击"最小化"按钮－，可以使应用程序窗口缩小成屏幕下方任务栏上的一个按钮，单击此按钮可以恢复窗口的显示；单击"最大化"按钮□，可以使窗口充满整个屏幕。当窗口最大化时，"最大化"按钮会变成"还原"按钮，单击此按钮可以使窗口恢复到原来的状态；单击按钮×可以关闭应用程序窗口。

（5）导航窗格：用于显示所选对象中包含的可展开的文件夹列表，以及收藏夹中的链接和保存的搜索结果。通过导航窗格,可以直接跳转到所需文件的文件夹。

(6) 滚动条:拖动滚动条可以显示隐藏在窗口中的内容。

(7) 状态栏:用于显示与所选对象关联的最常见的属性。

4. 选项卡与功能区

选项卡是一张命令组合面板,用户可以从中选择所需的命令来指示程序执行相应的操作。放置所有选项卡的功能区是程序窗口构成的一部分,一般位于程序窗口的地址栏上方,几乎包含了该程序所有的操作命令。常见的选项卡包括"文件""计算机""查看"等,单击这些选项卡标签可以查看其中的命令组。例如,"此电脑"窗口中的"查看"选项卡如图3-5所示。

图3-5 "查看"选项卡

下面介绍"查看"选项卡中几种标记的含义。

(1) 选择标记✓:如果某复选框前面有选择标记,则表示该复选框被选中,单击此复选框将取消该选择标记。

(2) 向下箭头标记▼:选择此类菜单命令,单击向下箭头标记,将在下方弹出一个子菜单。

(3) 横线向下箭头标记₸:单击该按钮,可以查看详细信息。

3.2.2 窗口的操作方法

Windows 10 是一个多任务多窗口的操作系统,可以在桌面上同时打开多个窗口,但同一时刻只能对其中的一个窗口进行操作。

窗口的操作方法

1. 窗口的最大化

单击窗口右上角的"最大化"按钮或双击窗口的标题栏,可使窗口充满整个桌面。

2. 关闭窗口

单击窗口右上角的"关闭"按钮即可关闭当前窗口。关闭窗口后,该窗口将从桌面和任务栏中删除。

3. 隐藏窗口

隐藏窗口也称为"最小化"窗口。单击窗口右上角的"最小化"按钮后,窗口会从桌面消失,但在任务栏处仍会显示该窗口的任务按钮,单击该按钮,即可将窗口还原。

4. 调整窗口大小

拖动窗口的边框可以改变窗口的大小，具体操作步骤如下：

（1）将鼠标指针移动到要改变大小的窗口边框上（垂直边框、水平边框或一角）。

（2）待指针形状变为双向箭头 ⟷ 时，按住鼠标左键不放，拖动边框到适当的位置后松开，此时窗口的大小已经改变了。

5. 多窗口排列

如果在桌面上打开了多个程序或文档窗口，那么，前面打开的窗口将被后面打开的窗口覆盖。在 Windows 10 操作系统中，提供了层叠显示窗口、堆叠显示窗口和并排显示窗口 3 种排列方式。

排列窗口的方法为：在任务栏的空白处右击，从弹出式菜单中选择一种窗口的排列方式，如执行"并排显示窗口"命令，多个窗口将以"并排显示窗口"的方式显示在桌面上，如图 3-6 所示。

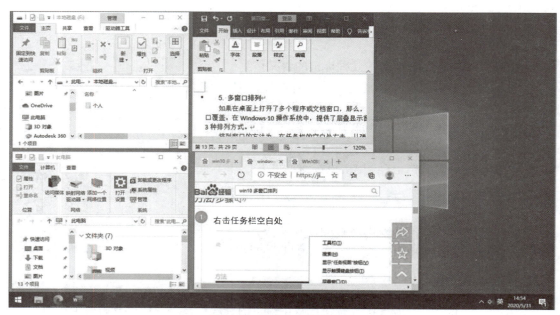

图 3-6 多个窗口并排显示

3.2.3 任务栏的操作方法

任务栏是位于屏幕底部的一个水平的长条。它与桌面的不同之处在于桌面可以被窗口覆盖，而任务栏几乎始终可见。

任务栏的操作方法

1. 通过任务栏查看窗口

当一次打开多个程序或文档时，它们所对应的窗口会堆叠在桌面上。这种情况下使用任务栏查看窗口就很方便了。每打开一个程序、文件或文件夹，Windows 10 操作系统都会在任务栏上创建与之对应的任务按钮,并且按钮上会显示该项目的图标和名称,单击任意一个任务按钮,该任务所对应的窗口就会显示在所有窗口的最上方。

2. 调整与锁定任务栏

根据需要可以调整任务栏中的搜索栏、快速启动区、任务按钮区、通知栏的空间大小。调整任务栏的方法如下:

(1)默认情况下,任务栏是被锁定的,必须取消锁定才能对其进行调整。解锁任务栏的方法为:如图3-7所示,在任务栏空白处右击,如果弹出式菜单中"锁定任务栏"选项已经有选择标记,可以单击该选项以便取消对它的选择。

(2)任务栏解锁后,会在任务栏上出现两条拖动条▮,将任务栏分成几个部分。

(3)将鼠标指针置于某个拖动条上,鼠标指针变成双向箭头⇔形状。

(4)这时按下鼠标左键,当鼠标指针变成✥时,可左右拖动,分配任务栏中几个组成部分的空间大小。将快速启动区左侧的拖动条向左拖动后,可以增大快速启动区的空间,原来因空间不够而隐藏的图标就会显现出来。

(5)调整好任务栏后,再次在任务栏空白处右击,从弹出式菜单中执行"锁定任务栏"命令,出现选择标记后,可锁定任务栏,以免误操作改变调整好的任务栏。

3. 在任务栏中设置声音

(1)右击通知栏上的"音量"图标🔊,在弹出的快捷菜单中执行"打开音量合成器"命令,打开如图3-8所示的"音量合成器-扬声器"窗口。

(2)上下拖动其中的滑块,可以调整声音的大小;单击扬声器下的"音量"图标🔊,可将扬声器设为静音,"系统声音"图标变为🔇。

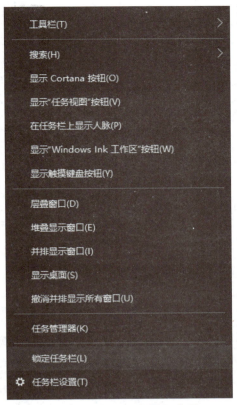

图3-7 "锁定任务栏"选项

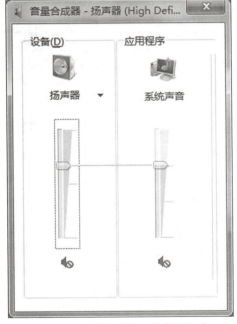

图3-8 "音量合成器-扬声器"窗口

> **提示**：也可以在任务栏中单击"音量"图标，在浮动窗口中改变音量的大小，如图 3-9 所示；还可以单击"音量"图标，将扬声器设为静音。
>
>
>
> 图 3-9 "音量"调节浮动窗口

4. 在任务栏中设置时间

如果在安装操作系统时没有设置时间，在使用时也可以进行设置。右击任务栏中的时间区域，在弹出的快捷菜单中执行"调整日期/时间"命令，打开如图 3-10 所示的"设置"对话框，并显示"日期和时间"选项卡。将"自动设置时间"选项设置为关闭状态，单击"手动设置日期和时间"标签下的"更改"按钮，在弹出的"更改日期和时间"窗口中对"日期"和"时间"进行相应的设置。

图 3-10 "日期和时间"选项卡

知识拓展

通知区域图标设置

Windows 10 通知区域中，默认情况下活动的程序图标是隐藏的，这让任务栏变得简洁，但是对于即时通信软件，则可能无法及时看到信息，而耽误了重要的事情。有些程序在关闭的时候，实际上不是退出而是最小化了，运行太多程序也会影响系统的速度。所以，通知区域的图标设置是不可忽视的。

如何才能让程序的即时通知显示出来呢？扫描二维码，获取更多知识。

> **过关练习**

扫描二维码，完成过关练习。

练习 3.2

任务 3.3　Windows 10 个性化操作

> **任务描述。**
>
> Windows 10 操作系统提供了丰富的桌面背景与主题，用户可以根据个人的喜好对其进行设置，如更换桌面背景、设置分辨率和颜色外观等。当然，用户也可以用自己收集的图片作为背景，或者将多张照片以幻灯片的形式在桌面显示，使桌面更加美观。

Windows 10 个性化操作

3.3.1　桌面图标设置

对于刚安装好的系统，桌面上只有一个"回收站"图标，其实在桌面上可以通过添加系统图标和添加程序的快捷方式建立图标，这样用户就能方便、快捷地启动相应的程序。

为了让使用更加便利，通常把一些常用的系统图标放在桌面上，操作步骤如下：

（1）在桌面上右击，从弹出式菜单中选择"个性化"选项，打开"设置"窗口，如图 3-11 所示。单击左侧窗格中的"主题"标签，在"主题"选项卡中单击"桌面图标设置"链接。

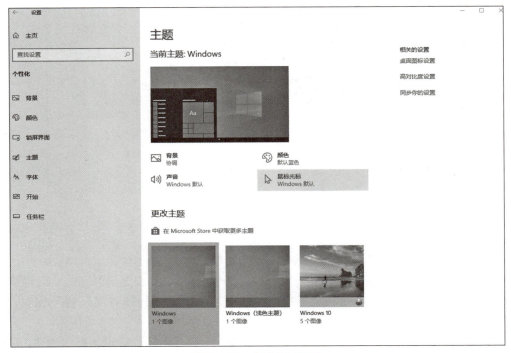

图 3-11　"设置"窗口

（2）弹出"桌面图标设置"对话框，在"桌面图标"选项组中选中要在桌面上显示的图标（图3-12），然后单击"确定"按钮，所选图标就会被添加到桌面上了。

3.3.2　Windows 10 颜色外观设置

在 Windows 10 中，可以随心所欲地调整"开始"屏幕、任务栏及窗口的颜色和外观，具体操作步骤如下：

（1）在桌面上右击，从弹出式菜单中选择"个性化"选项，打开"设置"窗口，单击"颜色"标签。

（2）打开"颜色"选项卡（图3-13），在"Windows 颜色"方案中单击喜欢的颜色；启用透明效果，可以使窗口具有像玻璃一样的透明效果。若感到满意，关闭窗口即可保存设置。

图3-12　"桌面图标设置"对话框

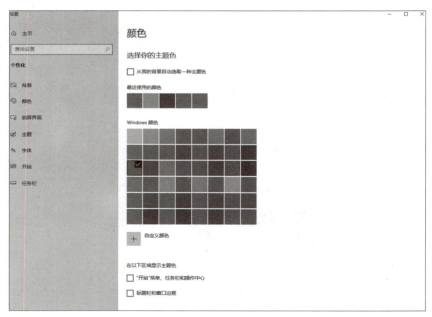

图3-13　"颜色"选项卡

3.3.3　设置桌面背景

Windows 10 桌面背景俗称"桌布"，用户可以根据自己的喜好更换漂亮的桌面背景。

（1）在桌面上右击，从弹出式菜单中选择"个性化"选项，打开"设置"窗口，单击窗口中的"背景"标签。

（2）打开"背景"选项卡，"选择图片"列表框中有多张图片可供选择，如图3-14所示。如果想选择计算机中的图片作为背景，可单击"浏览"按钮，从计算机中选择图片。

图 3-14 "背景"选项卡

（3）在弹出的"打开"对话框中选择需要的图片，然后单击"确定"按钮，如图 3-15 所示。

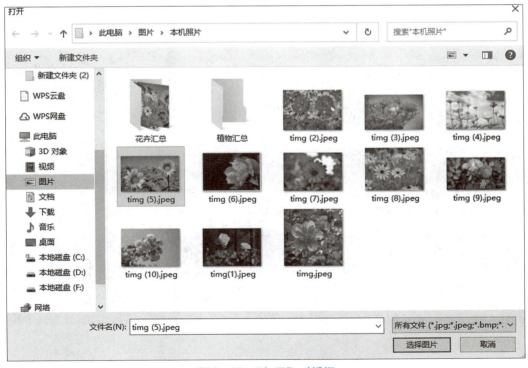

图 3-15 "打开"对话框

（4）返回"背景"选项卡，单击"关闭"按钮，如图3-16所示。这时，桌面背景已经更换成之前选择的图片了，如图3-17所示。

图3-16 返回"背景"选项卡

图3-17 更换后的桌面背景

3.3.4 设置屏幕保护程序

若屏幕长时间显示同一个画面，有可能是屏幕受到损坏，缩短了屏幕的使用寿命。如果设置了屏保功能，一段时间内不使用计算机就会自动启动屏幕保护程序，在屏幕上显示动画，以保护屏幕。具体操作步骤如下：

（1）在桌面上右击，从弹出式菜单中选择"个性化"选项，打开"设置"窗口，单击窗口中的"锁屏界面"标签。

（2）弹出"锁屏界面"选项卡，在选项卡靠下位置有"屏幕保护程序设置"链接，单击后可以在弹出的"屏幕保护程序设置"对话框中选择喜欢的屏保程序。

（3）选择好屏保程序后，可在对话框中的预览窗口中预览屏保效果；然后在"等待"微调框中设置屏保等待时间；设置完毕后，单击"确定"按钮即可。

3.3.5 自定义任务栏

用户在使用计算机的过程中，可以根据需要对任务栏进行自定义设置，如调整任务栏的位置和大小、在快速启动区中添加和删除程序图标及设置通知区域显示的图标等。

默认状态下，任务栏位于屏幕的最下方，用户可以根据需要自行调整任务栏的位置，如顶部、左侧或右侧。另外，也可以根据需要调整任务栏的大小，以方便显示更多的内容。

1. 调整任务栏的位置

在任务栏空白处右击，在弹出式菜单中选择"任务栏设置"选项，如图 3-18 所示。在弹出的任务栏设置面板中单击"任务栏在屏幕上的位置"下拉按钮，在其中选择任务栏的位置，如图 3-19 所示；如选择"靠右"选项，效果如图 3-20 所示。

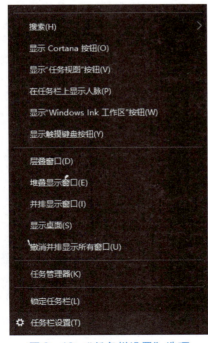

图 3-18 "任务栏设置"选项

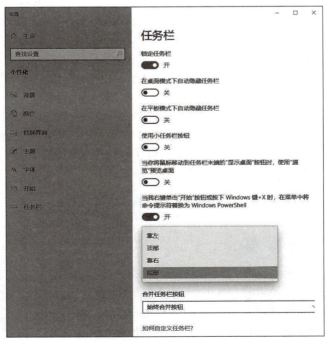

图 3-19 选择任务栏在屏幕上的位置

2. 调整任务栏的大小

在任务栏空白处右击，在弹出式菜单中观察"锁定任务栏"选项。如有选择标记，则单击该选项，取消任务栏的锁定状态。

将鼠标指针移动到任务栏的边框上，当鼠标指针变为双向箭头 ↕ 时，向上拖动鼠标即可调整任务栏的大小，如图 3－21 所示。任务栏占屏幕的比例不宜过大，需要根据屏幕的大小来调整。

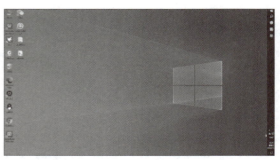

图 3－20　任务栏靠右

图 3－21　调整任务栏的大小

知识拓展

控制面板是用户接触较多的系统界面，在 Windows 10 系统中，控制面板一般以类别的形式来显示功能菜单，分为系统和安全、用户账户和家庭安全、网络和 Internet、外观和个性化、硬件和声音、程序等类别，在每个类别下显示一些常用功能。

如何使用控制面板？扫描二维码，获取更多知识。

认识控制面板

过关练习

扫描二维码，完成过关练习。

练习 3.3

任务 3.4　Windows 10 文件管理

任务描述

在计算机系统中，计算机的信息是以文件的形式保存的，用户所做的工作都是围绕文件展开的。这些文件包括操作系统文件、应用程序文件、文本文件等，它们根据自己的分类存储在磁盘上不同的文件夹中。本任务的目标是学会使用"计算机"窗口或文件资源管理器对文件和文件夹进行各种操作，如复制、移动、重命名及属性设置等。

3.4.1 文件系统的基本概念

1. 文件

文件是计算机存储数据、程序或文字资料的基本单位,是一组相关信息的集合。文件在计算机中采用"文件名"来进行识别。

文件名一般由文件名称和扩展名两部分组成,这两部分由一个小圆点隔开。扩展名代表文件的类型,例如,Word 2016 文件的扩展名为 .docx,文本文档的扩展名为 .txt 等。在Windows 图形方式的操作系统下,文件名称可由 1~255 个字符组成,而扩展名由 1~4 个字符组成。

在文件名中禁止使用一些特殊字符,否则,会使系统因不能正确辨别文件而出现错误。这些禁止使用的特殊字符有引号(")、斜线(/)、冒号(:)、反斜杠(\)、逗号(,)、垂直线(|)、星号(*)、问号(?)、大于号(>)以及小于号(<)。

在图形方式的 Windows 操作系统下,扩展名也表示文件类型,表 3-1 列出了常见的扩展名对应的文件类型。

表 3-1 常见的扩展名对应的文件类型

扩展名	文件类型	扩展名	文件类型
.com	命令程序文件	.sys	系统文件
.exe	可执行文件	.dbf	数据库文件
.txt	文本文件	.bmp	图形文件
.bak	备份文件	.inf	安装信息文件
.docx	Word 文档	.hlp	帮助文件
.xlsx	电子表格文件	—	—

2. 文件夹

Windows 10 使用"文件夹"有效地管理文件。如果把文件比作书,那么文件夹就可以看成书架。有了文件夹,就可以井然有序地存放文件了,就像把不同的书归类放到不同书架上一样。文件夹同文件一样,也有自己的名称,用来标识文件夹,但是文件夹没有扩展名。

文件夹除了可以容纳文件外,还可以容纳文件夹,内部所包含的文件夹称为其外部文件夹的子文件夹,外部文件夹称为其内部包含的文件夹的父文件夹,单个文件夹中可以创建任何数量的子文件夹,每个子文件夹中又可以容纳任何数量的文件和其他子文件夹(在磁盘容量范围之内)。如果在文件结构上加了很多子文件夹,它便成为一个倒过来的树的形状,这种文件结构称为"目录树",也称为"多级文件夹结构"。

3.4.2 文件资源管理器

文件资源管理器是 Windows 10 用来管理文件的窗口,它可以显示计算机中的所有文件组成的文件系统的树形结构,以及文件夹中的文件。

文件资源管理器

1. 浏览文件和文件夹

单击"开始"按钮,执行"Windows 系统"→"文件资源管理器"命令,打开文件资源管理器,如图 3－22 所示。

图 3－22　文件资源管理器

在文件资源管理器左侧的"导航"窗格中单击"文件夹"列表中的任意一项,如"库"文件夹,这时窗口右侧的内容列表中就会显示包含在其中的文件和子文件夹。双击内容列表中的任意一个文件夹,如双击"图片"文件夹,就可以打开此文件夹进行查看,继续双击内容列表中的"保存的图片"文件夹将其打开,就会在内容列表中显示其中的内容,如图 3－23 所示。

2. 更改文件或文件夹的排列方式

在 Windows 10 中,还可以将文件按照"名称""日期""类型""大小"等方式排列,同时,可以选择排列顺序为"递增"或"递减"。除此之外,还可以为视频、图片、音乐等特殊的文件夹添加与其文件类型相关的排列方式。这样不但能够将各种文件归类排列,还可以加快查找文件或文件夹的速度。在文件资源管理器的内容列表中的空白处右击,从弹出式菜单中执行"排列方式"命令,然后在其子菜单中选择需要的排列方式,如图 3－24 所示。以选择"大小""递减"选项为例,文件或文件夹就会按照选择的排列方式进行排列,如图 3－25 所示。

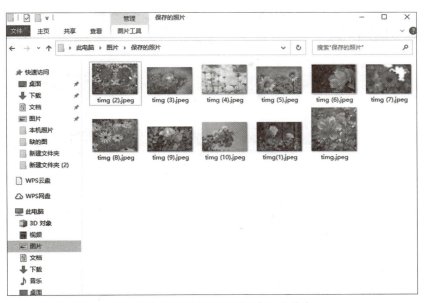

图 3-23 浏览"保存的照片"文件夹

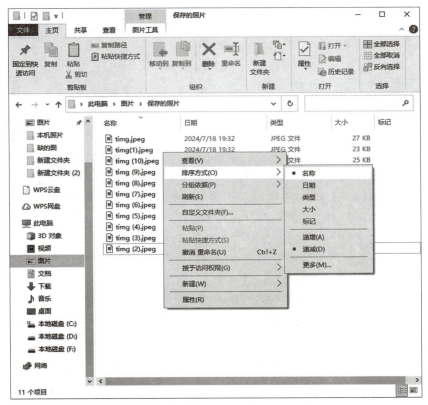

图 3-24 选择排列方式

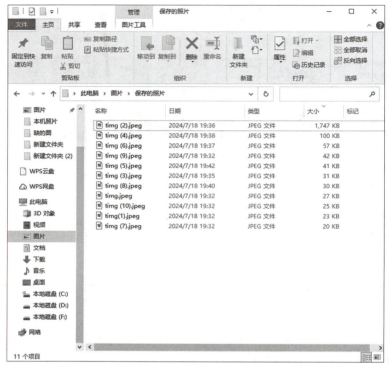

图 3-25 重排后的文件顺序

3.4.3 文件与文件夹的基本操作

1. 新建文件/文件夹

文件与文件夹的
基本操作

计算机中有一部分文件是现有的，如 Windows 10 操作系统及其他应用程序中自带了很多文件和文件夹；另一部分文件和文件夹是用户根据需要建立起来的，如用画图工具画一张图画、用 Word 软件写一篇文章等。为了把文件归类放置，还可以新建文件夹，把相关的文件放在其中。

在 Windows 10 操作系统中新建文件/文件夹的方法和以前 Windows 版本中使用的方法差不多，都是在文件资源管理器的内容列表中的空白处右击，然后从弹出式菜单中执行相应的"新建"命令来创建文件/文件夹，以新建文件夹为例，其步骤如下。

（1）在需要建立文件夹的位置右击，在弹出式菜单中依次执行"新建"→"文件夹"命令，如图 3-26 所示。该位置就新建了一个名为"新建文件夹"的文件夹，如图 3-27 所示。

（2）当新建的文件夹名为高亮显示时，可直接在文件夹名文本框中为该文件夹输入一个新的名称，输入完毕后，直接按 Enter 键完成操作，如图 3-28 所示。

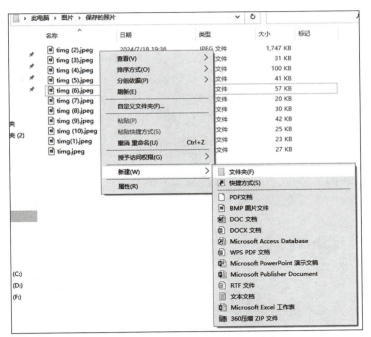

图 3-26　执行新建文件夹命令

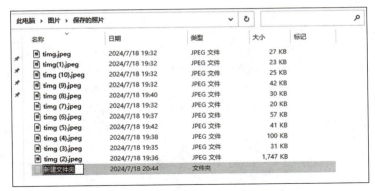

图 3-27　新建文件夹

图 3-28　为新建的文件夹命名

2. 选择文件/文件夹

选择单个文件/文件夹的方法很简单，即找到要选择的文件/文件夹所在位置，单击要选择的文件/文件夹，这时被选中的文件/文件夹以浅蓝色背景显示；若要取消对文件/文件夹的选择状态，只需再次单击文件/文件夹以外的空白区域。

若需要选择多个文件/文件夹进行相同的操作，逐一选中文件/文件夹就太麻烦了。下面介绍几种较为简单的方法。

（1）用鼠标拖动法选择多个文件/文件夹。操作步骤为：找到需要选择的文件/文件夹所在位置，若要选择的文件/文件夹排列在一起（或呈矩形状），则按住鼠标左键不放，用鼠标指针拖出一个蓝色矩形框框住它们（图3-29），松开鼠标左键，即可将多个文件/文件夹选中。

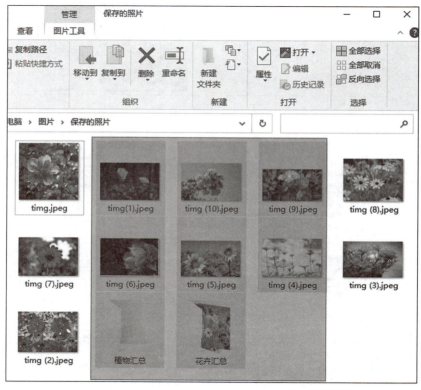

图3-29 用鼠标拖动法选择多个文件/文件夹

（2）利用 Ctrl 键选择多个不连续的文件/文件夹。操作步骤为：找到需要选择的文件/文件夹所在位置，按住 Ctrl 键不放，依次单击需要选择的文件/文件夹。选择完毕后释放 Ctrl 键，即可选中多个不连续的文件/文件夹（也可以选择相邻的文件/文件夹），如图3-30所示。

> **技巧**：按 Ctrl 键的同时，如果再次单击被选中的某个文件或文件夹，将取消对此文件或文件夹的选择。

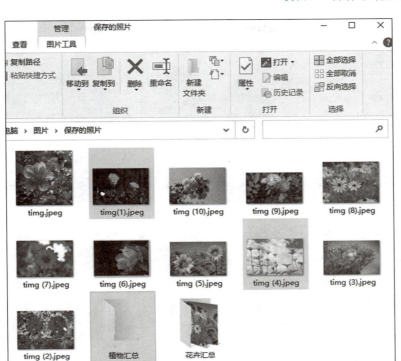

图 3-30 利用 Ctrl 键选择多个不连续的文件/文件夹

（3）利用 Shift 键选择多个连续的文件/文件夹。操作步骤如下：

①找到需要选择的文件/文件夹所在位置，单击要选中的第一个文件/文件夹，如图 3-31 所示。

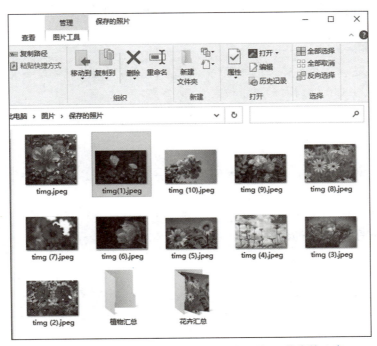

图 3-31 利用 Shift 键选择多个连续的文件/文件夹第 1 步

②按住 Shift 键不放，再单击要选择的最后一个文件/文件夹，其间的文件或文件夹将全部被选中，如图 3-32 所示。

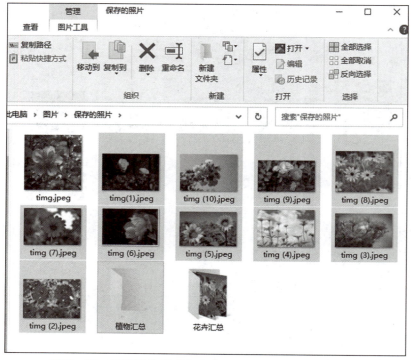

图 3-32　利用 Shift 键选择多个连续的文件/文件夹第 2 步

（4）若要选择某文件夹窗口中的全部文件或文件夹，可执行"主页"选项卡→"全部选择"命令，或按 Ctrl + A 组合键即可。

> **技巧**：在选择了多个连续的文件/文件夹后，若想取消对其中某个文件/文件夹的选择，可在按住 Ctrl 键的同时单击该文件/文件夹。

3. 复制文件/文件夹

复制文件/文件夹是指在需要的位置创建它的一个备份，但并不改变原来位置上的文件/文件夹的内容。复制文件/文件夹的具体操作步骤如下：

（1）找到需要的文件/文件夹所在位置，选中要复制的文件/文件夹（可以选择多个文件/文件夹），如图 3-33 所示。

（2）在选中文件/文件夹的情况下，执行"主页"选项卡→"剪贴板"命令组→"复制"命令。

（3）在文件资源管理器的导航窗格中单击目标文件夹。

（4）执行"主页"选项卡→"剪贴板"命令组→"粘贴"命令，可以将文件复制到目标位置，如图 3-34 所示。

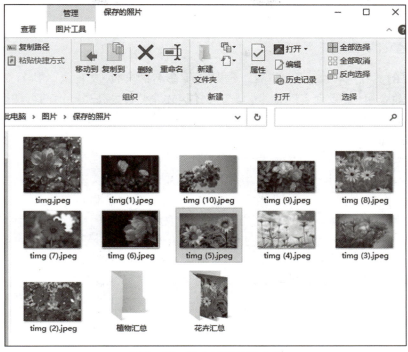

图 3-33 选中要复制的文件

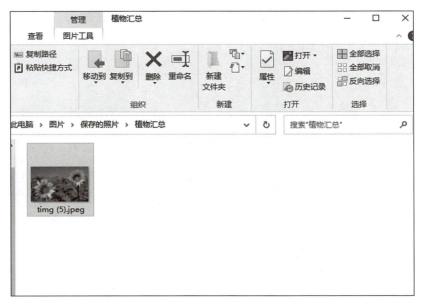

图 3-34 复制的文件

4. 移动文件/文件夹

如果需要将某个文件/文件夹直接移动到另外一个文件夹中,首先打开该文件/文件夹所在的文件夹窗口,然后打开目标文件夹窗口,将两个窗口都置于桌面上,在第一个文件夹窗口（原位置）选中要移动的文件或文件夹，并按住鼠标左键不放，将其拖动到第二个文件夹窗口（目标文件夹）中，松开鼠标左键，即可完成文件/文件夹的移动。

5. 重命名文件/文件夹

找到需要的文件/文件夹所在位置，选择要重命名的文件/文件夹，执行"主页"选项卡→"组织"命令组→"重命名"命令，此时文件/文件夹名呈高亮显示的可输入状态。在文件名文本框中输入新的名称，然后按 Enter 键或在文件/文件夹名外的其他空白位置单击，即可完成重命名操作。

> **技巧**：除了使用上述方法重命名文件/文件夹外，还有以下三种方法：①单击需要重命名的文件/文件夹，按 F2 键，此时文件/文件夹的名称呈可输入状态，输入新名称后，按 Enter 键即可。②右击要重命名的文件/文件夹，在弹出式菜单中执行"重命名"命令，此时文件/文件夹的名称呈可输入状态，输入新名称，按 Enter 键即可。③在文件/文件夹名称上单击两次（要注意速度不能过快，否则就成双击了），此时文件/文件夹名称就会呈可输入状态，输入新名称后，按 Enter 键即可。

6. 删除文件/文件夹

找到要删除的文件/文件夹所在位置，选择要删除的文件/文件夹，执行"主页"选项卡→"组织"命令组→"删除"命令，或直接按 Delete 键，或右击该文件/文件夹，从弹出式菜单中选择"删除"选项，都会出现如图 3-35 所示的"删除文件"对话框，单击"是"按钮，就可以将文件/文件夹删除了。

图 3-35 "删除文件"对话框

7. 隐藏文件/文件夹

默认情况下，Windows 10 不会显示系统文件和隐藏属性的文件，可以为文件/文件夹设置隐藏属性，使其他用户无法在文件资源管理器中看到该文件/文件夹。隐藏文件/文件夹的操作步骤如下：

（1）在要隐藏的文件/文件夹上右击（此处以文件夹为例），从弹出式菜单中选择"属性"选项。

（2）将弹出的"属性"对话框切换到"常规"选项卡，选中"属性"栏中的"隐藏"复选框，然后单击"确定"按钮，如图 3-36 所示。

（3）在弹出的"确认属性更改"对话框中选中需要的单选按钮，然后单击"确定"按钮，如图 3-37 所示。

图 3-36 "属性"对话框

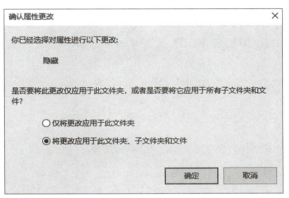

图 3-37 "确认属性更改"对话框

（4）在弹出的"应用属性"对话框中显示应用隐藏属性的进程，完成后该对话框自动关闭。隐藏的文件夹在当前用户浏览时以半透明方式显示，而其他用户登录计算机时无法看到该文件夹。

知识拓展

计算机使用一段时间后，会产生一些垃圾文件，包括被强制安装的插件、上网产生的缓存文件、系统临时文件等，这就需要通过各种方法来对系统进行优化处理。

如何进行系统优化？扫描二维码，获取更多知识。

系统优化

过关练习

扫描二维码，完成过关练习。

练习3.4

习 题 3

操作题

（1）在工作盘中新建一个考生文件夹，在考生文件夹中分别建立 BOOK 和 EXAM 两个文件夹。

（2）在 BOOK 文件夹中新建一个名为 B1.txt、B2.txt 和 B3.txt 的文件。

（3）删除 BOOK 文件夹中的 B3.txt 文件。

（4）为考生文件夹下的 EXAM 文件夹建立名为 EXAM1 的快捷方式，存放在考生文件夹中。

（5）搜索 BOOK 文件夹下的 B3.txt 的文件，然后将其复制到考生文件夹下的 EXAM 文件夹中。

（6）将 EXAM 文件夹下的 B3.txt 文件重命名为 B4.txt。

（7）为 EXAM 文件夹设置隐藏属性。

（8）在考生文件夹下的 BOOK 文件夹中分别建立 BOOK1 和 BOOK2 两个新文件夹。

（9）将 BOOK 文件夹中的 B1.txt 文件移动到 BOOK1 文件夹中。

（10）将 BOOK 文件夹中的 BOOK2 文件夹删除。

项目 4
WPS 文字处理

WPS 文字是金山公司推出的 WPS Office 办公套装软件的一个重要组成部分，是集文字编辑、页面排版与打印输出于一体的文字处理软件。它适于制作各种文档，如书籍、报刊、信函、公文、表格等。

本项目通过 4 个任务介绍 WPS 文字的基本操作和高级应用，引导学生掌握 WPS 文字处理的基本方法和技巧。

学习要点

（1）WPS 文档的启动、关闭、创建、保存、删除和输出。
（2）文本的输入、选定、复制、移动、查找与替换等基本的编辑技术。
（3）表格的制作、修改，表格中文字的排版和格式设置等。
（4）图片、形状、文本框、艺术字的插入，各种图形的绘制和编辑。
（5）文字格式、段落设置，页面设置和分栏等基本的排版技术以及长文档排版等高级应用。

任务 4.1　文档创建

文档创建

任务描述

WPS 文字具有丰富的文字处理功能，支持图、文、表格并排，易学易用，深受广大的用户欢迎。本任务将学习 WPS 文字的启动、退出、创建、保存、输入、编辑、删除、输出等基本操作，对该应用程序有大致的了解。

4.1.1　启动和关闭文档

安装 WPS 程序后，可以通过多种方法启动，下面简单介绍 3 种启动方式。

1. 通过"开始"菜单启动

单击"开始"→"所有程序"→"WPS Office"，如图 4-1 所示。

图 4-1 WPS 文字启动操作窗口

2. 通过桌面快捷方式图标启动

在安装时或者安装后手动设置了 WPS 文字的快捷方式,可以在桌面或者设定的位置双击该快捷方式启动 WPS 文字。

3. 打开已有的 WPS 文档

双击已经存在的 WPS 文字文档,启动 WPS 文字。

启动 WPS 文字之后,用户首先看到的是页面视图,这也是编辑文档时最常用的操作窗口,如图 4-2 所示。主要由以下几部分组成:

1. 文档标签栏

位于界面最上方,显示文档名称和扩展名。可以在 WPS 文字中打开多个文档进行编辑,WPS 文字会以文档标签的形式将文档依次排列,如图 4-3 所示。

WPS 文字会以高亮的方式提示用户目前正在编辑的文档,若用户需要转向其他文档进行操作,只要单击相应的文档标签即可。

项目 4　WPS 文字处理

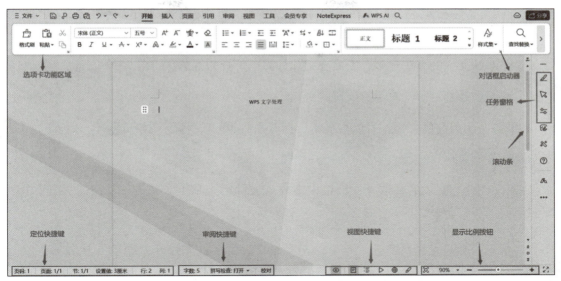

图 4-2　WPS 文字启动操作窗口

图 4-3　WPS 文档标签显示切换窗口

2. 选项卡

选项卡是新版 WPS 文字对各种文档命令重新组合后的一种新的呈现方式。WPS 文字将用于文档的各种操作分为"开始""插入""页面""引用""审阅""视图""工具"默认显示的选项卡，每一个选项卡分别包含相应的功能组和命令，如图 4-4 所示。

图 4-4　WPS 文字选项卡

3. 功能组和命令

单击选项卡名称，可以看到该选项卡下的功能组。功能组是在选项卡大类下面的功能分组。如"页面"选项卡就包含"主题""页面边框""背景""稿纸"等功能组。

4. 状态栏

状态栏位于文档的最下方，显示了当前编辑文档的一些基本信息，如光标所在行列位置、字数和计量单位等。右侧还设置了视图切换按钮和滑竿用于调整文档显示比例，如图 4-5 所示。

图 4-5　WPS 文字状态栏

退出 WPS 文字的方法很多，下面介绍几种简单易行的方法。

1. 单击标题栏中的"关闭"按钮

如果要关闭当前的文档，可以直接单击标题栏右侧的"关闭"按钮 ✕。

2. 单击"文件"选项卡中的"退出"按钮

在对文档处理完成后，选择文档窗口中的"文件"选项卡，单击"退出"按钮，即可退出程序。

> 提示：如果对文档进行了处理但没有保存，在退出文档时，屏幕上会出现如图 4-6 所示的提示对话框，可根据需要选择相应的选项。

图 4-6　提示对话框

3. 使用快捷键关闭

按 Alt + F4 组合键，也可以关闭 WPS 文档。

4.1.2　创建和保存文档

1. 创建新文档

在 WPS 文字中单击文档标签右侧的"+"图标，进入新建页面，在页面中选择"文字"选项，单击"新建空白文字"创建一个新的文档，如图 4-7 所示。

启动 WPS 文字后，可以看到欢迎界面，之后便可以开始对文档进行各种操作了。

2. 保存文档

单击快速访问工具栏的 🖫 图标，即可保存文档。也可以在左侧上方的"文件"菜单中选择"保存"来完成此操作。使用 Ctrl + S 组合键也可以执行"保存"命令。首次保存文档时，WPS 文字会弹出窗口，提示用户选择保存位置和对新文档命名，如图 4-8 所示。

新建文档关闭时，也会弹出同样的提示。注意，保存时，窗口显示为"另存为"，它和"保存"命令的区别在于以下几个方面：

项目 4 　 WPS 文字处理

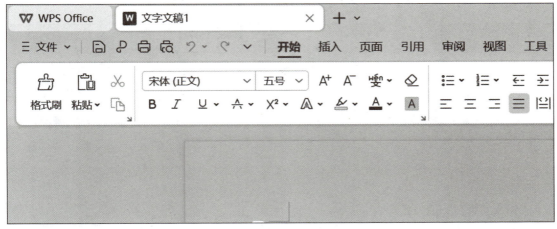

图 4-7 　单击"＋"图标创建新的 WPS 文档

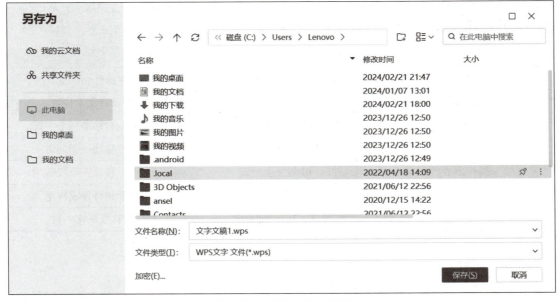

图 4-8 　"另存为"对话框

在用户第一次保存文档的时候,这两个命令是等价的,都会提示选择保存位置、对新文档命名、选择保存类型。此时即便选择"保存"命令,打开的也是"另存为"对话框。

当用户已经进行过保存操作,如果在进行操作之后需要再次保存,则只需选择"保存"命令即可。

4.1.3 　输入和删除文字

1. 输入文字

用户新建空白文档后,光标会在文档区域即编辑区的左上侧不停闪动,提示用户该位置为插入点，所有新输入的内容都会在这个位置显示出来，如图 4-9 所示。

图 4-9 WPS 文字输入

在 WPS 文字中，熟练地使用鼠标和键盘可以加快工作完成的速度。通常，在 WPS 文字中，移动鼠标和操作键盘可以实现表 4-1 所列的操作。

表 4-1 鼠标和键盘操作

实现途径	操作步骤	操作结果
移动鼠标	在目标位置单击	移动到文本位置
操作键盘	键盘上面的方向键	上下左右移动一个字符
	Ctrl 键 + 左右键	左右移动一个词语
	Ctrl 键 + 上下键	上下移动一个段落
	Home 键或 End 键	移动到行首或行尾
	PgUp 键或 PgDn 键	上移或下移一页

2. 删除文字

用户可以将已输入内容删除。删除操作在键盘上有两个键可以实现：按 Delete 键是将位于光标后方的内容逐个删除；按 Backspace 键是将位于光标前方的内容逐个删除。

如果已经有选中的内容，那么按上述两个删除键效果是一样的，都是将所选内容删除。

4.1.4 编辑和输出文本

1. 复制和剪切

复制文本，对于计算机来说，就是将文本临时存入内存，以便进一步使用。有下几种方法都可以复制文本，但都需要事先选择好复制对象。复制的内容可以是文本，也可以是各种图形元素。

1）使用快捷命令
按 Ctrl + C 组合键，可以达到复制文本的目的。
2）使用剪贴板功能
单击"开始"选项卡"剪贴板"功能组中的"复制"按钮，如图 4 – 10 所示。

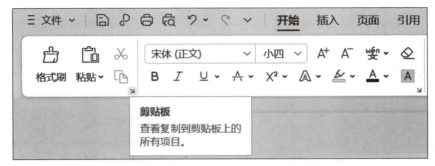

图 4 – 10　WPS 文字复制功能选项卡

3）剪贴功能
在已经被选中的文本上右击，在弹出的菜单中选择"复制"，如图 4 – 11 所示。

图 4 – 11　右击复制功能选项卡

复制操作保留了原先的文本内容，如果不想保留原文本，则选择"剪切"命令即可，对应的快捷键是 Ctrl + X。

2. 粘贴与移动

粘贴操作就是把已经复制或者剪切好的文本插入文档中的某个位置。在粘贴前，应该选择好插入点的位置，使用快捷键 Ctrl + V 即可完成粘贴操作。

在执行粘贴操作时，还可以选择粘贴的方式，可以选择以下几种方式进行粘贴，如图 4 – 12 所示。

1）保留源格式
即保留原始文档格式粘贴到新文档或者新位置。
2）匹配当前格式

将粘贴内容按照新文档或者新位置的字体、段落格式显示。

3) 只粘贴文本

将复制的内容的格式全部去除，以默认的格式粘贴在新文档或者新位置。

3. 移动内容

有了复制和粘贴的操作经验，使用"剪切"+"粘贴"实际上就实现了文档内容的移动。当选择好文本后，使用鼠标左键拖曳的方式也可以将文本进行移动。以上是移动文档内容最常用的两种办法，除此之外，使用鼠标右键也可以实现文档内容的复制或者移动。步骤如下：

图 4 – 12　粘贴功能选项卡

步骤1：选择好文本内容（连续或不连续均可）。

步骤2：在选择区域按住鼠标右键不放，拖曳到欲复制或者移动的目标位置。

步骤3：松开鼠标右键，在显示的菜单中选择"移动到此处"或"复制到此处"。

4. 撤销与恢复

WPS 文字会记录用户对文档的每一步操作，可以针对操作过程中的误操作及时恢复，并且还可以维持原来的状态，删除被恢复的内容和操作。用户可以使用工具栏中的"撤销"按钮 或者快捷键 Ctrl + Z 回到上一步操作，使用"恢复"按钮 或者快捷键 Ctrl + Y 回到现在操作状态。

5. 查找与替换

快速查找到所需的文档内容，将符合条件的文本替换为新的内容是文档电子化操作的优势。WPS 文字提供了强大的文档查找与替换功能。查找可以附加很多条件，也可以在替换的内容中附加很多属性。

步骤1：按快捷键 Ctrl + F，或者在"开始"选项卡的"编辑"功能组中单击"查找替换"，弹出"查找和替换"对话框，如图 4 – 13 所示。

步骤2：在"查找内容"中输入"学习计划"，单击"突出显示查找内容"下拉按钮，选择"全部显示"。这里可以选择查找范围为全部文档或用户当前选择的内容。单击"在以下范围中查找"下拉按钮，选择"主文档"，则文档中所有满足条件的内容便会以黄色底纹突出显示。

步骤3：单击"替换"标签，在"替换为"中输入"工作计划"，单击"全部替换"按钮，如图 4 – 14 所示，显示找到内容的数量并提示用户确认替换。这样就完成了查找和替换的全部过程。

6. 输出文档

以下是 WPS 文字输出文档的操作步骤。

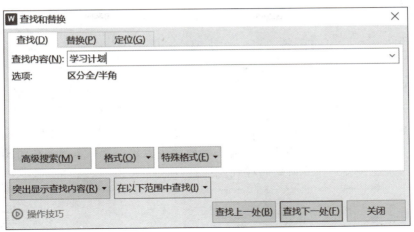

图4-13 查找和替换功能对话框

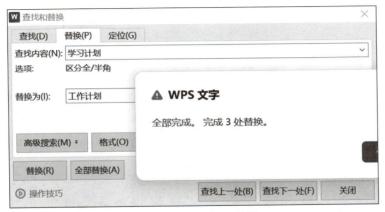

图4-14 替换功能对话框

步骤1：打开WPS文字软件，创建一个新的文档。

步骤2：在新文档中输入文本内容。

步骤3：单击"文件"菜单，选择"输出为PDF"选项。

步骤4：在弹出的对话框中选择保存位置和文件名。

步骤5：单击"保存"按钮，等待转换完成即可。

通过以上步骤，用户可以使用WPS文字软件将文档输出为PDF格式，如图4-15所示。

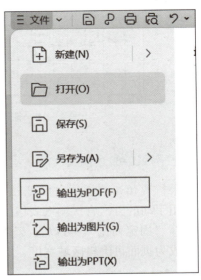

图4-15 文档输出为PDF格式

任务 4.2　表格处理

任务描述

表格是文档中经常使用的一种表现形式，多用于需要信息罗列和设置文字位置的场合。一个简洁美观的表格不仅增强了信息传达的效果，也让文档本身更加美观，更具实用性。WPS 文字中提供了丰富的命令用于对表格的相关操作，熟练掌握表格的属性和操作，有助于将表格快速调整到用户所需的样式。

4.2.1　创建表格

创建表格

在 WPS 文字表格中，横向称为行，纵向称为列，行列交错形成的方格称为单元格，包围单元格的线条称为框线。创建表格的方式有以下几种方式，用户可以根据自己的需求选择便捷的方式进行表格的创建。

1. 使用"插入"选项卡的表格命令创建表格

步骤 1：单击"插入"选项卡，在"表格"功能组中单击"表格"命令。

步骤 2：鼠标经过弹出的菜单中的方格，即可决定插入表格的行列数。方格会随着鼠标的移过变为填充的状态。单击"确定"按钮后再次单击，即可插入所需要的表格。如直接插入 5 行 4 列的表格，如图 4-16 所示。

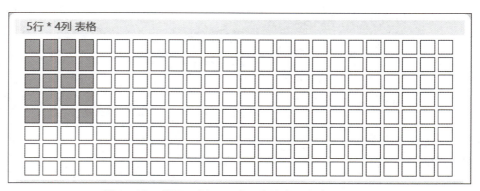

图 4-16　使用"插入"选项卡的表格命令创建表格

2. 使用菜单命令新建表格

如果行数和列数超出鼠标可以选择的范围，可以直接单击下拉菜单中的"插入表格"命令，用手动的方式直接输入表格的行、列数，如图 4-17 所示。插入表格还提供了列宽选项，选择"固定列宽"，可以直接输入所需的列宽值；选择"自动列宽"，则生成的表格的宽度将成为页面可编辑区域宽度，即撑大至整个页面可编辑区域。

项目 4　WPS 文字处理

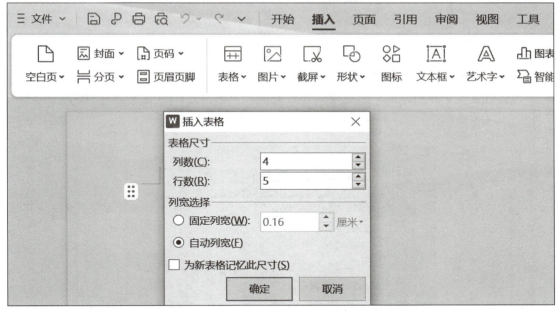

图 4-17　"插入表格"对话框

3. 使用"插入"选项卡绘制表格

自动插入的表格都比较规则，那么对于一些不规则的表格，可以通过手动绘制来创建。切换到"插入"选项卡，在"表格"组单击"表格"按钮，弹出表格下拉列表，如图 4-18 所示。在下拉列表中选择"绘制表格"命令，鼠标指针将变为笔头形状，移动鼠标到文档需要插入表格的位置，按住鼠标左键拖动，会出现一个虚线框，到合适大小后，释放鼠标按键，即可绘制出表格的外边框。

图 4-18　选择"绘制表格"命令

按住鼠标左键从一条线的起点画到终点后释放，即可在表格中画出横线、竖线和斜线，从而将绘制的边框分成若干个单元格，形成不规则的表格。

4. 文本转化为表格

如果需要创建的表格比较简单，可以将符合要求的文本直接转化为表格。

例如，如果需要创建关于学生成绩的表格，可以先输入单元格中的数据，数据之间使用空格间隔，步骤如下：

步骤1：输入表头内容，采用如下格式，词条与词条之间以空格分隔。

学号 姓名 高数 计算机 总成绩 排名

步骤2：选中这些内容，在"插入"选项卡的"表格"功能组中单击"文本转换成表格"，出现如图4-19所示的"将文字转换成表格"对话框，WPS文字会自动识别新表格的行列数。

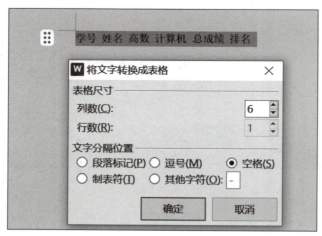

图4-19 "将文字转换成表格"对话框

> 提示：文本转化为表格一般适用于新建简单表格，如果倾向于使用这样的方式，需要将文本使用段落标记或者制表符来进行区分，如果格式不正确，则转化后的表格不一定具备正确的行、列数。

4.2.2 编辑表格

表格创建后，通常需要对其进行一定的编辑修改，如添加行列或删除行列、合并单元格等。对表格进行编辑时，首先要选中表格或者是其中的行列对象。

编辑表格

1. 选中、移动、缩放表格

将鼠标指针移到表格上，单击表格左上角的四向箭头按钮，可选中整个表格，如图4-20所示。

图4-20 选中整个表格

表格的移动可以使用鼠标拖曳的方法完成。当鼠标经过表格区域时，表格左上方会出现表格标志⊕，单击表格标志并拖曳，可以移动表格到需要的位置。

表格在文档中的横向宽度可有两种状态：一种是根据内容确定；另一种是根据窗口大小确定，如图4-21所示。

图4-21 调整表格宽度

对于由内容确定宽度的表格，可以采用鼠标拖曳的方法缩放表格，也就是整体调整表格的行高和列宽。将鼠标移动至表格区域，表格右下角出现缩放标志，单击该标志可向任意方向拖动。

2. 删除表格

表格与文字不同，不能使用删除文字的方式来删除表格。例如，单击表格标记，可以选中整个表格，此时如果直接按Delete键，只能删除单元格中填充的内容，而不会删除表格。删除整个表格可以通过以下几个途径。

1）通过右键菜单删除

选中表格后，右键单击表格区域，选择"删除表格"菜单命令，即可删除整个表格，如图4-22所示。

2）使用选项卡

选中表格或者在表格任意位置单击，激活"表格工具"选项卡，在"行和列"功能组中单击"删除"命令的下拉箭头，选择"表格"，即可删除整个表格，如图4-23所示。采用此法可以同时删除光标所在的行或列或单元格。

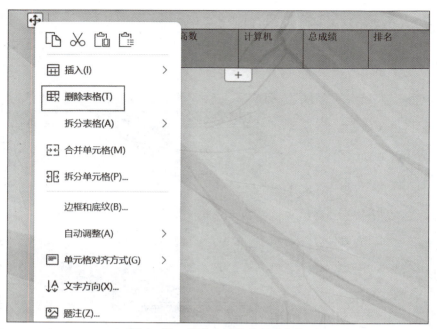

图 4-22　通过右键菜单删除表格

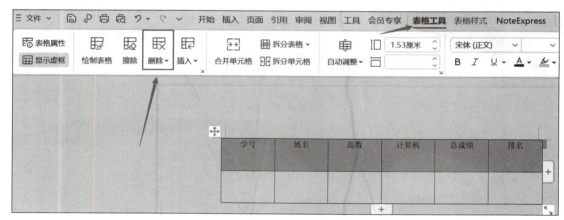

图 4-23　使用选项卡命令删除表格

3. 添加或删除行与列

对于表格的行与列的添加，通常有以下 3 种方法。

1）单击表格十字按钮添加

对于创建的表格，当行列不够时，可以进行添加；行列多余时，可以删除。将鼠标移到表格上下位置，会出现一个带加号的按钮 ┼ ，单击该按钮可快速添加一行，继续单击可添加多行；将鼠标移到表格左右位置，单击带加号的按钮 ┼ ，可快速添加一列，继续单击可添加多列。

2）使用菜单命令插入

右击，从弹出的菜单中选择"插入"命令，可以在两个方向上插入行或者列，如图4-24所示。

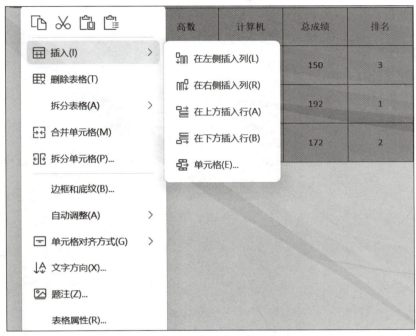

图4-24　使用菜单命令插入行或列

3）使用选项卡插入

光标在单元格中定位后，"表格工具"选项卡被激活，在"行和列"功能组中选择四个命令中的一个完成对行、列的插入，如图4-25所示。

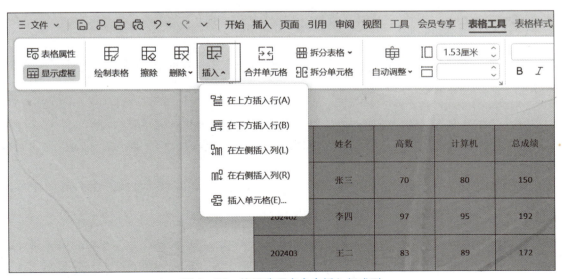

图4-25　使用选项卡命令插入行或列

当需要删除某行或某列时，同样需要将光标首先定位在所在行或列，方法与插入时类似。可以在右键菜单中或使用选项卡完成对行或列的删除。

1）使用菜单命令

右击，在弹出的菜单中选择"删除单元格"命令，此时可以选择删除整行或者整列，如图 4-26 所示。

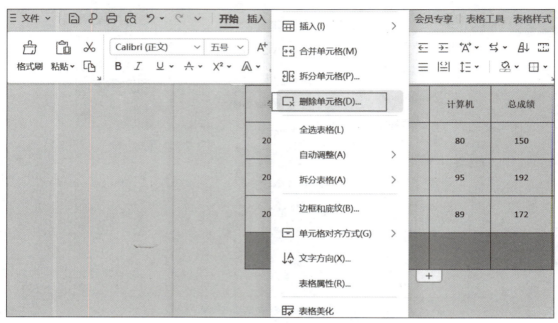

图 4-26　使用菜单命令删除整行或整列

2）使用选项卡

光标在单元格中定位后，"表格工具"选项卡被激活，在"行和列"功能组中单击"删除"按钮，选择行或者列后完成删除。

4. 合并与拆分单元格

插入行或者列是对表格整体结构的改变，如果是有选择地对相邻单元格进行一些改变，就需要对单元格进行合并和拆分。

1）合并单元格

可以对在外形上能够组成四方形的单元格进行合并，合并后的单元格成为一个整体的单元格。例如，可以对同一行或者同一列相邻的单元格进行合并，但不能对在不同行列或同时包含行列的单元格进行合并。

首先选中连续的需要合并的单元格，右击，弹出如图 4-27 所示的菜单，在菜单中单击"合并单元格"，即可完成对单元格的合并。

2）拆分单元格

单元格可以合并，也可以进一步拆分成更多的单元格，并不是只有合并过的单元格才可以拆分。但是在拆分单元格的时候，对于新产生的单元格，行、列数目有一定的限制。

将光标停留在欲拆分的单元格中，右击，弹出菜单，从中选择"拆分单元格"，弹出如

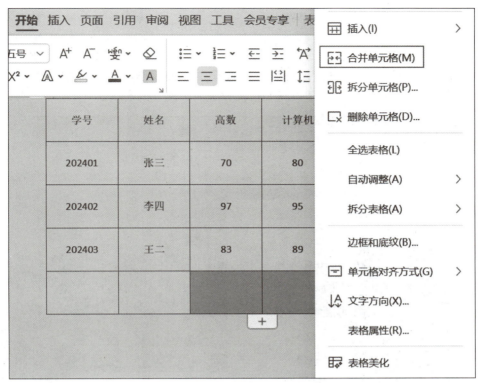

图4-27 使用合并单元格操作

图4-28所示的对话框。

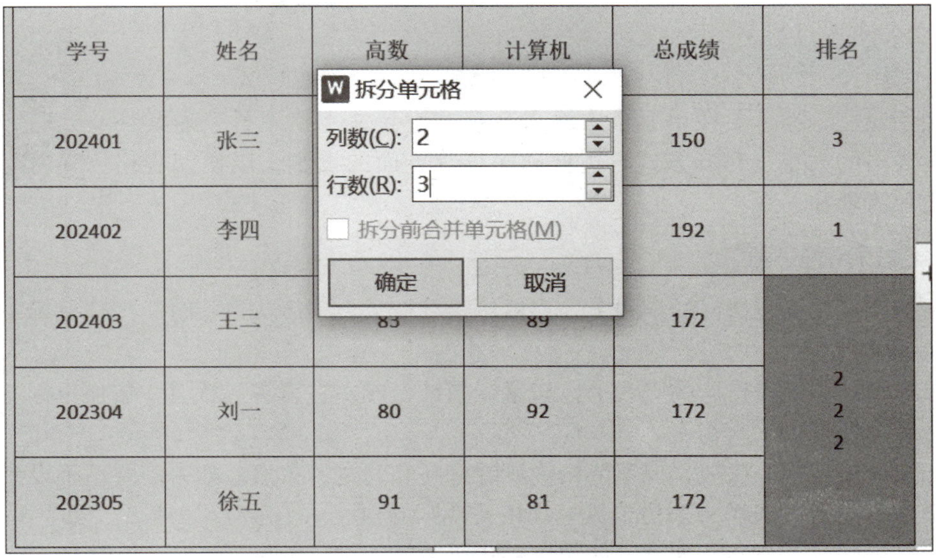

图4-28 "拆分单元格"对话框

在弹出的对话框中输入行、列数目，单击"确定"按钮，将单元格拆分为3行2列的新单元格。

5. 拆分表格

如果要将一个表格拆分成两个表格，则将光标停留在欲拆分的位置下方任意单元格内，右击表格，从弹出的如图 4-29 所示的菜单中选择"拆分表格"中的"按行拆分"命令，或使用快捷键 Shift + Ctrl + Enter，即可将表格拆分为两个独立的表格。

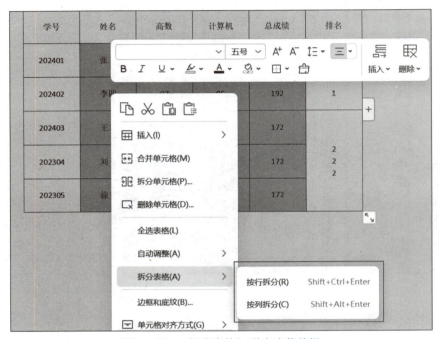

图 4-29 "拆分表格"弹出式菜单栏

4.2.3 设置表格格式

表格创建后，除了要在单元格中输入文字并设置文字格式外，通常还需要进行表格的大小、对齐方式、边框和底纹等方面的设置，以便使表格看起来更加清晰和美观。

设置表格格式

1. 设置行高和列宽

将鼠标指针移到表格区的横线上，当鼠标指针变成上下箭头形状时，按住鼠标左键上下拖动，可调整行高。

将鼠标指针移到表格区的竖线上，当鼠标指针变成左右箭头形状时，按住鼠标左键左右拖动，可调整列宽。

鼠标拖动法直观、快捷，但不能精确设置行高和列宽的数值。如果需要精确设置行高和列宽，操作方法为：选择"表格工具-表格属性"选项卡，在"行"或者"列"框中输入数值，即可精确设置行高和列宽，如图 4-30 所示。

2. 设置对齐方式

1）表格对齐方式

表格对齐方式是指表格在文档中的位置，有左对齐、居中对齐、右对齐和两端对齐四种对齐方式。设置时，首先选中整张表格，然后在"开始"选项卡的"段落"组进行设置，如图4-31所示。

图4-30 "表格属性"对话框

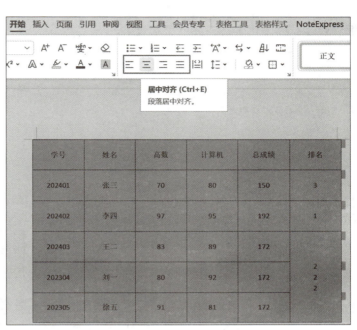

图4-31 表格对齐方式选项卡

2）单元格对齐方式

单元格对齐方式是指文字在单元格内的位置。用户操作时，用鼠标选中表格或者相应的单元格，右击，选择单元格对齐方式。在"单元格对齐方式"弹出式菜单中可以看到有9种对齐方式选项，单击需要的对齐方式，比如：水平居中对齐，可以看到文字位于单元格内水平和垂直都居中的位置，如图4-32所示。

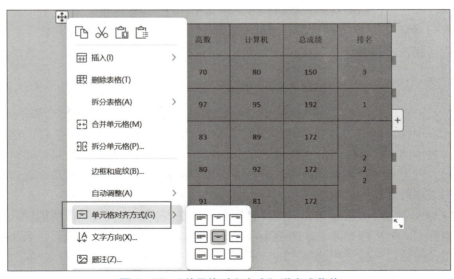

图4-32 "单元格对齐方式"弹出式菜单

3. 设置表格边框和底纹

WPS 文字默认的表格边框是黑色、细实线，无底纹。用户可以根据需要设置表格的边框和底纹，以美化表格，突出显示效果。

1）设置表格边框

选中表格，右击"边框和底纹"选项卡，在弹出的对话框中，用户可以设置边框的线条样式、粗细、颜色以及应用范围，比如：设置3磅、红色的外框线，再设置1磅、红色的内框线，如图4-33所示。

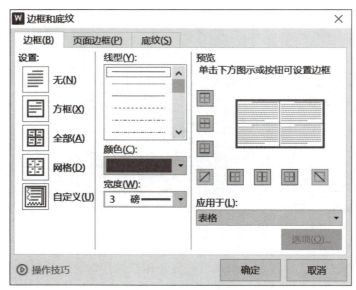

图4-33 "边框和底纹"对话框

2）设置表格底纹

选择要设置底纹的单元格，选中表头一行，右击"边框和底纹"选项卡，在弹出的菜单中，切换到"底纹"选项卡，单击"填充"下拉按钮，弹出颜色下拉列表，在列表中选择一种合适的颜色，如橙色，如图4-34所示。

4. 使用表格样式

与文字或段落样式类似，表格样式其实就是事先设置好的针对表格行列和单元格框线、底纹及单元格中文字格式的各种搭配组合。WPS 文字提供了数十种不同色彩风格、不同填充效果的样式供用户选择使用。表格样式用于对表格外观的快速修饰。如果需要对表格进行装饰、增强表现力而又没有成熟的想法或创意，或者认为手动设置过于烦琐，可以利用表格样式快速对表格外观进行修饰。

对现有的表格应用表格样式，只需要将光标停留在表格中，直接单击所需样式即可，不需要将表格选中。表格样式是关于表格中各个元素格式的综合体，如果只想让表格样式的一部分起作用，还可以将样式中的格式部分应用到表格，如图4-35所示。

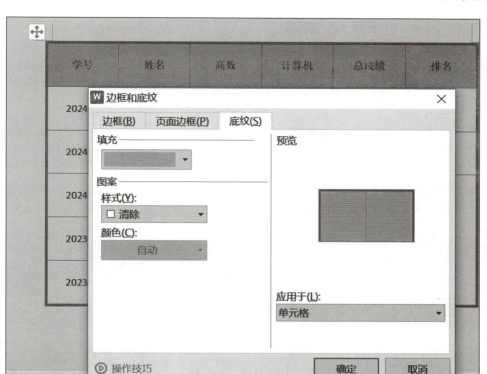

图 4-34 "底纹"选项卡

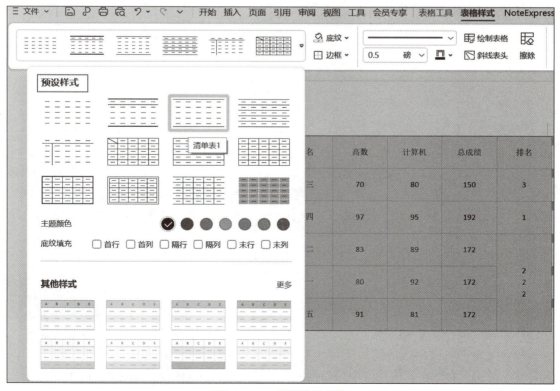

图 4-35 表格样式设置

在表格样式选项功能组中，可以看到，应用表格样式时，可以分别对"首行""首列""末行""末列""隔行"与"隔列"六个部分使用样式，用户可以根据实际情况选择需要的部分。

4.2.4 处理表格数据

WPS 文字软件的强大功能主要体现在文字处理方面，其表格数据的计算功能远不及 WPS 电子表格强大，因此，对复杂的表格计算操作，建议使用 WPS 表格处理更加方便、高效。

处理表格数据

用鼠标选中需要计算的单元格，单击"表格工具"→"计算"下拉按钮，可以看到表格数据计算提供了 4 种最常见计算方式：求和、平均值、最大值、最小值，如图 4-36 所示。

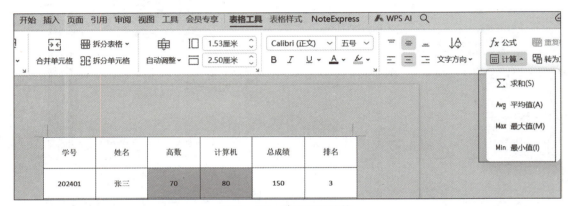

图 4-36 表格数据计算

任务 4.3 图文混排

> **任务描述**
>
> 利用 WPS 提供的插入图片、形状、文本框和艺术字等功能可以制作个性鲜明的图章、图标、名片、杂志封面、宣传彩页以及教学需要的图形，与利用其他专业图形软件设计的作品相比，毫不逊色。在 WPS 文字中，可以插入的图形类对象包括图片、形状、水印、素材库中的图形、图表以及文本框、艺术字等，它们都可以看作图形的范畴，对它们的很多操作都是相通的。

4.3.1 插入和编辑图片

1. 插入图片

WPS 文字中可以插入的图片类型包括 .jpg、.jpeg、.gif、.bmp 等常见的图片格式，对于在其他软件中保存的图片，也可以采用对应的办法插入 WPS 文字中。

插入和编辑图片

例如，在 WPS 文字中插入一张普通的 JPG 图片的步骤如下。

步骤1：明确需要插入图片的位置。单击"插入"选项卡，然后单击"图片"下拉按钮，如图4－37所示。

图4－37　单击"图片"下拉按钮

步骤2：在弹出的窗口中寻找到存放图片的位置，单击需要插入的图片，保持其选中状态，如图4－38所示。

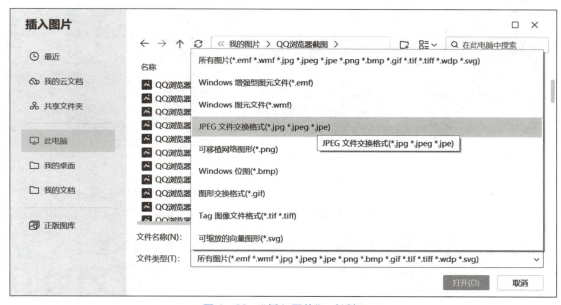

图4－38　"插入图片"对话框

步骤3：单击"打开"按钮，图片便插入当前位置。

提示：如果图片没有出现在窗口中，请检查路径是否正确，或者确认图片类型是否一致。如果目标图片格式与图片类型不符，图片在浏览窗口不会出现。

2. 编辑图片

插入图片后，通常需要对图片进行样式、大小、位置等编辑操作，才能达到更好的排版效果。

1）调整图片大小

常用下面两种方法：

拖动鼠标调整图片大小，方法是：选中图片，图片周围会出现8个圆形控制点，把鼠标指针放到控制点上,当鼠标指针变成双向箭头时,按住鼠标左键拖动到合适的大小,释放鼠标按键,完成图片大小的调整,如图4-39所示。

图4-39 调整图片大小示例

精确调整图片的大小,方法是:选中要编辑的图片,切换到"图片工具-格式"选项卡,在"大小"组中输入图片的高度和宽度,完成图片大小的精确设置,如图4-40所示。

图4-40 "图片工具-格式"选项卡

> **提示**:尺寸和缩放都可以实现对图片尺寸的调整,它们是相互关联的两组数值,一组调整,另一组会相应调整。如果选中"锁定纵横比",对高度、宽度任何一个量调整时,另一个量也会同时发生变化。通过此途径也可以实现对其他图形对象尺寸的调整。如果对调整不满意,可以单击"重设形状和大小"按钮将图片恢复到原始状态,以便重新设置。

2)裁剪图片

裁剪图片是WPS中一个很有用的功能,利用它可以剪掉图片的多余部分。操作方法是:选中图片,在"图片工具"组中单击"裁剪"按钮,图片的控制点会变成裁剪标记,将鼠标指针放到裁剪位置上,按住鼠标左键拖动到合适的位置后松开,即可完成图片的裁剪,剩下需要保留的区域,如图4-41所示。

图 4-41 图片裁剪

3）设置图片环绕方式

WPS 文字中对插入图片设置了环绕方式。所谓环绕方式，指的是插入的图片和文档中其他内容一同出现时的排布方式。环绕方式不同，图片和文字等其他内容混排时的呈现方式明显不同，位置移动等操作也不同。

选中要设置的图片，切换到"图片工具格式"选项卡，在"排列"组中单击"环绕"下拉按钮，在弹出的下拉列表中选择一种文字环绕方式，比如：四周型环绕，如图 4-42 所示。

图 4-42 设置图片的环绕方式

WPS 文字插入图片的默认方式为"嵌入式",即将图片等同于字符加入文档中,具备段落缩进、行高等属性,可以采用拖曳的方式实现对图片位置的移动。环绕方式及其含义见表 4-2。

表 4-2 环绕方式及其含义

环绕方式	含义
嵌入型	图片等同于文字,以等价于字符的方式插入段落中
四周型环绕	文字环绕在图形四周
紧密型环绕	文字紧密环绕在图形定位点外,用于形状不规则的图形周围
衬于文字下方	文字位于图片上方,可以对图片进行遮挡
衬于文字上方	图片位于文字上方,可以对文字进行遮挡
上下型环绕	文字位于图片上下方,左右两侧不排布
穿越型环绕	文字围绕着图形的环绕顶点

当图片被选中后,"图片工具"选项卡即被激活,在"排列"功能组中单击"环绕"下拉按钮,即可实现图片环绕方式的改变。

4)设置图片样式

同一张图片采用不同的样式可以得到不一样的视觉效果。用户可以通过设置图片样式来改变图片的外观效果,如图 4-43 所示。

图 4-43 设置图片样式

选中要设置边框的图片,单击"图片样式"组中的"边框"下拉按钮,在弹出的列表框中可以设置边框的颜色、粗细和线型,如图 4-44 所示。

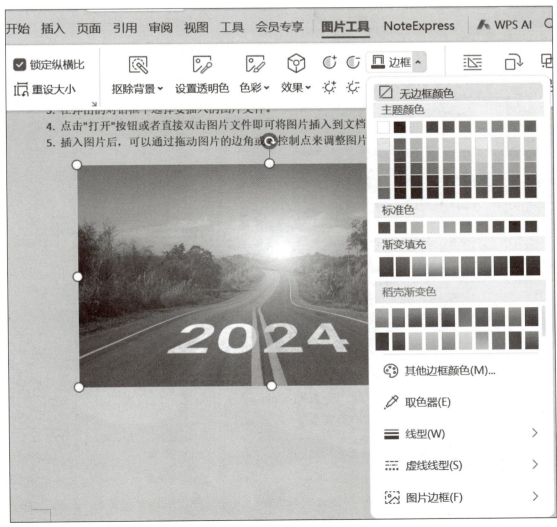

图 4-44 设置图片边框

此外,在"图片效果"列表中可以设置阴影、倒影、发光等效果,还可以设置图片的透明色、色彩、抠除背景、调整图片的亮度等操作。

4.3.2 插入和编辑形状

WPS 中自带的形状有线条、矩形、基本形状、箭头、公式、流程图等,使用这些形状,可以方便地绘制工艺流程图、程序流程图之类的框图。

插入和编辑形状

1. 插入形状

在 WPS 中,可以单击"插入"选项卡→"形状"下拉按钮来选择各种图形。"形状"下拉列表包括线条、矩形、基本形状、箭头总汇、公式形状、流程图、星与旗帜、标注 8 类形状。选择一种需要的形状（如圆形），此时鼠标指针变成"+"形状，按下鼠标左键，拖动鼠标至合适的位置后松开左键，即可插入一个圆形，如图 4-45 所示。

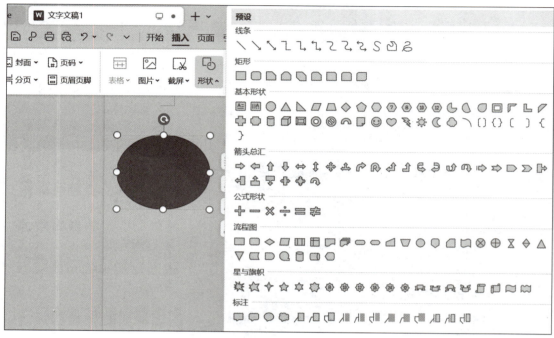

图 4-45 插入圆形形状

插入图形后，自动在功能区中显示"绘图工具"选项卡，其中有 6 个组。通过该选项卡可以插入更多的形状，编辑形状，更改图形的样式，指定图形的位置、层次、对齐方式，对图形进行组合、旋转，设置图形的大小等。

> **提示：** 如果绘制的图形由多个形状组成，可以在"形状"下拉列表中选择"新建画布"选项，在画布中添加各种形状。画布相当于一个"图形容器"。画布中的所有对象可作为一个整体移动和调整大小，还能避免分页时出现图形异常。

2. 编辑形状

1）形状旋转

单击插入的图形，图形四周会出现 8 个控制点和一个旋转手柄 ，如图 4-46 所示。按住旋转手柄顺时针或逆时针拖动鼠标，即可旋转图形。如果要精确地旋转图形，可以单击"绘图工具"选项卡→"旋转"下拉按钮，其中有 4 个常用的选项，如图 4-47 所示。

2）调整形状大小

单击插入的图形，将鼠标指针移动到图形的控制点上，当其形状变为双向箭头时，按住鼠标左键往图形内部或外部拖动，就可以调整图形的大小。如果要精确调整，可在"绘图工具"选项卡的"大小"组中进行设置，如图 4-48 所示。

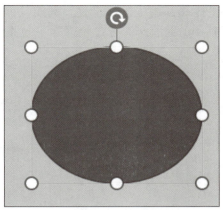

图 4-46 形状的控制点和旋转手柄

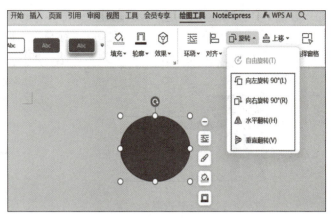

图 4-47 "旋转"下拉列表

图 4-48 调整形状大小

3）设置形状样式

形状样式包括主题样式、形状填充、形状轮廓和形状效果等。每种内置的样式都定义好了形状轮廓和填充效果。"填充"主要用于设置图形的填充方式及使用的颜色、图片等。"轮廓"主要用于设置形状边框的颜色、宽度和线型。"效果"可以给图形添加阴影等效果。形状样式也有多种设置方法，如图 4-49 所示。

图 4-49 设置形状样式

方法1：选择图形，在"绘图工具"选项卡的"形状样式"组中进行设置。例如，单击"填充"下拉按钮，设置填充颜色为"绿色"，如图4-50所示；单击"轮廓"下拉按钮，设置轮廓颜色为"绿色"，粗细为1.5磅，如图4-51所示。

图4-50 设置填充颜色

图4-51 设置轮廓

方法2：右击图形，使用浮动工具栏设置形状的样式、填充和边框。

方法3：在绘图工具快捷菜单中，打开"设置形状格式"窗格，在该窗格中进行设置。

提示：如果要隐藏图形的边框，只要单击"绘图工具"选项卡→"形状样式"组→"属性"下拉按钮，文本轮廓选择"无线条"选项即可，如图4-52所示。

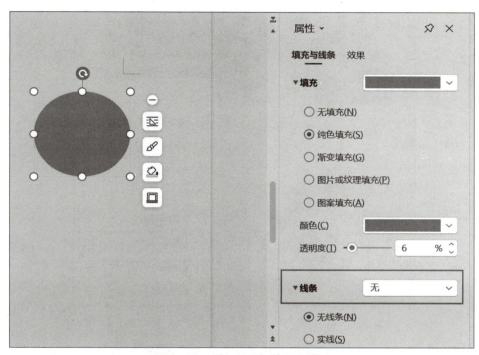

图 4-52 插入无边框的绿色圆形

4）设置形状的对齐方式

选中图形对象（按 Ctrl 键可以选择多个对象），单击"绘图工具"选项卡→"对齐"下拉按钮，通过打开的下拉列表，如图 4-53 所示，可以设置图形的水平和垂直对齐方式，如设置两个圆形对象水平居中且垂直居中。

5）组合与取消组合

如果要使添加的图形构成一个整体，可以同时移动和编辑，可以采用组合的方式。具体方法为：按住 Shift 或 Ctrl 键的同时选择各个图形，然后右击选中的图形，在弹出的快捷菜单中执行"组合"→"组合"命令，如图 4-54 所示。也可以单击"绘图工具"选项卡→"组合"下拉按钮，在下拉列表中选择"组合"选项。

若要取消组合，右击图形，在弹出的快捷菜单中执行"组合"→"取消组合"命令即可。

6）设置叠放次序

当在文档中绘制的多个图形重叠时，图形之间有叠放次序，这个次序与绘制的顺序一致，最先绘制的在最下面。图形的叠放次序可以修改，方法如下。

图 4-53 "对齐"下拉列表

（1）上层的形状往下移：选中要移动的图形并右击，执行"置于底层"命令，在其子

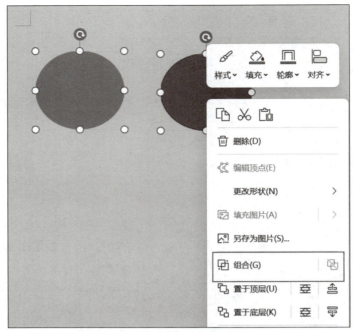

图 4-54　选择组合命令

菜单中可以选择置于底层、下移一层、衬于文字下方的叠放次序。

（2）下层的形状往上移：选中要移动的图形并右击，执行"置于顶层"命令，在其子菜单中可以选择置于顶层、上移一层、浮于文字上方的叠放次序，如图 4-55 所示。

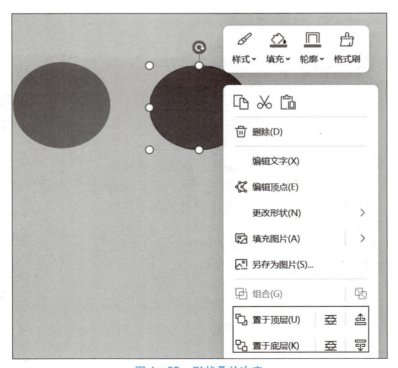

图 4-55　形状叠放次序

4.3.3 插入和编辑文本框

文本框是一种位置可移动、大小可调整的"对象容器",可以将文字、图形、图片、表格等对象添加到文本框中,在页面中独立于正文放置,并方便定位。像正文一样,文本框中的内容可以任意调整。WPS 内置了一系列具有特定样式的文本框。

插入和编辑文本框

1. 插入文本框

单击"插入"选项→"文本框"下拉按钮,在下拉列表中可以选择一种预设的文本框样式;也可以选择"绘制横排文本框"或"绘制竖排文本框"选项,插入一个多行文字的文本框,然后在文本框中添加内容,如图 4–56 和图 4–57 所示。

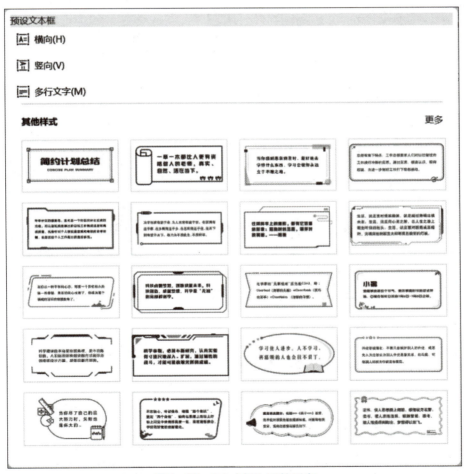

图 4–56 "文本框"下拉列表

2. 编辑文本框

1)隐藏文本框的边框

实际应用中,往往要求隐藏文本框的边框,此时可以选中文本框,在"设置形状格式"

窗格中设置形状的线条为"无线条"。也可以单击"绘图工具"选项卡→"形状样式"组→"形状轮廓"下拉按钮，选择"无轮廓"选项。

2）设置文本的格式

选中在文本框中输入的内容，在"开始"选项卡的"字体"组中设置字体为"楷体"，字号为"小四"；在"段落"组中单击"行与段落间距"下拉按钮，选择"1.5"选项，设置1.5倍行距，如图4-58所示。

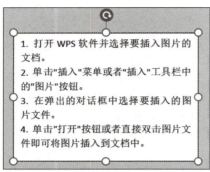

图4-57 在文本框中添加的内容　　　　图4-58 设置文本框中文字格式

4.3.4 插入和编辑艺术字

艺术字是指具有艺术效果的文字，如带阴影的、扭曲的、旋转的和拉伸的文字等。

插入和编辑艺术字

1. 插入艺术字

单击"插入"选项卡→"艺术字"下拉按钮，在下拉列表中选择一种艺术字样式，如"填充 - 浅绿，着色4，软边缘"，如图4-59所示。此时，在文本框中直接输入文字即可，如图4-60所示，如"生日的祝福"。

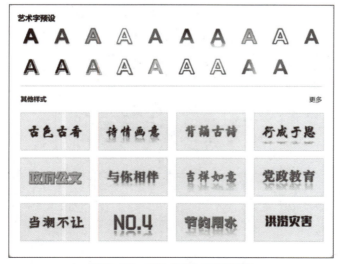

图4-59 "艺术字"下拉列表

图4-60 艺术字文本框

2. 编辑艺术字

插入艺术字时，会在功能区自动显示"绘图工具"选项卡，通过该选项卡可以设置艺术字的样式、文本填充、文本轮廓和文本效果。

例如，为艺术字"生日的祝福"添加发光效果"发光，培安紫，11 pt，着色 4"，如图 4-61 所示；添加转换效果，如图 4-62 所示。

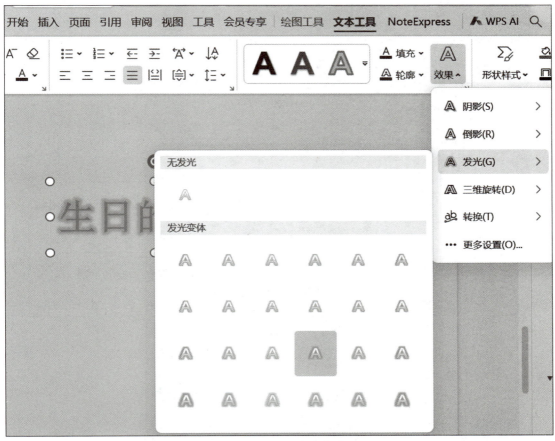

图 4-61　添加发光效果

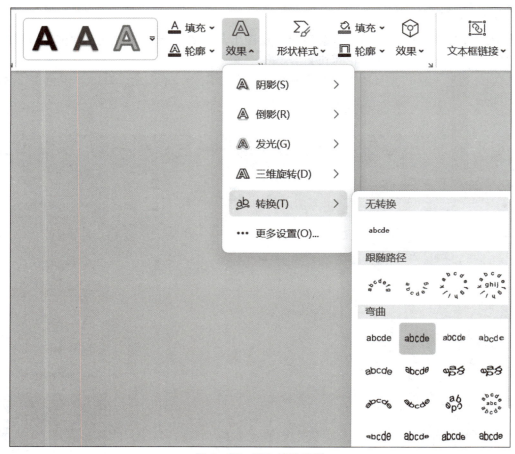

图 4-62 添加转换效果

任务 4.4 文档排版

> **任务描述**
>
> 通过 WPS 的学习可以发现,如果不做任何设置,在文字中输入的文字默认显示宋体、五号、单倍行距等格式,这实际上是由样式决定的。本任务从设置字符和段落的各种格式开始,介绍 WPS 文字排版的一些内容,它们都是实现表现丰富、美观和谐的页面的基础工作。
>
> 有了页面的基础工作学习,就可以完成一个长文档的排版,这就需要对其中的内容进行编辑和排版,还需要对整个页面的版式进行设计。

4.4.1 设置字符格式

通过设置文本的字体格式,可以使文档更加美观。

设置字符格式

1. 基本的字体格式

录入完内容后，有必要对某些内容进行字体格式设置，如标题的字体、字号、字形等。下面介绍三种不同的方法。

1）通过"开始"选项卡的"字体"组进行设置

（1）选择要设置格式的文本内容。

（2）切换到"开始"选项卡，在"字体"组中可以看到"字体""字号"两个下拉列表框。单击"字号"下拉按钮，在下拉列表中选择一种字号，如"小一"；单击"字体"下拉按钮，在下拉列表中选择一种字体，如"华光彩云"。

（3）单击"加粗"按钮 **B**，对文本进行加粗设置，效果如图 4-63 所示。

图 4-63　标题字体设置后的效果

2）通过浮动工具栏进行设置

通过鼠标拖动选择要设置格式的文本内容，松开鼠标左键时，弹出如图 4-64 所示的浮动工具栏。通过浮动工具栏可以快速设置字体、字号、字形等格式。

图 4-64　浮动工具栏

3）通过"字体"对话框进行设置

（1）选择要设置格式的文本内容，如"毕业设计论文"。

（2）右击选中的内容，在弹出的快捷菜单中执行"字体"命令，打开"字体"对话框。

（3）在"字体"选项卡中可以对中文字体、西文字体、字形、字号、着重号等进行设置，如图 4-65 所示。

图 4-65　设置字体格式

> **技巧**：单击"开始"选项卡→"字体"组→"对话框启动器"按钮，或者按 Ctrl + D 组合键，也可打开"字体"对话框。

2. 设置字符间距

设置文本的字体、字号和字形后，如果标题字符间距过小，可以对标题的字符间距进行调整，还可以为标题添加一些文字效果，使之更加醒目，其操作步骤如下：

（1）选择要设置格式的文本内容，按 Ctrl + D 组合键，打开"字体"对话框。

（2）切换到"字符间距"选项卡，在"缩放"下拉列表中可以选择字符间距缩放比例（范围为 33% ~ 200%）；在"间距"下拉列表中可以选择加宽或者紧缩，然后在磅值微调框中设置具体的值。例如，将标题字符间距加宽 3 磅，具体设置如图 4-66 所示。

4.4.2　设置段落格式

1. 段落缩进

1）段落缩进的方式

段落缩进包括 4 种方式，即左缩进、右缩进、首行缩进和悬挂缩进。

（1）左缩进：设置段落与左页边距之间的距离。左缩进时，首行缩进标记和悬挂缩进标记会同时移动。左缩进可以设置整个段落左边的起始位置。

设置段落格式

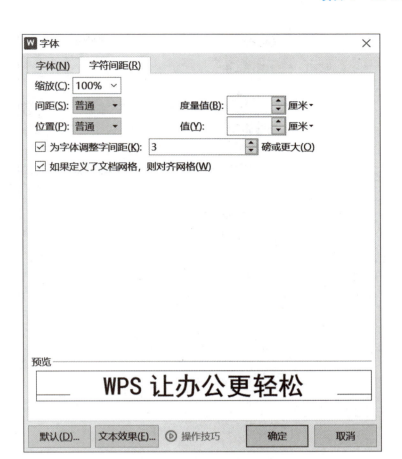

图 4-66 设置字符间距

(2) 右缩进：拖动该标记，可以设置段落右边的缩进位置。

(3) 首行缩进：可以设置段落首行第一个字的位置。在中文文档中，一般采用这种段落缩进方式，默认缩进 2 字符。

(4) 悬挂缩进：可以设置段落中除第一行以外的其他行左边的开始位置。

2）设置段落缩进的方法

利用"段落"对话框设置段落缩进。选中要设置缩进的段落，然后单击"开始"选项卡→"段落"组→"对话框启动器"按钮，弹出"段落"对话框，并自动切换到"缩进和间距"选项卡，在"缩进"选项区域中通过"文本之前"和"文本之后"微调框可以分别设置文本之前缩进与文本之后缩进，通过"特殊格式"下拉列表可以设置首行缩进或悬挂缩进；在"度量值"微调框中设置缩进的具体值，单位为字符或厘米，如设置首行缩进 2 字符，如图 4-67 所示。

> 提示：也可以单击"开始"选项卡→"段落"→"减少缩进量"按钮 和"增加缩进量"按钮 来调整段落的缩进。

图 4-67 设置首行缩进

2. 设置段落间距和行间距

段落间距是指段落与段落之间的距离，行距则是指行与行之间的距离。行距的默认值一般是 1.0，即单倍行距，如果觉得这个距离太小，可以对行距进行调整。设置段落间距和行间距的方法有多种，下面介绍几种常用的方法。

1）通过"段落"对话框进行设置

（1）选中要设置的段落，单击"开始"选项卡→"段落"组→"对话框启动器"按钮（或者在右键快捷菜单中执行"段落"命令），打开"段落"对话框。

（2）在"间距"选项区域的"段前"和"段后"微调框中可以设置段前、段后的间距，单位为行或磅（可以单击微调按钮，也可以在微调框中直接输入具体的值，如"0.6 行""8 磅"等）；在"行距"下拉列表设置行距的类型，如"1.5 倍行距"。如果选择"最小值""固定值"或者"多倍行距"，一般需要在后面的"设置值"微调框中设置具体的值。

> **提示**：如果设置了行距的最小值，则当实际行距超过最小值时，按照实际行距显示；当实际行距小于最小值时，行距为最小值。如果将行距设置为固定值，行距就被固定了，无论实际行距多大，都按固定值显示，会出现文本、图片显示不全的问题。

2）通过"行和段落间距"下拉列表进行设置

选中要设置的段落，单击"开始"选项卡→"段落"组→"行和段落间距"下拉按钮，在下拉列表中可以选择具体的行距，如图 4–68 所示。如果没有合适的行距，还可以执行"行距选项"命令，打开"段落"对话框，对行距进行更精确的设置。

3）通过"段落"对话框设置段前和段后间距

选中要设置的段落，切换到"段落"对话框，在"段落"对话框的"段前"和"段后"微调框中进行段落间距的设置，如图 4–69 所示。

图 4–68 "行和段落间距"下拉列表

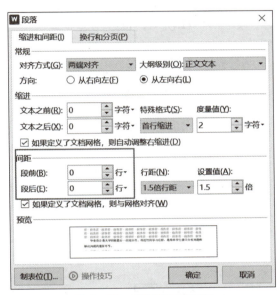

图 4–69 "段落"对话框

3. 设置段落的对齐方式

段落有以下 5 种对齐方式。

（1）左对齐：将段落内容与左边距对齐。但左对齐会导致段落右侧的文字参差不齐。

（2）居中对齐：将所选段落的内容在页面上居中对齐。

（3）右对齐：将段落内容与右边距对齐。

（4）两端对齐：调整段落中文本的水平间距，使其均匀地分布在左、右边距之间，但段落最后一行左对齐。两端对齐使段落两侧的文字具有整齐的边缘，排版时正文多用这种对齐方式。

（5）分散对齐：将所选段落的各行文字均匀地分布在左、右边距之间，如果最后一行不满，会加大字符的间距，使其与段落的宽度相匹配。

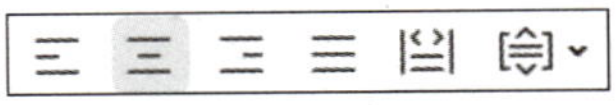

段落对齐方式的设置方法较为简单，可以在"开始"选项卡的"段落"组中单击对应的对齐按钮，如图 4–70 所示。也可以打开"段落"对话框，在"对齐方式"下拉列表中设置段落的对齐方式；还可以按组合键进行快速设置，上述五种对齐方式的组合键分别为 Ctrl + L、Ctrl + E、Ctrl + R、Ctrl + J 和 Ctrl + Shift + J。

图 4–70 对齐按钮

例如，选中"毕业设计"，按 Ctrl + E 组合键，使其居中显示。

4. 使用项目符号和编号

为了准确、清楚地表达某些内容之间的并列和顺序关系，文档处理的过程中经常用到项目符号和编号。项目符号可以是字符和图片，编号可以是连续的数字或字母。WPS 具有自动编号功能，当增加或删除段落时，系统会自动调整相关的编号顺序。

插入项目符号的方法如下：选中需要插入项目符号的段落，单击"开始"选项卡→"段落"组→"项目符号"下拉按钮，在下拉列表中选择一种预设的项目符号，如"◆"项目符号，如图 4-71 所示；也可以选择"自定义项目符号"选项，在打开的对话框中自定义新的项目符号。

图 4-71　插入项目符号

插入编号的方法如下：选中需要插入编号的段落，单击"开始"选项卡→"段落"组→"编号"下拉按钮，在下拉列表中选择一种预设的编号格式，也可以选择"自定义编号格式"选项，在打开的对话框中自定义新的编号格式。

毕业设计段落编号设置的效果如图 4-72 所示。

> 写毕业论文的步骤一般如下：
> 1. 选定研究题目/方向：根据自身特长和兴趣，并与导师进行沟通，确定研究方向和题目。
> 2. 确定研究对象/案例：选取符合题目需要的研究对象或案例，确保其具有代表性和典型性。
> 3. 确定目录框架/大纲：根据论文的结构和内容，细化到三级标题，并获得导师的同意后再开始后续写作。
> 4. 整理数据/资料/文献：按照目录的需要去整理数据、资料和文献，确保其准确性和可靠性。
> 5. 写作开题报告：在论文写作之前，撰写开题报告，介绍研究背景、目的、意义、方法、技术路线等。
> 6. 写作文献综述：梳理前人的研究情况，并提出自己的研究设想，为后续的论文写作提供理论支持。
> 7. 写作论文正文：按照目录框架和大纲，逐一撰写论文的正文部分，包括绪论、正文、结论、摘要等部分。
> 8. 论文修改/完善：根据导师和审稿人的意见，对论文进行修改和完善，确保其质量。

图 4-72　段落编号设置效果

> **提示**：如果要将设置好的段落格式应用到其他段落上，可以使用格式刷刷一下，不必重复进行格式设置。使用格式刷的方法如下：选择已设置好格式的文字或段落，单击"开始"选项卡→"剪贴板"组→"格式刷"按钮，提取所选文字或段落的格式；将鼠标指针移动到正文中，它的形状变成一把刷子，此时用鼠标选择其他文字或段落，就将格式应用到新选定的文字或段落上。上述操作中的格式刷只能使用一次。如果要将同一格式应用到不连续的内容上，则可以双击"格式刷"按钮，此时格式刷就可以使用多次，直到再次单击"格式刷"按钮或按 Esc 键。

4.4.3　设置页面格式

设置页面格式

建立一个文档，需要设置很多格式，如页边距、页眉、页脚等，要想在文档的不同部分采用不同的格式，则可用分节符将整篇文档分成多节（部分）。节是文档的一部分，插入分节符之前，WPS 将整篇文档视为一节。分节后，每节均可独立设置页眉、页脚、页码、页边距、纸张大小和方向等。每节都可以具有独立的首页、奇数页面、偶数页面。

1. 插入分节符

将光标定位在第一段之前，单击"页面"选项卡→"页面设置"组→"分隔符"下拉按钮,如图 4-73 所示。在下拉列表中选择"奇数页"选项,即可插入如图 4-74 所示的分节符。

图 4-73 "分隔符"下拉列表

图 4-74 插入的分节符

2. 插入分页符

在同一节中,可以插入分页符。

插入分页符的方法为:将光标定位在需要分页的位置,单击"页面设置"组→"分隔符"下拉按钮,在下拉列表中选择"分页符"选项。也可以按 Ctrl + Enter 组合键进行分页。

3. 添加页眉和页脚

1)在页脚处添加页码

(1)将光标定位在"摘要"页,单击"插入"选项卡→"页眉和页脚",打开页眉和页脚编辑视图,如图 4-75 所示。直接双击页脚处,也可以打开页眉和页脚编辑视图。

图 4-75 页眉和页脚编辑视图

（2）单击"插入"选项卡→"页码"下拉按钮，选择"页脚中间"，如图4-76所示，即可插入页码，默认的页码为阿拉伯数字。单击"页码"，选择"设置页码格式"选项，打开"页码"对话框，设置编号格式为"Ⅰ，Ⅱ，Ⅲ，…"，选择"起始页码"单选按钮，设置起始值为"1"，如图4-77所示。

图4-76 插入页码

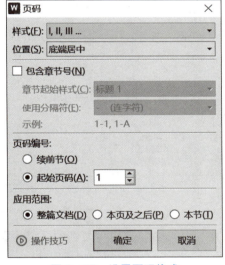

图4-77 设置页码格式

2) 添加页眉内容

单击"插入"选项卡→"页眉和页脚"组按钮，选择"编辑页眉"选项，这时可以看到光标在页眉编辑区中闪烁，然后输入页眉内容，如图4-78所示。

图4-78 输入页眉内容

4. 设置分栏

为了节省版面，人们往往会将页面分成两栏或多栏。分栏在"页面"选项卡中设置，具体步骤如下：

（1）在文档中选中要分栏的内容。

（2）单击"页面"选项卡→"页面设置"组→"分栏"下拉按钮，在下拉列表中选择一种预置的分栏样式，如图4-79所示。预设样式的栏间距为2.02字符，栏间无分隔线，两栏和三栏默认栏宽相等。

（3）如果要设置更多栏数、栏宽、栏间距、分隔线，则执行"更多分栏"命令，在打开的"分栏"对话框中进行设置，如图4-80所示。例如，将文本内容（不含标题）分为两栏，栏宽相等，栏间距为4字符，并添加分隔线，单击"确定"按钮，分栏效果如图4-81所示。

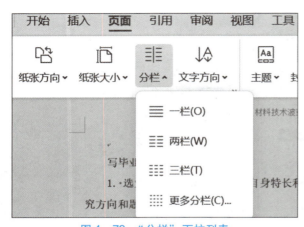

图4-79 "分栏"下拉列表

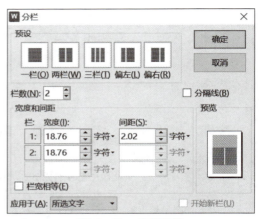

图4-80 分栏设置

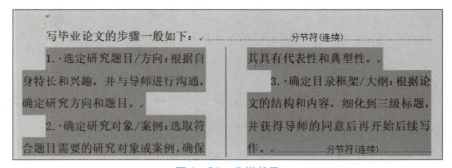

图4-81 分栏效果

> **提示**：如果要取消分栏，或者将分栏后的某些段落设置为通栏，只需要选择要设置的内容，在"栏"下拉列表中选择"一栏"选项。

5. 首字下沉

首字下沉是一种特殊的排版方式，就是把段落的第一个字放大数倍，从而起到醒目的作用。具体操作步骤如下：

（1）选择需要设置首字下沉的段落，单击"插入"选项卡→"首字下沉"下拉按钮。

（2）在下拉列表中有三种预设的方案，默认为"无"，可以根据需要选择"下沉"或"悬挂"选项，默认下沉3行；如果要进行详细的设置，则执行"首字下沉选项"命令。

（3）打开"首字下沉"对话框，在"选项"区域中可以设置首字的字体、下沉行数、与正文的距离，如图4-82所示。

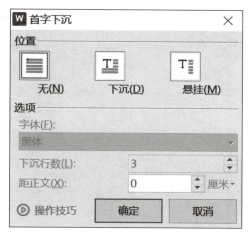

图4-82 "首字下沉"对话框

4.4.4 自动生成目录

目录通常是长文档不可缺少的部分，其功能是列出文档中的各级标题及其所在的页码。手动添加目录既麻烦，又不利于以后的编辑，WPS提供了自动生成目录的功能，使目录的创建变得较为简便。对于一篇章节标题规范的文档，可以很方便地从文档中把目录提取出来。

自动生成目录

1. 创建目录

单击"引用"选项卡→"目录"组→"目录"下拉按钮，选择"自定义目录"选项，如图4-83所示。打开如图4-84所示的"目录"对话框。在"显示级别"微调框中输入"2"，在"制表符前导符"下拉列表中选择"……"选项，单击"确定"按钮，即可插入目录，如图4-85所示。

此外，提醒读者，在撰写论文的时候一定要设置好大纲级别，才可以生成正确的目录。

> **提示**：如果有的章节标题不在目录中，就说明这些标题没有应用样式或样式设置不当，而不是WPS自动生成的目录有问题，请到相应章节进行检查。

图4-83 "目录"下拉列表

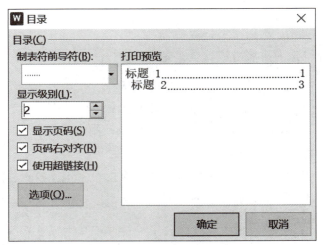

图 4-84 "目录"对话框

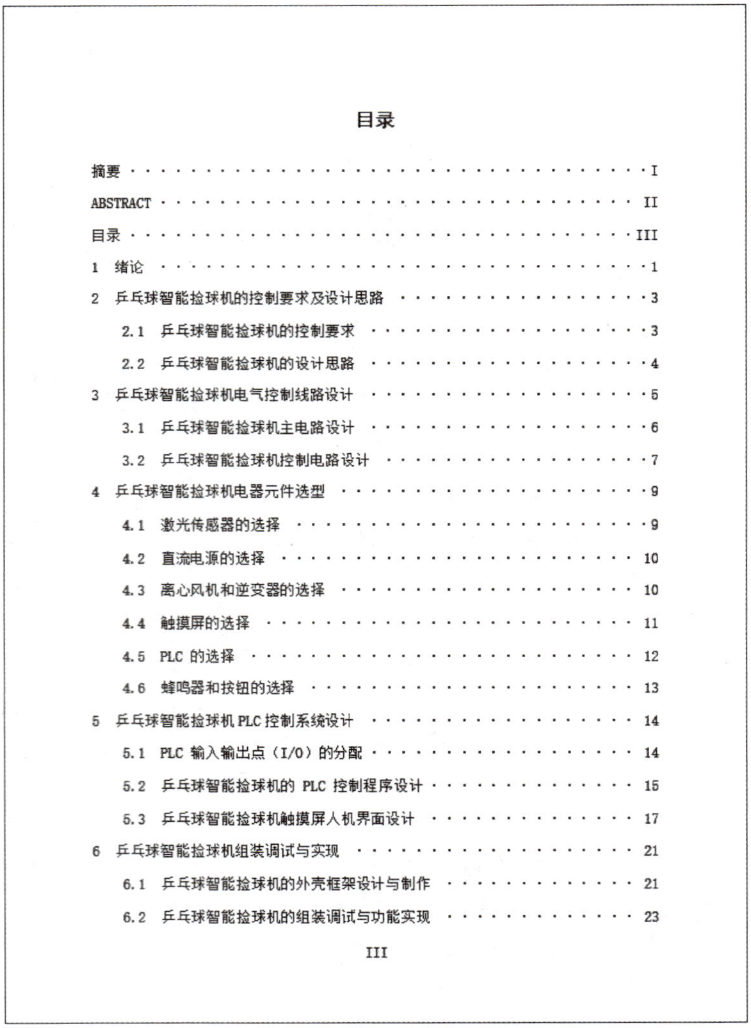

目录

摘要 ·································· I
ABSTRACT ····························· II
目录 ·································· III
1 绪论 ································ 1
2 乒乓球智能捡球机的控制要求及设计思路 ········· 3
　2.1 乒乓球智能捡球机的控制要求 ············· 3
　2.2 乒乓球智能捡球机的设计思路 ············· 4
3 乒乓球智能捡球机电气控制线路设计 ············ 5
　3.1 乒乓球智能捡球机主电路设计 ············· 6
　3.2 乒乓球智能捡球机控制电路设计 ············ 7
4 乒乓球智能捡球机电器元件选型 ··············· 9
　4.1 激光传感器的选择 ···················· 9
　4.2 直流电源的选择 ····················· 10
　4.3 离心风机和逆变器的选择 ················ 10
　4.4 触摸屏的选择 ······················ 11
　4.5 PLC 的选择 ······················· 12
　4.6 蜂鸣器和按钮的选择 ··················· 13
5 乒乓球智能捡球机 PLC 控制系统设计 ··········· 14
　5.1 PLC 输入输出点（I/O）的分配 ············ 14
　5.2 乒乓球智能捡球机的 PLC 控制程序设计 ······· 15
　5.3 乒乓球智能捡球机触摸屏人机界面设计 ········ 17
6 乒乓球智能捡球机组装调试与实现 ············· 21
　6.1 乒乓球智能捡球机的外壳框架设计与制作 ······ 21
　6.2 乒乓球智能捡球机的组装调试与功能实现 ······ 23

III

图 4-85 自动生成的目录

2. 更新域

当文档做过修改后，其标题和页码可能会发生变化，此时就需要修改目录，使用更新域的方式可以自动修改目录。操作步骤如下：

（1）将光标定位在目录区域中，单击"引用"选项卡→"目录"组→"更新目录"按钮。

（2）打开"更新目录"对话框，如图 4-86 所示。选择"只更新页码"或"更新整个目录"单选按钮，单击"确定"按钮，就可以完成目录的修改。

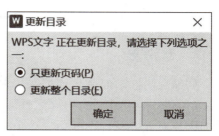

图 4-86 "更新目录"对话框

4.4.5 打印设置与导出

在 WPS 文档编辑和页面设置完成后，就可以打印文档了，打印之前可先预览打印效果。

印设置与导出

1. 打印预览

打印预览是一个独立的视图窗口，与页面视图相比，可以更真实地展现文档外观。在打印预览窗口中，也可以任意调整页面的显示比例，还可以同时显示多个页面。

在"文件"选项卡中单击"打印"按钮，即可在窗口右侧预览打印效果，如图 4-87 所示。如果对打印预览效果满意，单击"打印"按钮就可以打印了。

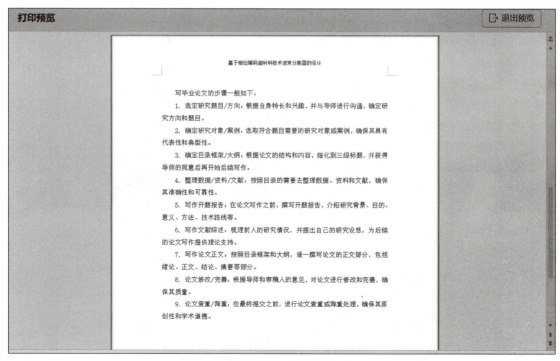

图 4-87 打印预览

> **提示**：如果对打印预览效果不满意，可以单击窗口下方的"页面设置"按钮，打开"页面设置"对话框，对页面重新进行设置。

2. 打印设置

如果只要打印部分页面或采取其他打印方式，就需要对打印属性进行设置。一般在"打印预览"窗口中进行打印属性设置，常用的设置如下：

（1）在"打印机"下拉列表中选择要使用的打印机。

（2）在"设置"下拉列表中选择打印的范围，如"打印所有页""打印选定区域"或"打印当前页面"。如果选择"自定义打印范围"选项，则在下方的"页数"文本框中输入要打印的页码范围。

> **提示**：在输入页码范围时，连续的页码用"－"连接，不连续的页码之间用半角逗号分隔，如"1－5,8,12"。

（3）默认情况下，文档是单面打印的，若要双面打印，可以选择"双面打印"选项（自动双面打印）或"手动双面打印"选项。

（4）在窗口上方的"份数"微调框中设置要打印的份数。

（5）如果需要设置更多的属性，可单击"打印机"下拉列表框下方的"打印机属性"按钮，在打开的对话框中进行设置，如图4-88所示。

图4-88 打印设置

习 题 4

操作题1

打开WPS文档1.docx，其内容如下：

别踩了这朵花

小朋友，你看，你的脚边，一朵小小的黄花。我们大家绕着它走，别踩了这朵花！去年有一天，天空明朗，秋风凉爽，它妈妈给它披上一件绒毛的大氅，降落伞似的，把它带到马路边上。冬天的雪,给它盖上厚厚的棉衣,它静静地躺卧着,等待着春天的消息。

这一天,它觉得身上湿润了。它闻到泥土的芬芳;它快乐地站起身来,伸出它金黄的翅膀。你看,它多勇敢,就在马路边上安家;它不怕行人的脚步,它不怕来往的大车。

春游的小朋友们多么欢欣!春风里飘扬着新衣——新裙。你们头抬得高,脚下得重,小心在你不知不觉中,把小黄花的生机断送;我的心思你们也懂,在春天无边的快乐里,这快乐也有它的一份。

按下列要求对文档进行操作:

(1) 将标题段文字("别踩了这朵花")设置为黑体、三号、标准色黄色、加粗、居中,并添加蓝色底纹。

(2) 将正文各段文字("小朋友,你看……这快乐也有它的一份。")设置为五号楷体,首行缩进2字符,段前间距1行。

(3) 将正文第二段("它妈妈给它披上一件绒毛的大氅等待着春天的消息。")分为等宽的两栏,栏宽为18字符。

(4) 在页面底端(页脚)的中间位置插入页码。

(5) 设置上、下页边距各为3 cm。

操作题2

打开WPS文档2.doc,其内容如下:

为什么成年男女的声调不一样?

大家都知道,女人的声调一般比男人的尖高。可是,为什么会这样呢?人的解剖结构告诉我们,男人和女人的声音之所以会有影射上的差别,是因为女人的发音器官一般比男人的小。

科学家们发现,由于性别不同造成的发育差异,女人的喉器一般比男人的小,声带也比男人的短而细。

不论什么乐器,凡是起共鸣的部分,体积比较大的,发出的声音影射就比较沉厚,体积比较小,影射就比较尖高。

既然一般女人的喉器比男人的小许多,声带又比男人的短三分之一,那么,声音的影射自然会比男人的尖高。

测量喉器和声带的平均记录

性别	喉器长度/mm	喉器宽度/mm	声带长度/mm
男	44	43	17
女	36	41	12

按下列要求对文档进行操作:

(1) 将文中所有错词"影射"替换为"音色"。

(2) 将标题段文字("为什么成年男女的声调不一样?")设置为三号、黑体、加粗、居中,并添加蓝色的带阴影的边框(边框的线型和线宽采用默认的设置)。

(3) 正文文字("大家都知道,……比男人的尖高。")设置为小四号、宋体,各段落左、右各缩进1.5字符,首行缩进2字符,段前间距为1行。

(4) 将表格标题("测量喉器和声带的平均记录")设置为小四号、黑体、蓝色、居中,并添加下划线。

(5) 将文中最后 3 行文字转换成一个 3 行 4 列的表格，表格居中，列宽为 3 cm，表格中的文字设置为五号、仿宋，所有内容对齐方式为水平居中。

操作题 3

打开 WPS 文档 3.docx，其内容如下：

高速CMOS的静态功耗

在理想的情况下，CMOS 电路在非开关状态下从电源 V_{cc} 到地没有直流电流，因而器件没有静态功耗。

对所有的CMOS器件，漏电流通常用 I_{cc} 表示。这是当全部输入端都加上 V_{cc} 或低电平且全部输出端都开路时从 V_{cc} 到地的直流电流。

然而，由于半导体本身的特性，在反向偏置的二极管 PN 结中必然存在微小的漏电流。这些漏电流是由在二极管中的热载流子造成的，当温度上升时，热载流子的数目增加，因而漏电流增大。

对54/74HC系列，在一般手册中均给出了在 25℃(室温)、85℃、125℃时的 I_{cc} 规范值。

V_{cc} 为 5V 时 54/74HC 电路的功耗电流表（单位：μA）

温度/℃	门电路	中规模电路
25	2	8
85	20	80
125	40	160

按下列要求对文档进行操作：

（1）将标题段文字（"高速 CMOS 的静态功耗"）设置为小二号、蓝色、黑体、居中，字符间距加宽 2 磅，段后间距为 0.5 行。

（2）将正文各段文字（"在理想情况下……I_{cc}规范值。"）中的中文设置为 12 磅、宋体，英文设置为 12 磅、Arial 字体；将正文第三段（"然而……因而漏电流增大。"）移至第二段（"对所有的 CMOS 器件……直流电流。"）之前；设置正文各段首行缩进 2 字符，采用 1.2 倍行距。

（3）设置上、下页边距各为 3 cm。

（4）将文中最后 4 行文字转换成一个 4 行 3 列的表格；在第二列与第三列之间插入一列，并依次输入该列内容 "缓冲器" "4" "40" "80"；设置表格列宽为 2.5 cm，行高为 0.6 cm，表格居中。

（5）为表格第一行单元格添加黄色底纹；所有表格框线设置为 1 磅宽的红色单实线。

项目 5

WPS 表格的使用

WPS 表格是一款电子表格处理软件,可以用来制作电子表格,完成很多复杂的数据运算,进行数据的分析和预测,并且具有强大的图表制作功能,广泛地应用于管理、统计、财经、金融等众多领域。WPS 表格具有直观的界面、出色的计算功能和完善的图表工具,再加上成功的市场营销,它已成为目前最流行的个人计算机电子表格处理软件。

学习要点

(1) 表格的启动和退出。
(2) 工作簿的创建和保存、工作表的编辑等基本操作。
(3) 工作表的格式设置。
(4) 工作表中函数和公式的应用。
(5) 对数据进行筛选、排序、分类汇总、透视分析和处理。
(6) 表格图表的建立、编辑。

任务 5.1　WPS 表格的基础操作

任务描述

本任务制作考试成绩统计表,并录入学生的考试成绩。此表的制作可分为两大步骤:①创建工作簿和工作表,了解工作簿和工作表的基本操作,保存工作簿;②认识单元格,录入数据,涉及不同类型的数据录入和自动填充。

5.1.1　WPS 表格的基本操作

1. WPS 表格的启动与退出

1) 启动 WPS 表格

安装 WPS 程序后,可以通过多种方法启动 WPS 表格,具体操作类似于 WPS 文字的启动。
方法 1:从电脑桌面打开 WPS 程序图标,进入 WPS 窗口,在窗口上方单击"+"进入

表格的基本操作

新建页，选择"表格"，新建空白文档，如图 5-1 所示。

图 5-1 新建 WPS 表格

方法 2：通过"开始"菜单打开 WPS 程序图标，进入 WPS 窗口，在窗口上方单击"+"进入新建页，选择"表格"，新建空白文档。

方法 3：右击桌面空白处，从右键菜单中选择新建 XLS 或 XLSX 工作簿并打开。

（如果有目标文档，可以直接双击打开启动 WPS 表格。）

2）退出 WPS 表格

退出 WPS 表格程序有如下几种常用的方法。

方法 1：将鼠标移动到表格名称的右侧，当出现"×"符号时，单击"关闭"按钮。

方法 2：单击标题栏右端的"关闭"按钮 ×。

方法 3：单击左上角的"文件"→"退出"命令。

方法 4：右击桌面下方任务栏中的 WPS 程序，选择"关闭窗口"。

方法 5：按 Alt + F4 组合键关闭。

其中，方法 1 是关闭表格窗口，方法 2~5 是关闭 WPS 程序窗口。

2. WPS 表格窗口组成

WPS 工作界面主要包括标题栏、快速访问工具栏、功能区（选项卡、功能按钮）、数据编辑区（名称框、3 个编辑按钮、编辑栏）、工作表编辑区（"全选"按钮、单元格、工作表标签、行号、列标、填充句柄、滚动条和滚动按钮）、状态栏等，如图 5-2 所示。

1）标题栏

标题栏位于窗口顶部，用来显示 WPS 表格菜单及当前工作簿文档名，标题栏右侧有三个按钮，从右到左依次是关闭、最大化/还原、最小化。

2）快速访问工具栏

项目 5　WPS 表格的使用

图 5-2　WPS 表格窗口界面

这里包含了 WPS 表格最常用的新建、打开、保存、输出为 PDF、打印、打印预览、直接打印、撤销、恢复和下拉菜单，每个不同版本的 WPS 显示出来的快速访问工具栏可能有所不同，可以通过下拉菜单进行设置。

3）功能区

功能区由选项卡和功能按钮组成。选项卡把不同的功能按钮分类组合成各个选项卡，如"插入""页面""公式""数据""审阅""视图""工具"等选项卡，如图 5-3 所示。此外，还有部分隐藏的选项卡，只有使用该功能组件的时候才会出现，如对图片、图表操作的时候，都会显示新的选项卡。

图 5-3　功能区

4）数据编辑区

数据编辑区用来输入或编辑当前单元格的值或公式，有名称框、"取消"按钮✖、"输入"按钮✔、"插入函数"按钮 *fx*、编辑栏，如图 5-4 所示。

图 5-4　数据编辑区
(a) 非编辑状态；(b) 编辑状态

名称框：用来显示当前活动单元格或单元格区域的地址。

"取消"按钮✖：单击"取消"按钮，将取消数据的输入或编辑，同时，当前活动单元格中的内容也随之消失。

"输入"按钮✓：单击"输入"按钮，将结束数据的输入或编辑，同时，将数据存储在当前单元格内。

"插入函数"按钮 f_x：单击"插入函数"按钮，可弹出"插入函数"对话框。

编辑栏：用来输入或编辑数据，数据同时显示在当前活动单元格中。

5）工作表编辑区

（1）"全选"按钮：单击"全选"按钮，可以选中整张工作表，其组合键是 Ctrl + A。

（2）单元格：单元格是工作表的最小组成部分。活动单元格是指当前选中的单元格，它的四周有深绿色的边框。可以编辑单元格中的数据，也可以对数据进行移动或复制等操作。

（3）工作表标签：工作表标签用于显示一个工作簿中工作表的名称。单击不同的标签，可以切换到不同的工作表。当前的工作表标签以白底绿字显示，其他工作表标签以灰底黑字显示。

（4）行号、列标：用来表示单元格所在位置的编号，其中，行号是 y 轴，用 1、2、3、4、…表示，列标是 x 轴，用 A、B、C、D、…表示，位置编号通常是列标 + 行号表示，如 A1。

（5）填充句柄：在选中单元格时（非编辑状态），选中范围的右下角有个点，当鼠标移动过去后，可以单击按住拖动进行填充。

6）状态栏

状态栏显示当前工作表中不同的编辑状态和相应的操作结果。在状态栏的右侧有 5 种视图模式按钮和显示比例按钮。

3. 工作簿与工作表

在 WPS 表格中，一个文件即为一个工作簿，一个工作簿由一张或多张工作表组成。在新建的空白工作簿中，WPS 表格自动创建一张名为 Sheet1 的工作表。工作表可以用来存放学生成绩、学生名册、教师名册、职工工资等信息。

工作表是 WPS 表格完成一项工作的基本单位，其中可以输入字符串（包括汉字）、数字、日期、公式等丰富的信息，还可以插入图表等对象。工作表由多个按行和列排列的单元格组成。

> 提示：对于 WPS，一个工作簿可以包含任意数量的工作表，建立的工作表数量受计算机内存的影响。XLS 格式工作表最多 65 536 行×256 列，XLSX 格式工作表最多 1 048 576 行×16 384 列。

工作表的操作

5.1.2 工作表的操作

在前面介绍过，一个工作簿可以由多个工作表组成。用户对工作表的操作包括插入、重命名、移动、复制和删除等。

1. 插入工作表

进入 WPS 表格时，可以看到当前工作表 Sheet1，如果想拥有多个工作表，必须要插入新的工作表。

插入工作表有多种方法，下面介绍常用的三种。

1）通过"开始"选项卡插入工作表

在 Sheet1 工作表中，单击"开始"选项卡→"单元格"组→"工作表"下拉按钮，在下拉列表中选择"插入工作表"选项（图 5-5），就可以插入一张新工作表。

图 5-5　通过"开始"选项卡插入工作表

2）单击"新工作表"按钮插入工作表

在窗口下方单击工作表标签右侧的"新工作表"按钮 ⊕ （图 5-6），即可在当前工作表之后插入一张新工作表。

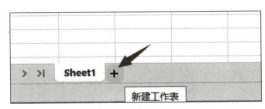

图 5-6　单击"新工作表"按钮插入工作表

3）通过右键快捷菜单插入工作表

（1）右击工作表标签，在弹出的快捷菜单中执行"插入工作表"命令，如图 5-7 所示。

（2）弹出"插入工作表"对话框，在"常用"选项卡中选择"工作表"选项，单击"确定"按钮，就可以插入一张新工作表。

2. 重命名工作表

工作表名称默认为 Sheet1，这样的名称

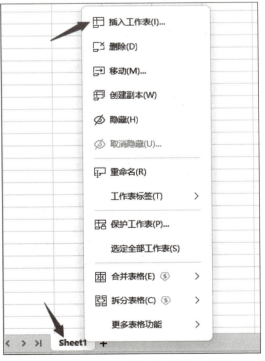

图 5-7　通过右键快捷菜单插入工作表

不方便记忆，也不便于进行有效的工作表管理，重命名工作表就可以解决这一问题。

1）直接重命名工作表

双击工作表标签，直接输入新的名称，如"考试成绩"，按 Enter 键确认即可，如图 5-8 所示。

图 5-8　工作表重命名

2）通过右键快捷菜单重命名工作表

右击工作表标签，在弹出的快捷菜单中执行"重命名"命令（图 5-9），此时就可以输入新的名称了。

3）通过"开始"选项卡重命名工作表

选择工作表标签，单击"开始"选项卡→"单元格"组→"工作表"下拉按钮，从下拉列表（图 5-10）中选择"重命名"选项，然后输入新的名称。

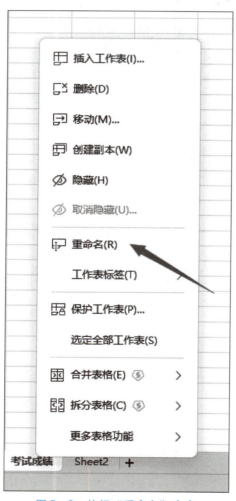

图 5-9　执行"重命名"命令

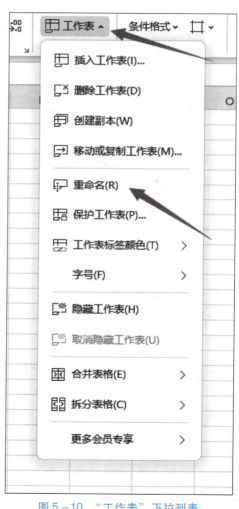

图 5-10　"工作表"下拉列表

3. 移动、复制工作表

1）通过拖动来快速移动或复制工作表

（1）移动工作表：单击工作表标签，按住鼠标左键将其拖动至合适的位置。

（2）复制工作表。单击工作表标签，按住 Ctrl 键的同时将其拖动到合适的位置。例如，按住 Ctrl 键，将"考试成绩"工作表拖到 Sheet2 之后，得到新的"考试成绩(1)"工作表。

2）使用对话框移动或复制工作表

（1）打开工作簿，右击所要移动或复制的工作表标签，如"考试成绩"，在弹出的快捷菜单中执行"移动或复制"命令，打开"移动或复制工作表"对话框，如图 5-11 所示。

> 提示：单击"开始"选项卡→"单元格"组→"格式"下拉按钮，在下拉列表中选择"移动或复制工作表"选项，也可打开"移动或复制工作表"对话框。

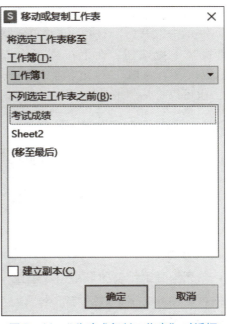

图 5-11 "移动或复制工作表"对话框

（2）在"下列选定工作表之前"列表框中选择要移动或复制到的位置，单击"确定"按钮，即可实现工作表的移动；如果勾选"建立副本"复选框，则实现的是工作表的复制。

> 提示：如果要将工作表移动或复制到新的工作簿中，则在"工作簿"下拉列表中选择"（新工作簿）"选项。

4. 删除工作表

删除工作表与插入工作表是相反的操作。如果插入的工作表多了，或者有些工作表的内容已经不需要了，都可以将其删除。删除工作表的操作步骤如下：右击要删除的工作表，在弹出的快捷菜单中执行"删除"命令；或者单击"开始"选项卡→"单元格"组→"删除"下拉按钮，在下拉列表中选择"删除工作表"选项。

5. 显示或隐藏工作表

在参加会议或演讲等活动时，若不想表格中的重要数据外泄，可将数据所在的工作表隐藏，等到需要时再将其显示出来。

1）隐藏工作表

右击要隐藏的工作表，在弹出的快捷菜单中执行"隐藏"命令。也可以单击"开始"选项卡→"单元格"组→"格式"下拉按钮，在下拉列表中依次选择"隐藏和取消隐藏"→"隐藏工作表"选项。

2）显示隐藏的工作表

隐藏和显示是相对的，显示工作表的方法与隐藏工作表的方法类似：右击任意一个工作表标签，在弹出的快捷菜单中执行"取消隐藏"命令，弹出"取消隐藏"对话框（图 5-12），选择要取消隐藏的工作表，单击"确定"按钮即可。单击"开始"选项卡→"单元格"组→"格式"下拉按钮，在下拉列表中依次选择"隐藏和取消隐藏"→"取消隐藏工作表"选项，也可以打开"取消隐藏"对话框。

5.1.3 单元格的操作

单元格的基本操作包括选择单元格、移动单元格、复制单元格、清除单元格和删除单元格等。

单元格的操作

图 5-12 "取消隐藏"对话框

1. 选择单元格

单元格是工作表的最小组成单位，在单元格内可以输入文字、数字与符号等信息。对单元格进行操作之前，必须先选择单元格。

1）选择单个单元格

单元格的选择有两种方法。

方法1：直接单击单元格，就能将其选中，被选中的单元格周围会出现深绿色的边框。

方法2：如果要选择的单元格没有出现在当前屏幕中，可以在名称框中输入需要选择的单元格地址，按 Enter 键即可。

2）选择整行

只要在工作表上单击某行的行号，即可选择整行；按住鼠标左键向上或向下拖动，可以选择多行。

3）选择整列

在工作表上单击列标，即可选择整列；按住鼠标左键向左或向右拖动，可以选择多列。

4）选择单元格区域

单元格区域是指由多个相邻的单元格构成的矩形区域。用户可以利用鼠标或组合键来选择一个单元格区域或多个不相邻的单元格区域。

（1）选择一个矩形区域。

方法1：单击待选区域的第一个单元格，按住鼠标左键向右下方拖动，直至所有待选的单元格都被选中，然后松开鼠标左键，即可选中该区域。选中的区域除了第一个单元格显示为白色外，其余均显示为灰色。

方法2：选中待选区域的第一个单元格，按住 Shift 键的同时，单击待选区域的最后一个单元格。

方法3：在名称框中输入起止单元格的地址，如"A3:G6"，按 Enter 键即可。

（2）选择不连续的单元格区域。

方法1：通过鼠标拖动选择第一个区域，然后按住 Ctrl 键不放，选择其他区域。

方法2：在名称框中输入要选择的单元格地址，不连续地址之间用半角逗号隔开，如"A3,B6:G6"，按 Enter 键，即可选择单元格 A3 和单元格区域 B6:G6。

2. 移动、复制单元格

移动单元格是将单元格中的数据移至其他单元格中；复制单元格是将单元格中的数据复制到指定的位置，原来位置的数据仍然存在。

1）使用命令或组合键进行移动

单元格的移动和复制可以使用剪贴板、右键快捷菜单、组合键完成，其操作与文字文稿相似。默认情况下，单元格的格式也被移动和复制。如果只要粘贴数据或者将单元格区域的数据转置，执行"粘贴"命令后，单击"粘贴选项"下拉按钮，选择需要的选项，如图5-13所示；或者在剪切/复制操作后，右击目标区域，在弹出的快捷菜单中选择"粘贴选项"；也可在"选择性粘贴"子菜单中选择"粘贴选项"，如图5-14所示。

图5-13 "粘贴选项"下拉列表

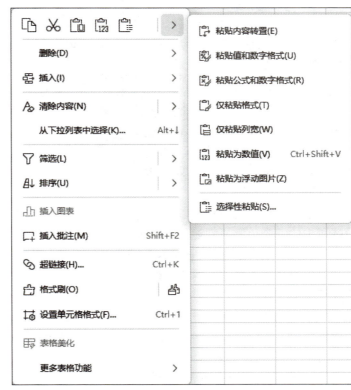

图5-14 "选择性粘贴"子菜单

WPS表格的粘贴选项比文字文稿要多，各个选项的功能见表5-1。

表5-1 WPS表格粘贴选项

图标	名称	功能
	粘贴	将源区域中的所有内容、格式、条件格式、数据有效性、批注等全部粘贴到目标区域

续表

图标	名称	功能
	保留源格式	复制源区域的所有内容和格式，这个选项似乎与直接粘贴没有什么不同。但有一点值得注意，当源区域中包含用公式设置的条件格式时，在同一工作簿中的不同工作表之间用这种方法粘贴后，目标区域条件格式中的公式会引用源工作表中对应的单元格区域
	值	将文本、数值、日期及公式结果粘贴到目标区域
	值和数字格式	将公式结果粘贴到目标区域，同时还包含数字格式
	公式	仅粘贴源区域中的文本、数值、日期及公式等内容
	公式和数字格式	除粘贴源区域内容外，还包含源区域的数值格式。数字格式包括货币样式、百分比样式、小数位数等
	无边框	粘贴全部内容，仅去掉源区域中的边框
	保留源列宽	与"保留源格式"选项类似，但同时还复制源区域中的列宽。这与"选择性粘贴"对话框中的"列宽"选项不同，"选择性粘贴"对话框中的"列宽"选项仅复制列宽而不粘贴内容
	转置	粘贴时互换行和列
	格式	仅复制源区域中的格式，而不包括内容

如果希望粘贴的内容可以与源区域的内容同步变化，应选择"粘贴链接"选项，为目标区域中的每个单元格创建引用链接。

2）通过鼠标拖动进行移动和复制

如果要移动或复制的源单元格与目标单元格相距较近，使用鼠标拖动的方法就可以轻松地进行移动或复制。

数据移动和复制有两种方式：一种是覆盖式，即改写式，这种方式可以将目标位置的内容全部替换为新内容；另一种是插入式，这种方式会将新内容插入目标位置，而目标位置原来的内容将右移或下移。

（1）覆盖式移动：选中要移动的单元格，将鼠标指针移动到所选择区域的边框上，当其变成形状时，按住鼠标左键将选定的内容拖动到新的位置。如果目标位置有数据，则会弹出如图 5-15 所示的对话框，单击"确定"按钮。

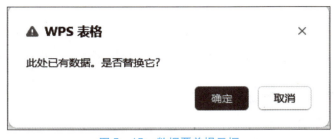

图 5-15 数据覆盖提示框

（2）覆盖式复制。选中要复制的单元格，将鼠标指针移动到所选择区域的边框上，按住 Ctrl 键，当鼠标指针右上方出现"+"时，按住鼠标左键将选定的内容拖动到目标区域，然后松开鼠标左键和 Ctrl 键。

> 提示：不管目标位置有没有数据，复制时，都直接进行内容覆盖，不会弹出提示框。

（3）插入式移动。选中需要移动的单元格，拖动其边框的同时按住 Shift 键，鼠标指针经过的单元格左边框/上边框会出现一个"I"形/"✣"形的图标，将其拖动到要插入的位置，松开鼠标左键和 Shift 键，即可将单元格内容移动到指定位置上，同时，原单元格内容右移/下移。

（4）插入式复制。与插入式移动的操作类似，但拖动鼠标的同时要按住 Shift 键和 Ctrl 键。

3. 合并与取消合并单元格

WPS 表格中可以将连续的单元格合并为一个单元格，也可以将合并后的单元格取消合并。

1）合并单元格

（1）选项卡：选中要合并的单元格区域，单击"开始"选项卡→"对齐方式"组→"合并"按钮，完成默认合并居中，如果有其他合并要求，单击"合并"下拉列表进行选择，如图 5-16 所示。

（2）右键菜单：选中要合并的单元格区域，在区域内任意坐标右击，找到"合并"功能按钮进行合并。如果有其他合并要求，单击"合并"下拉按钮进行选择，如图 5-17 所示。

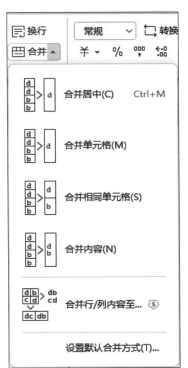

图 5-16 "合并"下拉列表

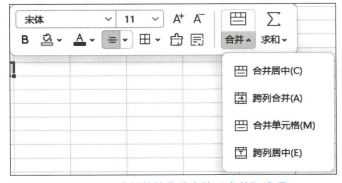

图 5-17 右键快捷菜单中的"合并"选项

2）取消合并单元格

选定某个合并的单元格，执行合并单元格时的操作即可。

4. 插入行、列和单元格

修改工作表数据时，可在表中添加一个空行、一个空列或是若干个单元格，而表格中已有的数据会按照指定的方式移动,自动完成表格空间的调整。

1)通过右键快捷菜单插入

插入行:右击行号,在弹出的快捷菜单中执行"插入"命令,即可在上方插入一行。例如,在"考试成绩统计.xlsx"的 Sheet1 工作表第一行上方插入一行,在 A1 单元格中输入"考试成绩统计表"。

> 提示:如果选中多行,执行"插入"命令,则插入相同行数的空行。

插入列:右击列标,在弹出的快捷菜单中执行"插入"命令,即可在左侧插入一列。例如,在第 I 列左侧插入一列,在 I2 单元格中输入"等级",如图 5-18 所示。

	A	B	C	D	E	F	G	H	I	J
1	考试成绩统计表									
2	学号	姓名	院系	信息技术	高等数学	英语	总成绩	平均成绩	等级	名次

图 5-18 插入"等级"列

插入单元格:右击目标位置,在弹出的快捷菜单中执行"插入"命令,弹出"插入"对话框(图 5-19),选择"活动单元格右移"或"活动单元格下移"单选按钮。

2)通过"开始"选项卡插入

选中目标位置,单击"开始"选项卡→"单元格"组→"插入"下拉按钮,在下拉列表中选择"插入工作表行""插入工作表列"或"插入单元格"选项。

5. 清除单元格

选中要清除的单元格,单击"开始"选项卡→"字体"组→"清除"下拉按钮,在下拉列表(图 5-20)中根据需要选择相应的选项。

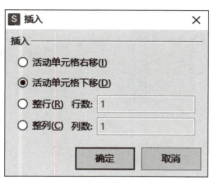

图 5-19 "插入"对话框

图 5-20 "清除"下拉列表

提示：清除单元格后，单元格还保留在原位置。

6. 删除行、列和单元格

1）通过右键快捷菜单删除

删除行：右击行号，在弹出的快捷菜单中执行"删除"命令。

删除列：右击列标，在弹出的快捷菜单中执行"删除"命令。

删除单元格：右击要删除的单元格，在弹出的快捷菜单中执行"删除"命令，选择"右侧单元格左移"或"下方单元格上移"选项（图5-21）。

2）通过"开始"选项卡删除

选中要删除的行、列或单元格，单击"开始"选项卡→"单元格"组→"行和列"下拉按钮，在下拉列表（图5-22）中选择"删除单元格"，在弹出的级联菜单中选择"删除行""删除列"或"删除单元格"等选项。

图5-21 右键快捷菜单

图5-22 "行和列"下拉列表

7. 隐藏行和列

选中要隐藏的行或列并右击，在弹出的快捷菜单中执行"隐藏"命令。

若要取消隐藏，则选中包括隐藏内容的行或列并右击，在弹出的快捷菜单中执行"取消隐藏"命令。

5.1.4 数据录入

1. 表格的数据类型

表格的数据类型有常规、数值、货币、文本、日期、时间、百分比、分数、科学记数、自定义等，下面主要介绍几种常用的数据类型。

（1）常规：默认格式，系统会根据单元格中的内容自动判断数据类型。例如，单元格中的内容是"2019-10-17"，表格会自动将其识别为日期类型。

（2）数值：表格中可以输入整数和小数，数值的长度可达64位。

（3）文本：主要用于设置那些表面看起来是数字，但实际是文本的数据。例如，序号001、002就需要设置为文本格式，才能正确显示出前面的零。

（4）日期：可以在表格中输入1900年1月1日后的日期。

2. 常规输入

如果要在指定的单元格中输入数据，应先选定单元格，然后输入数据。输入完毕后，按Enter键确认，同时，活动单元格自动下移。

> **提示**：每个单元格最多可包含32 767个字符，如果单元格列宽容不下文本字符串，就要占用相邻的单元格。如果相邻单元格中已有数据，就会截断显示。

输入数值时，按键盘上的数字键即可。如果要输入分数，先输入"0"和一个空格，然后输入分数，如"0 1/2"。如果不输入0和空格，表格会把该数据当作日期格式处理，存储为1月2日。

一般文本可直接输入，如果要将数字当作文本处理，则需要在数字之前输入一个英文单引号"'"，如"'01002"。如果不加英文单引号，则显示为数字"1002"。

> **提示**：对于常规输入，之所以要在分数之前输入"0"，在文本数字前输入"'"，是为了识别数据类型。如果已经将数据类型设置为"分数"，则可以直接输入"1/2"；同样，如果数据类型已经设置为"文本"，则可以直接输入"01002"。

可以使用斜线（/）、连字符（-）或者它们的组合来输入一个日期。输入日期有很多种方法，如果输入的日期格式与默认的格式不一致，就会把它转换成默认的日期格式。如输入"2021年3月18日"这个日期，可以输入如下形式的日期：

21/3/18	21-3-18	21-3/18	21/3-18
2021/3/18	2021-3-18	2021-3/18	2021/3-18

例如，在"考试成绩统计.xlsx"中输入姓名、院系、三门功课的考试成绩，如图5-23所示。

3. 设置数字格式

单击"开始"选项卡→"数字"组→"数字格式"下拉按钮，在下拉列表中可以选择数

B	C	D	E	F	G	H	I
姓名	院系	信息技术	高等数学	英语	总成绩	平均成绩	名次
葛红萍	计算机	87	90	92			
欧阳德	计算机	70	64	88			
蒋德阳	计算机	82	80	85			
吴波	计算机	93	92	90			
向阳	计算机	90	87	96			
周浩正	计算机	88	90	91			
牛振乾	计算机	97	94	98			
李睿智	光电	90	81	87			
林爽	光电	95	98	92			
卢生聪	光电	82	77	85			
关楚楚	光电	86	89	80			
郭林东	光电	90	83	92			
张慧	光电	55	62	73			
赵明明	光电	97	87	89			
王媛	光电	91	88	96			
宋世杰	机械	84	80	76			
郝思哲	机械	68	83	78			
张凤珍	机械	89	90	95			
蔡鸿飞	机械	85	82	76			
彭国栋	机械	50	60	61			
李欣	机械	92	87	91			

图 5-23 在表格中输入的数据

据类型（图 5-24）；如果要做更多的设置，可选择"其他数字格式"选项，在弹出的"单元格格式"对话框中进行设置。

例如，设置"平均成绩"列的数据类型为"数值"，显示 1 位小数，负数显示为红色且带负号，如图 5-25 所示。

> 提示：如果数字的长度超过了单元格的宽度，则显示为"########"，此时调整列宽，数字即可正常显示。

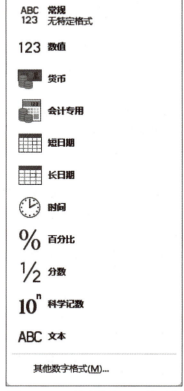

图 5-24 "数字格式"下拉列表

4. 数据的自动填充

在制作表格时，用户经常会遇到前后单元格数据相关联的情况，如序数 1、2、3、…，连续的日期等，此时可使用填充操作完成此过程。

选中填好数据的单元格，在单元格的右下角出现一个实心小方块，这个小方块称为填充柄。将鼠标指针移到填充柄上，当它变为黑色的"十"字形时，按住鼠标左键向下拖动，填充后，单击数据右下角的"自动填充选项"下拉按钮，在下拉列表中选择"复制单元格"或"以

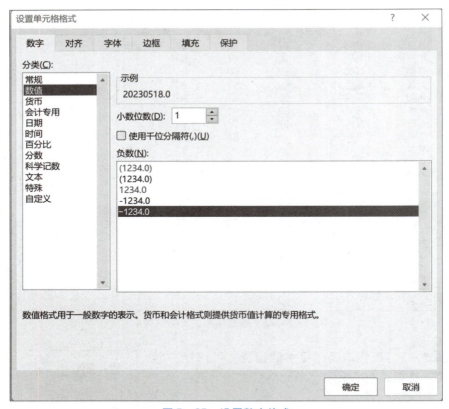

图 5-25 设置数字格式

序列方式填充"选项，如图 5-26 所示。

若初始值为纯字符或数值，则自动填充相当于将初始值向拖动方向复制。对于数值，在拖动鼠标的同时按住 Ctrl 键，则会产生一个公差为 1 的等差序列。

若初始值中既有字符又有数值，则拖动鼠标向下填充时，字符不变，数字递增（如果字符串中有多个数字，则右侧的数字递增）。若在拖动鼠标的同时按住 Ctrl 键，则数值不变，相当于向拖动方向进行复制。

用户也可以通过其他方式填充等差序列。例如，在两个相邻的单元格中输入序列的第一个和第二个值，然后选中这两个单元格，再将鼠标指针指向填充柄，按住鼠标左键进行拖动，即可完成等差序列的填充。

图 5-26 "自动填充选项"下拉列表

5. 数据验证

利用数据验证功能可以减少数据在输入时出现错误的次数，控制单元格可以接受的数据类型以及取值范围。例如，在输入考试成绩时，低于 0 分或高于 100 分的数据都是无效的，此时可以设置验证条件，当输入无效数据时，提示用户重新输入，如图 5－27 所示。

（1）选择需要进行数据验证的单元格区域，单击"数据"选项卡→"数据工具"组→"有效性"下拉按钮，选择"有效性"选项，如图 5－28 所示。

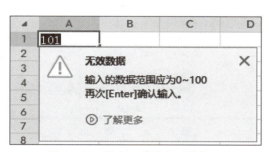

图 5－27　输入无效数据时的提示

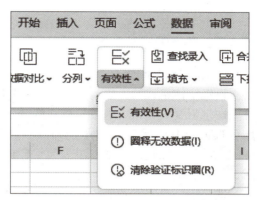

图 5－28　"有效性"下拉列表

（2）弹出"数据有效性"对话框，在"允许"下拉列表中选择"整数"选项，设置最小值为 0，最大值为 100，如图 5－29 所示。

（3）切换到"出错警告"选项卡，在"样式"下拉列表中选择"警告"选项，然后输入标题和错误信息，如图 5－30 所示。

图 5－29　设置验证条件

图 5－30　设置出错警告

任务 5.2　WPS 表格的格式设置

任务描述

在工作表中录入数据后，可对表格进行适当的美化，如设置文本格式、合并单元格、对齐数据项、设置边框和底纹、调整表格的行高与列宽、应用条件格式、套用表格样式等。通过这些格式设置，还可以突出重点数据。本任务是美化考试成绩统计表。

设置单元格格式

5.2.1　设置单元格格式

1. 设置字体格式

设置字体格式的方法与 WPS 文字基本相同，首先选定需要设置格式的单元格，然后通过"开始"选项卡中"字体"组中的命令设置字符的字体、字号、加粗、倾斜、下划线、颜色等，如图 5-31 所示。

图 5-31　"字体"组

选定需要设置格式的单元格后，还可以单击"开始"选项卡的"字体"下拉按钮，在下拉菜单中打开"单元格格式"对话框。单击"字体"选项卡，进行字体格式设置，如图 5-32 所示。

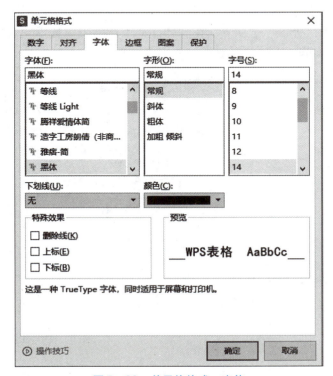

图 5-32　单元格格式-字体

2. 设置对齐方式

默认情况下，单元格中的数字是右对齐的，而文字是左对齐的。在制表时，往往要改变默认的格式，如设置单元格内容居中对齐。

对齐方式可以在"开始"选项卡的"对齐方式"组（图 5-33）中设置。

图 5-33 "对齐方式"组

如果想设置更多的对齐方式，如"文字竖排""固定值缩进"等，就要通过"单元格格式"对话框中的"对齐"选项卡来设置，如图 5-34 所示。

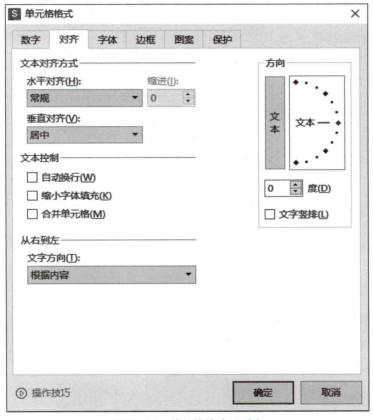

图 5-34 单元格格式-对齐

3. 设置边框样式

虽然在 WPS 表格工作表编辑区可以看到每个单元格之间的边框，但这只是屏幕显示的网格线，并不会打印出来。添加边框的方法如下：

选择数据区域（包括列标题），单击"开始"选项卡→"字体"组→"所有框线"下拉按钮，在下拉列表中有多种边框可供选择（图 5-35），这里选择"所有框线"选项，为数据区域所有单元格添加边框。

如果要做更多的设置，如"线条样式""线条颜色"等，可执行"其他边框"命令，在弹出的对话框中进行设置，如图 5-36 所示。

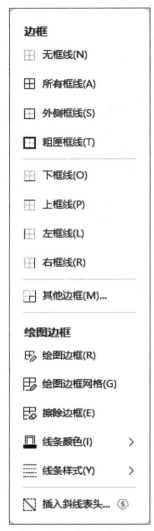

图 5-35 "所有框线"下拉列表

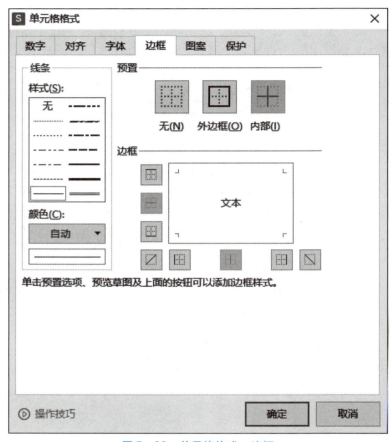

图 5-36 单元格格式-边框

4. 设置底纹样式

选择要添加底纹的单元格区域，单击"开始"选项卡→"字体"组→"填充颜色"下拉按钮，在下拉列表中选择一种颜色，如图 5-37 所示。

如果需要设置"填充效果"和"填充图案"，可右击选中区域，在弹出的快捷菜单中执行"设置单元格格式"命令，打开"单元格格式"对话框，在"图案"选项卡（图 5-38）中进行设置。

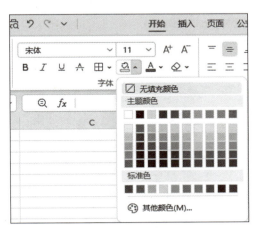

图 5-37 "填充颜色"下拉列表

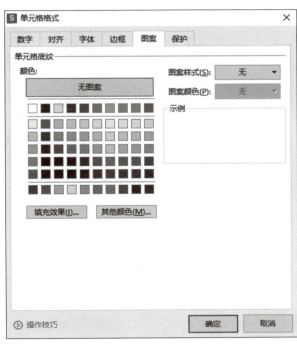

图 5-38 单元格格式-图案

5. 设置数字格式

在 WPS 表格中，数字可以使用不同的类型，如货币、日期、时间、百分比等，如图 5-39 所示。当输入数字时，WPS 表格会自动判断数字属于什么类型，并为数字自动加上相应的格式。如输入"$2345"，WPS 表格就会认为这是一个货币型的数字，并将其格式改为"$2345"。

下面介绍几种常用的数据类型及对应关系。

常规：不包含任何特定的数字格式，就是一个数字。

数值：用于一般数字的表示，可以设置小数位数、千位分隔符、负数等不同格式。如 1,234、-1234.10 或（1234.10）。

货币：表示一般货币数值，如￥789、$12345。与货币格式有关的"会计专用"格式，是在货币格式的基础上对一列数值进行货币符号或小数点对齐。

日期、时间：可以选择不同样式的日期和时间，如"2012-12-12""12:12"。

百分比：设置数字为百分比形式，比如把 0.99 设置为百分比形式，为 99%。

分数：显示数字为分数形式，如 1/2。

文本：设置数字为文本格式，文本格式不参与计算。

特殊：这种格式可以转换数字为常用的中文大小写数字、邮政编码或将人民币大写。

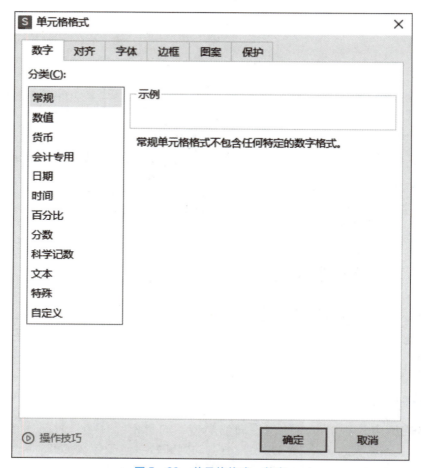

图 5-39 单元格格式-数字

6. 设置行高与列宽

1）通过鼠标拖动的方法调整

调整行高：将鼠标指针置于某行行号下方的框线上，当鼠标指针的形状变为 ✥ 时，上下拖动鼠标即可改变行高。

调整列宽：将鼠标指针置于某列列标右侧的框线上，当鼠标指针的形状变为 ✥ 时，左右拖动鼠标即可改变列宽。

2）精确调整

方法 1：单击"开始"选项卡→"单元格"组→"行和列"下拉按钮，在下拉列表中选择"行高"或"列宽"选项。

方法 2：右击行号或者列标，弹出菜单后，选择"行高"或"列宽"选项。

3）自动调整所有列宽或行高

单击工作表左上角的"全选"按钮，选中所有数据区域，双击行号的下边界，可自动调整行高；双击列标的右边界，可自动调整列宽。也可以在"格式"下拉列表中选择"自动调整行高"或"自动调整列宽"选项。

5.2.2 设置条件格式

设置条件格式

条件格式是一项强大且便利的功能，它可以依据事先设定的规则条件，根据单元格的值智能地设置单元格的格式。条件格式的主要作用包括以下几个方面：

- 突出显示特定数据：例如，可以突出显示排名前10、排名前20%的数据，或者突出显示异常值、包含特定文本的单元格，以及对最高值、最低值进行突出显示。
- 对数据进行标识：例如，可以为不同范围的数据设置不同的颜色，标识唯一值、重复值等。
- 直观显示数据大小：通过数据条的长短、颜色的深浅等方式，可以直观地表示数据的大小。
- 显示数据的分布情况：例如，使用三色刻度可以通过三种颜色的渐变来显示数值的高低，从而帮助了解数据的分布和变化。

在 WPS 表格中，可以通过简单的规则来设置条件格式，例如，查找重复值、大于某个数的值、包含某些字的单元格等。此外，还可以使用数据条、色阶、图标集等更高级的功能来增强数据的可视化效果。

条件格式功能不仅可以提高电子表格的设计和可读性，还可以帮助用户更快速地识别和分析数据。通过合理地使用条件格式，可以使数据更加易于理解和使用。

1. 突出显示单元格规则

突出显示单元格规则可以根据指定的规则自动改变满足条件的单元格的格式，比如改变单元格的底色或字体颜色等，从而更加直观地展示数据。以下是使用突出显示单元格规则的一般步骤。

（1）打开 WPS 表格并选中想要应用突出显示单元格规则的单元格或区域。

（2）在菜单栏中找到"开始"选项卡，并在该选项卡下找到"条件格式"按钮，单击该按钮，会弹出一个下拉菜单。

（3）在下拉菜单中选择"突出显示单元格规则"选项，这将会展开更多的规则选项，比如"大于""小于""等于""介于"等，如图 5-40 所示。

（4）根据需求选择合适的规则。例如，如果想要突出显示大于某个特定值的单元格，可以选择"大于"规则。

（5）在选择了规则之后，会弹出一个对话框用于设置具体的条件值。在这个对话框中输入想要的条件值，并设置想要的突出显示格式，比如改变单元格的填充

图 5-40 突出显示单元格规则

颜色，如图 5-41 所示。

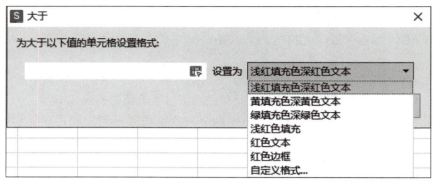

图 5-41 "大于"规则

（6）单击"确定"按钮应用规则。此时，满足条件的单元格就会自动按照设置的格式进行突出显示。

2. 项目选取规则

项目选取规则允许快速选择并突出显示满足特定条件的单元格，例如，数据区域中的最大值、最小值、前 N 项或后 N 项等。以下是使用项目选取规则的一般步骤：

（1）打开 WPS 表格并选中想要应用项目选取规则的单元格或区域。

（2）在菜单栏中找到"开始"选项卡，并在该选项卡下找到"条件格式"按钮。单击该按钮，会弹出一个下拉菜单。

（3）在下拉菜单中选择"项目选取规则"选项，这将会展开更多的规则选项，比如"前 10 项""前 10%""最后 10 项""高于平均值"等，如图 5-42 所示。

图 5-42 "项目选取规则"选项

(4) 根据需求选择合适的规则。例如，如果想要突出显示销量排在前五的数据，可以选择"前 10 项"规则，然后在弹出的对话框中将数字改成 5。

(5) 在该对话框中，还可以设置突出显示的格式，比如改变字体颜色、填充颜色等，如图 5-43 所示。

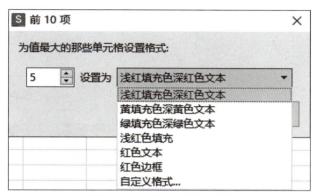

图 5-43 "前 10 项"规则

(6) 单击"确定"按钮应用规则。此时，满足条件的单元格就会自动按照设置的格式进行突出显示。

项目选取规则是一种非常有用的功能，它可以帮助快速定位和分析数据集中的关键信息。通过突出显示满足特定条件的单元格，可以更容易地识别出最大值、最小值或前 N 项数据，从而更好地理解和利用这些数据。

3. 数据条

使用数据条功能，可以根据单元格中的数值大小来显示相应长度的数据条，从而快速比较不同单元格之间的数值大小。以下是在 WPS 表格中使用数据条的一般步骤：

(1) 打开 WPS 表格并选中想要添加数据条的单元格或区域。

(2) 在菜单栏中找到"开始"选项卡，并在该选项卡下找到"条件格式"按钮。单击该按钮，会弹出一个下拉菜单。

(3) 在下拉菜单中选择"数据条"选项，这将会展开更多的数据条样式供选择，如图 5-44 所示。

(4) 从数据条样式中选择一个喜欢的样式。一旦选择了样式，WPS 表格会自动为选中的单元格添加数据条。

数据条的长度会根据单元格中的数值大小而变化。数值越大，数据条越长；数值越小，数据条越短。

通过使用数据条，可以轻松比较不同单元格之间的数值大小，并且使数据更加直观和易于理解。这对于分析和展示数据非常有帮助，特别是在处理大量数据时。

4. 色阶

色阶可以根据单元格中的数值大小自动调整颜色深浅，从而快速识别数据的变化和趋势。以下是在 WPS 表格中使用色阶的一般步骤：

图 5-44 "数据条"样式

（1）打开 WPS 表格并选中想要应用色阶的单元格或区域。

（2）在菜单栏中找到"开始"选项卡，并在该选项卡下找到"条件格式"按钮。单击该按钮，会弹出一个下拉菜单。

（3）在下拉菜单中选择"色阶"选项，这将会展开多种色阶样式供选择，如图 5-45 所示。

（4）从色阶样式中选择一个喜欢的样式。一旦选择了样式，WPS 表格会自动为选中的单元格应用色阶条件格式。

色阶的颜色深浅会根据单元格中的数值大小而变化。数值越大，颜色越深；数值越小，颜色越浅。

通过使用色阶，可以轻松识别数据的变化和趋势，并且使数据更加直观和易于理解。这对于分析和展示数据非常有帮助，特别是在处理大量数据时。同时，色阶还可以帮助快速识别数据的分布情况和异常值，从而做出更好的决策。

5. 图标集

图标集可以根据单元格中的数值或文本内容自动显示相应的图标，从而快速识别数据的特征和状态。以下是在 WPS 表格中使用图标集的一般步骤：

打开 WPS 表格并选中想要应用图标集的单元格或区域。

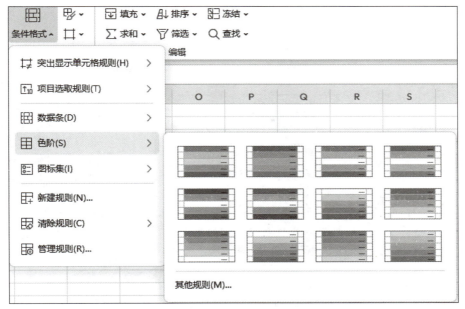

图 5-45 色阶

（1）在菜单栏中找到"开始"选项卡，并在该选项卡下找到"条件格式"按钮。单击该按钮，会弹出一个下拉菜单。

（2）在下拉菜单中，选择"图标集"选项。这将会展开多种图标集样式供选择，如图 5-46 所示。

（3）从图标集样式中选择一个喜欢的样式。一旦选择了样式，WPS 表格会自动为选中的单元格应用图标集条件格式。

（4）根据选择的图标集样式，单元格中的数据会根据特定的条件显示相应的图标。例如，如果数据满足某个条件，可能会显示一个绿色的勾号图标；如果不满足条件，可能会显示一个红色的叉号图标。

通过使用图标集，可以快速识别数据的特征和状态，并且使数据更加直观和易于理解。这对于分析和展示数据非常有帮助，特别是在处理大量数据时。同时，图标集还可以帮助快速发现异常值或不符合条件的数据，

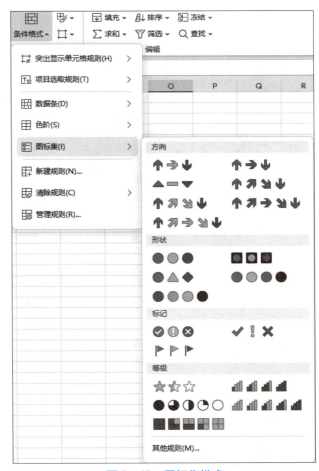

图 5-46 图标集样式

从而做出相应的处理或决策。

提示：如果以上 5 种规则仍不能满足需求，也可以通过"新建规则"进行高级设置，如图 5-47 所示。

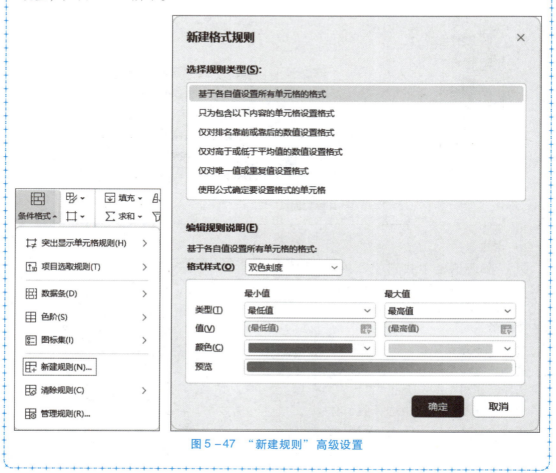

图 5-47 "新建规则"高级设置

6. 清除规则

清除规则指移除之前应用于单元格或区域的条件格式规则。当不再需要某个条件格式规则时，或者想要重新设置规则时，就需要清除原有的规则，如图 5-48 所示。WPS 表格提供了两种清除规则的方式：

（1）清除所选单元格的规则：仅移除选中单元格的条件格式规则。

（2）清除整个工作表的规则：移除整个工作表中所有单元格的条件格式规则。

执行清除操作后，所选单元格或整个工作表的条件格式规则将被移除，单元格将恢复为默认的格式显示。

请注意，在清除规则之前，请确保你真的想要移除这些条件格式，因为一旦清除，之前设置的格式将不再显示，除非重新应用条件格式规则。

图 5－48　清除规则

7. 管理规则

管理规则是指对已经应用到单元格或区域的条件格式规则进行查看、编辑、删除或修改的操作，如图 5－49 和图 5－50 所示。通过管理规则，可以方便地控制条件格式的应用，确保数据展示符合需求。可以执行以下操作来管理规则。

新建规则：在规则列表中，可以看到每个规则的详细信息，包括规则应用的范围、条件和格式设置。

编辑规则：选择想要编辑的规则，然后单击"编辑规则"按钮。在弹出的对话框中，可以修改规则的条件和格式设置。

删除规则：选择想要删除的规则，然后单击"删除规则"按钮。确认删除后，该规则将从工作表中移除。

注意，管理规则是一项高级功能，它允许精细控制条件格式的应用。在进行任何更改之前，确保了解规则的作用，并谨慎操作，以免意外删除或修改重要规则。

图 5－49　管理规则

5.2.3　设置表格样式

为了提高工作效率，WPS 表格提供了多种专业表格样式供用户选择，用户可以通过套用这些样式对工作表进行设置，大大节省用于格式化工作表的时间。

设置表格样式

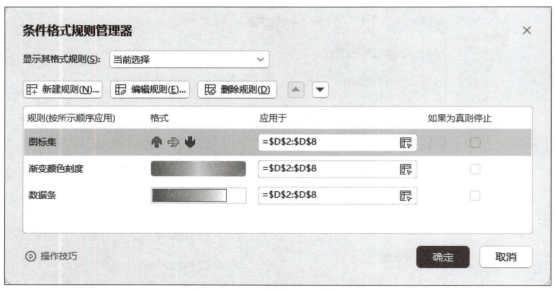

图 5-50 条件格式规则管理器

1. 套用表格样式

套用表格样式是一种快速美化表格的方法，它可以将预设的样式应用到整个表格或表格的特定区域，使表格的外观更加整齐、美观。以下是在 WPS 表格中套用表格样式的一般步骤：

（1）打开 WPS 表格，并选中想要套用样式的整个表格或特定区域。

（2）在菜单栏的"开始"选项卡下，找到并单击"表格样式"按钮。这将弹出一个下拉菜单，其中包含了多种预设的表格样式供选择，如图 5-51 所示。

（3）从下拉菜单中选择一个喜欢的表格样式。当将鼠标指针悬停在样式上时，可以预览该样式在表格中的效果。

（4）单击所选样式后，WPS 表格会自动将该样式应用到选中的表格或区域。这包括字体、边框、填充颜色等格式设置，并弹出数据来源的对话框，如图 5-52 所示。

请注意，套用表格样式是一种快速美化表格的方法，但它不会改变表格中的数据或结构。如果对样式不满意或想要进行进一步的自定义，可以通过其他功能（如条件格式、字体设置等）来进一步调整表格的外观。

2. 套用单元格样式

单元格样式是一组已定义的格式特征，包括字体、字号、数字格式、单元格边框和底纹等。套用单元格样式的步骤如下：选择要套用单元格样式的区域，单击"开始"选项卡→"样式"组→"单元格样式"下拉按钮，打开如图 5-53 所示的单元格样式库，选择一种样式。

项目 5　WPS 表格的使用

图 5-51　选择表格样式

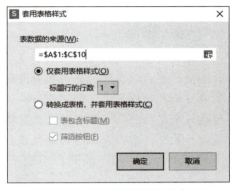

图 5-52　设置表格数据的来源

图 5-53　单元格样式库

185

> **提示**：单元格样式基于整个工作簿的主题，当切换到另一个主题时，将自动更新单元格样式，以匹配新的主题。如果要取消单元格样式，可在样式库中选择"常规"选项。

任务 5.3　WPS 表格的公式和函数

任务描述

WPS 表格具有非常强大的计算功能，为用户分析和处理工作表中的数据提供了极大的方便，公式与函数的应用充分展现了表格强大的数据处理能力。公式是对工作表中的数值进行计算的等式；函数则是公式的一个组成部分，它与单元格引用、运算符和常量一起构成一个完整的公式。本任务是统计考试成绩，运用公式计算总成绩和平均成绩，利用函数计算等级、名次、成绩的最大值和最小值。

5.3.1 公式计算

1. 公式的概念

要创建一个公式，首先需要选中一个单元格，输入一个"="，然后在其后输入公式的内容，按 Enter 键就可以得出结果。在公式中，可以对工作表中的数值进行加、减、乘、除等运算，如图 5-54 所示。公式中的运算符均为半角符号，引用地址不区分大小写。

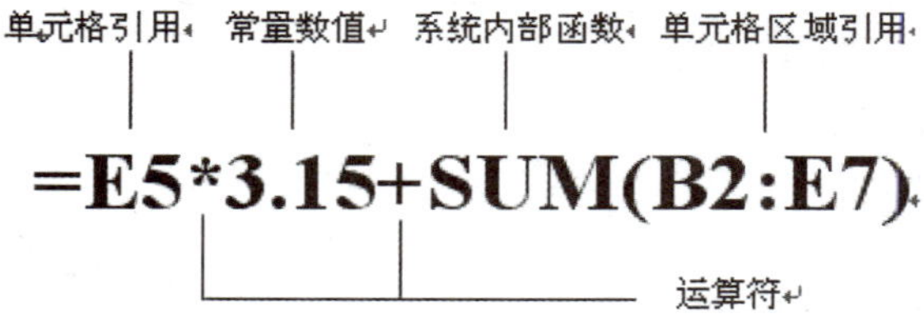

图 5-54　公式示例

在 Excel 公式中，运算符可以分为以下四种类型。

（1）算术运算符：+（加）、-（减）、*（乘）、/（除）、%（百分比）、^（指数）。

（2）比较运算符：=（等于）、>（大于）、<（小于）、>=（大于或等于）、<=（小于或等于）。

（3）文本运算符：&（连接）。

（4）引用运算符：:（冒号）、,（逗号）、空格。

表 5-2 列出了各个引用运算符的含义。

表 5-2　引用运算符的含义

引用运算符	含义
:（冒号）	区域运算符，表示区域引用，对包括两个单元格在内的所有单元格进行引用
,（逗号）	联合运算符，将多个引用合并为一个引用
空格	交叉运算符，对同时属于两个区域的单元格进行引用

2. 单元格引用

单元格引用的一般格式如下：

工作表名！单元格引用

或

［工作簿名］工作表名！单元格引用

在引用同一工作簿的单元格时，工作簿名可以省略；在引用同一工作表的单元格时，工作表名可以省略。例如，E12：F15 表示引用了同一工作表的 E12：F15 单元格区域；Sheet2！A2 表示引用了工作表 Sheet2 的 A2 单元格。公式对单元格的引用是通过使用单元格地址来实现的。单元格地址可以分为相对地址、绝对地址和混合地址。

1）相对地址

相对地址的形式为 A1、A2 等，单元格中含有该地址的公式被复制到目标单元格时，公式不是照搬原来的内容，而是根据原来的位置和目标位置计算出单元格地址的相对变化，使用变化后的单元格地址进行计算。

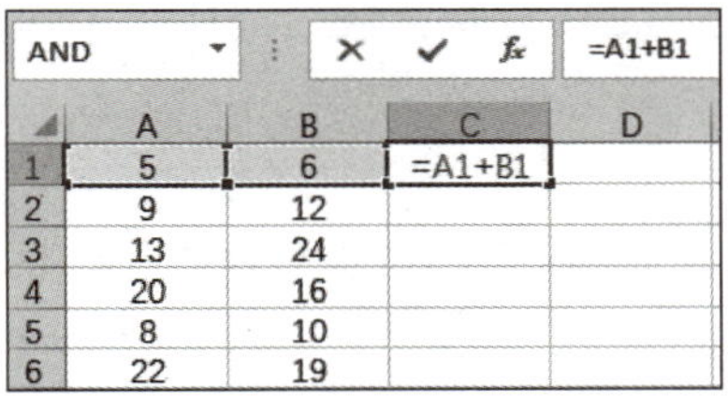

如图 5-55 所示，在 C1 单元格中输入公式 "= A1 + B1"，Excel 将在 C1 单元格的左边查找 A1 和 B1 单元格中的数据，并把它们相加，按 Enter 键即可得到计算结果。这里的 A1、B1 就是相对于公式所在的单元格 C1 的位置。如果将 C1 单元格内的公式复制到 C2 单元格中，公式将自动调整为 "= A2 + B2"。

图 5-55 公式中使用相对地址

> **提示**：如果套用了表格样式，公式输入完成后，按 Enter 键会自动完成整列的计算。若要停止这一功能，可单击"自动更正选项"按钮，选择"停止自动创建计算列"选项。

2）绝对地址

公式中某一项的值固定存放在某个单元格中，在复制公式时，单元格地址不会改变，这样的单元格地址称为绝对地址。绝对地址的表示方式是在相对地址的行号和列标前均加上符号 "$"。

例如，在 C3 单元格中输入公式 "= A3 + B3"，然后将该公式复制到 C4 单元格中，则 C4 单元格中的值与 C3 单元格的相同，原因是在复制公式时，绝对地址不会随目标单元格的不同而变化，这一点与相对地址截然不同。

3）混合地址

如果仅在列标前加符号 "$" 或仅在行号前加符号 "$"，这样的地址表示混合地址，如 $D3、F$3。对于混合地址，如果公式所在的单元格位置改变，则相对部分改变，而绝对部分不变。

例如，在 C5 单元格中输入公式 "= A$5 + $B5"，将 C5 单元格内的公式复制到 C6 单元格中，公式变为 "= A$5 + $B6"。

提示： 对于单元格地址，按 F4 键，可以在相对地址、绝对地址和混合地址之间切换。单击"公式"选项卡→"公式审核"组→"显示公式"按钮，查看输入的所有公式，如图 5－56 所示。

AND | =A1+B1

	A	B	C	D
1	5	6	=A1+B1	
2	9	12		
3	13	24		
4	20	16		
5	8	10		
6	22	19		

图 5－56　查看输入的所有公式

3. 插入公式

下面以完善考试成绩统计表为例来学习如何使用公式。

（1）复制"表格美化"工作表，重命名为"成绩统计"。

（2）打开"成绩统计"工作表，在 G3 单元格中输入公式"＝D3＋E3＋F3"，按 Enter 键计算总成绩。

提示： 在输入公式时，单元格地址可以不用手动方式输入，而是直接单击对应的单元格，如单击单元格 D3，则会在公式中插入"D3"。

（3）按住 G3 单元格右下角的填充柄向下拖动（图 5－57），采用自动填充的方法将 G3 单元格内的公式填充到下方的单元格区域，直到 G33 单元格。

	A	B	C	D	E	F	G	H	I	J
1	考试成绩统计表									
2	学号	姓名	院系	信息技术	高等数学	英语	总成绩	平均成绩	等级	名次
3	Y01c001	葛红萍	计算机	87	90	92	269			
4	Y01c002	欧阳德	计算机	70	64	88				
5	Y01c003	蒋德阳	计算机	82	80	85				
6	Y01c004	吴波	计算机	93	92	90				
7	Y01c005	向阳	计算机	90	87	96				
8	Y01c006	周浩正	计算机	88	90	91				
9	Y01c007	牛振乾	计算机	97	94	98				
10	Y01g001	李睿智	光电	90	81	87				
11	Y01g002	林爽	光电	95	98	92				

图 5－57　填充公式

（4）在 H3 单元格中输入公式"＝(D3＋E3＋F3)/3"，按 Enter 键计算学生的平均成绩。

（5）采用自动填充的方法将 H3 单元格内的公式填充到 H4:H33 单元格区域。

提示： 任务 5.1 中已经将"平均成绩"列的数字格式设置为 1 位小数，所以这里计算得出的平均成绩均带有 1 位小数。

5.3.2　插入函数

1. 认识函数

插入函数

在 WPS 表格中所说的函数其实是一些预定义的公式，它们使用一些称为参数的特定数值，按特定的顺序或结构进行计算。用户可直接用它们对某个区域内的数值进行一系列运算。

WPS 表格提供了大量的函数，这些函数就其功能来看，大体可分为以下几种类型。

（1）数据库函数：用于分析数据清单中的数值是否符合特定的条件。

（2）日期和时间函数：用于在公式中分析、处理日期与时间值。

（3）工程函数：用于工程分析。

（4）财务函数：用于进行一般的财务计算。

（5）信息函数：用于返回指定单元格或区域的信息，进行数据类型判断等。

（6）逻辑函数：用于进行真假值判断，或者进行符号检验。

（7）查找和引用函数：用于在数据清单或者表格中查找特定数据，或者查找某一单元格的引用。

（8）数学和三角函数：用于处理简单和复杂的数学计算。

（9）统计函数：用于对选择区域的数据进行统计分析。

（10）文本函数：用于在公式中处理字符串。

（11）Web 函数：用于返回 Web 服务中的数据、URL 编码的字符串等。

（12）多维数据集函数：用于对多维数据集进行查询，或定义元组。

（13）兼容性函数：与 Excel 2007 等早期版本兼容的函数。WPS 定义了很多新函数，用于替换老版本中对应的函数，这些新函数有更高的精确度，并且其名称能更好地反映其用途。如果需要与早期版本兼容，可以使用兼容性函数。

常用函数见表 5 - 3。

表 5 - 3　常用函数

函数	格式	功能
IF	IF（logical_test，value_if_true，value_if_false）	对指定条件进行逻辑判断，根据判断结果的真假返回不同的值
AVERAGE	AVERAGE（number1，number2，…）	计算所有参数的算术平均值
SUM	SUM（number1，number2，…）	计算单元格区域中所有数字的和
SUMIF	SUMIF（range，criteria，sum_range）	根据指定条件对若干单元格进行求和
COUNT	COUNT（value1，value2，…）	计算包含数字的单元格个数以及参数列表中数字的个数
COUNTA	COUNTA（value1，value2，…）	统计非空单元格的个数
COUNTBLANK	COUNT（value1，value2，…）	统计空单元格的个数
COUNTIF	COUNTIFBLANK（range，criteria）	统计指定单元格区域中符合条件的单元格的个数
ROUND	ROUND（number，num_digits）	将数字四舍五入到指定的位数
RANK.EQ	RANK.EQ（number，ref[，order]）	返回一个数字在数字列表中的排位。其大小与列表中的其他值有关。如果多个值具有相同的排位，则返回这组数值的最高排位

续表

函数	格式	功能
MAX	MAX(number1,number2,…)	返回一组参数的最大值,忽略逻辑值及文本字符
MIN	MIN(number1,number2,…)	返回一组参数的最小值

> 提示:早期版本中的 RANK 函数已被 RANK.EQ 和 RANK.AVG 取代了。与 RANK.EQ 函数不同,如果多个值具有相同的排位,RANK.AVG 将返回平均排位。

2. 插入函数

了解了函数的一些基本知识后,就可以创建函数了。在 WPS 表格中有三种创建函数的方法:一是直接在单元格中输入函数内容,这种方法要求用户对函数有足够的了解,熟练掌握函数的语法,理解参数的意义;二是利用"插入函数"对话框;三是利用"公式"选项卡中的函数库,这种方法比较简单,不需要对函数进行全面的了解。另外,函数允许嵌套,即函数中可以使用其他函数作为参数。函数前面加"=",是作为公式处理的。

1)直接输入函数

下面以求最大值和求最小值为例来介绍函数的输入方法。

(1)打开"成绩统计"工作表,选择单元格 D35,输入"=MAX(",然后用鼠标选中数据区域 D3:D33 作为参数(图 5-58),按 Enter 键,自动添加右括号")"并进行计算。

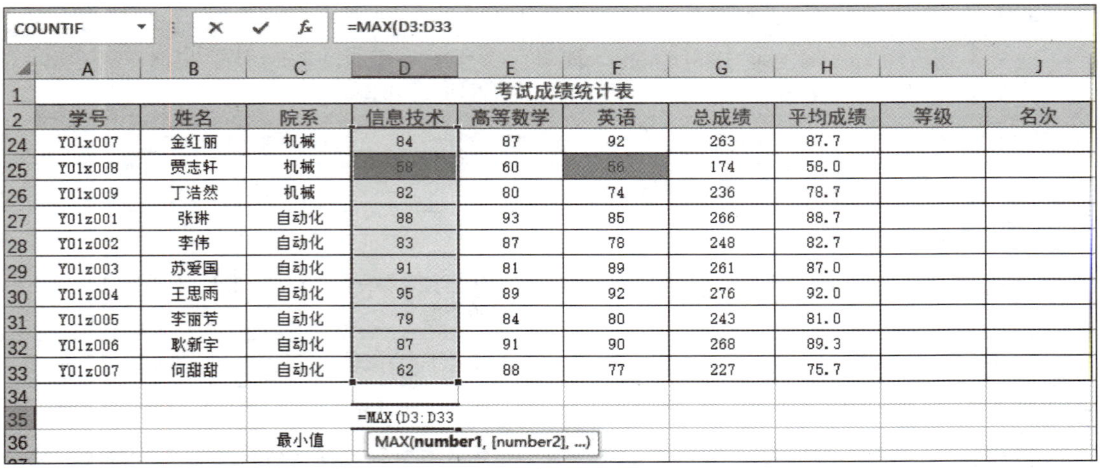

图 5-58 输入公式

(2)求最小值与求最大值的方法类似。选择单元格 D36,输入"=M"的时候就显示所有以"M"开头的函数(图 5-59),此时可以直接双击"MIN",在单元格中显示"=MIN(",同时提示函数的格式,用鼠标选中数据区域 D3:D33 作为参数,按 Enter 键确认即可。

	A	B	C	D	E	F	G	H	I	J
1				考试成绩统计表						
2	学号	姓名	院系	信息技术	高等数学	英语	总成绩	平均成绩	等级	名次
30	Y01z004	王思雨	自动化	95	89	92	276	92.0		
31	Y01z005	李丽芳	自动化	79	84	80	243	81.0		
32	Y01z006	耿新宇	自动化	87	91	90	268	89.3		
33	Y01z007	何甜甜	自动化	62	88	77	227	75.7		
34										
35			最大值	97						
36			最小值	=M						

图 5-59 自动显示的函数列表

提示：在输入公式的时候，Excel 会自动显示可用函数列表。

（3）选中 D35:D36 单元格区域，将公式向右填充到 E35:H36 单元格区域。

2）使用"插入函数"对话框

下面以求考试名次为例介绍"插入函数"对话框的使用方法。

（1）打开"成绩统计"工作表，选择单元格 J3，然后单击数据编辑区中的"插入函数"按钮，弹出"插入函数"对话框。

（2）选择函数类别为"统计"，然后在"选择函数"列表框中选择"RANK.EQ"函数，单击"确定"按钮，如图 5-60 所示。

（3）弹出"函数参数"对话框，在数值文本框中输入"G3"，或者将光标定位在数值文本框中，在工作表中单击单元格 G3，单元格地址会插入文本框中；将光标定位在引用文本框中，在工作表中用鼠标选择区域 G3:G33，将 G3:G33 单元格区域插入文本框中，然后选中"G3:G33"，按 F4 键，将其变为绝对地址；排位方式参数用于设置排名的方式，默认为降序，这里保存不变，单击"确定"按钮，如图 5-61 所示。

提示：这里引用的参数值要设置为绝对地址，因为在填充公式的时候引用的单元格区域不变。如果设置为相对地址，结果会出错。

（4）将单元格 J3 中的公式向下填充到 J4:J33 单元格区域。

3）使用函数库

下面以计算各科考试成绩为优秀（大于或等于 85 分）的人数为例，介绍使用函数库插入函数的方式。

信息技术与素养

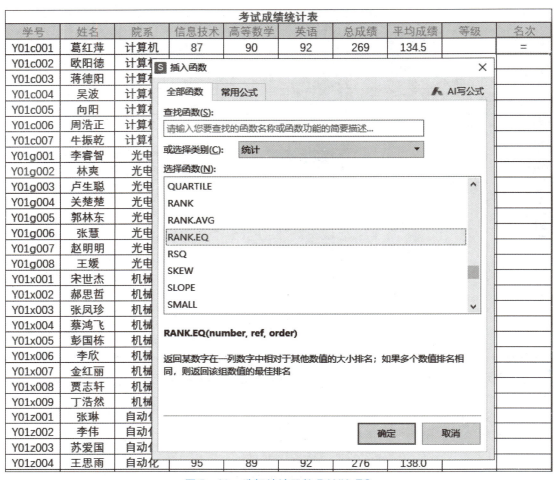

图 5-60 选择统计函数 RANK.EQ

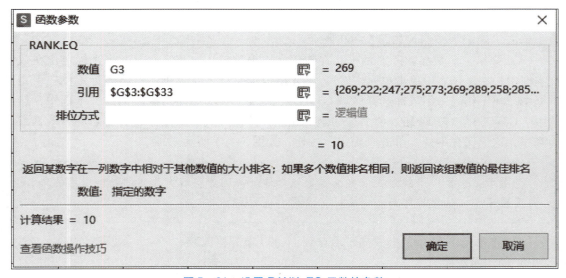

图 5-61 设置 RANK.EQ 函数的参数

(1) 打开"成绩统计"工作表，选择单元格 D37，然后单击"公式"选项卡→"函数库"组→"其他函数"下拉按钮，在下拉列表中选择"统计"→"COUNTIF"选项，如图 5-62 所示。

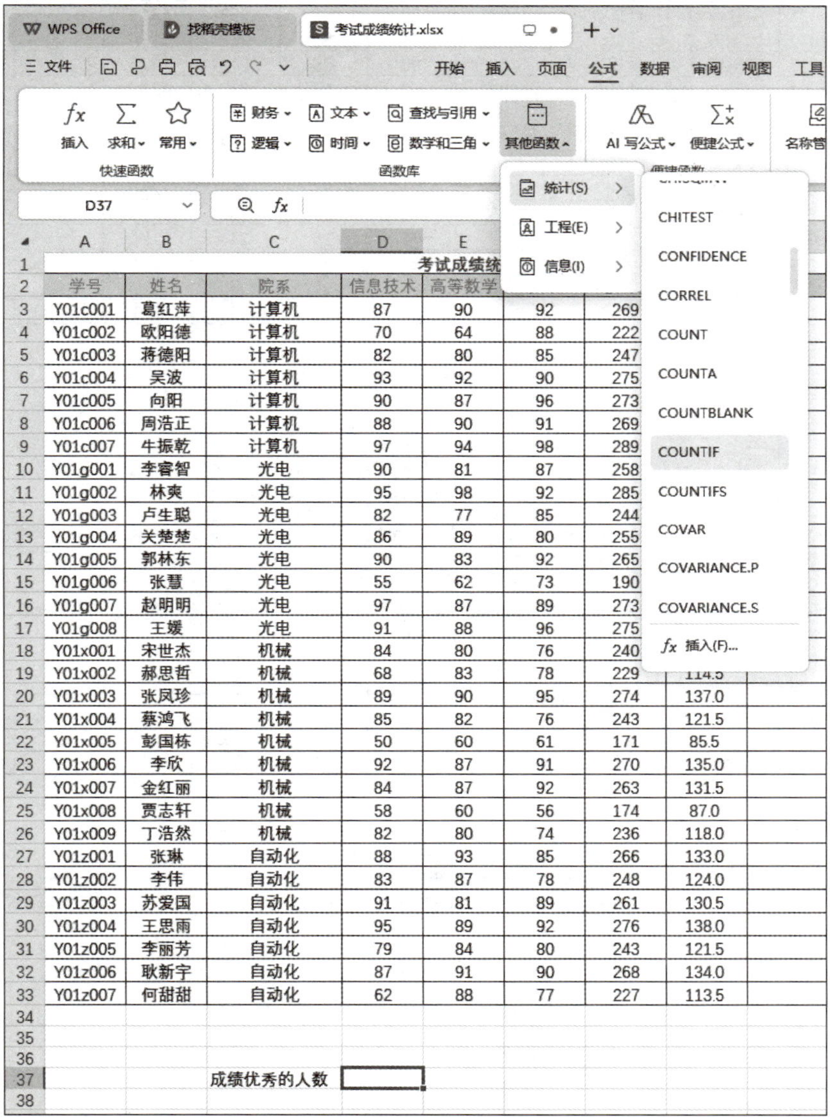

图 5-62 插入统计函数 COUNTIF

(2) 弹出"函数参数"对话框，在区域文本框中输入"D3:D33"，在条件文本框中输入条件">=85"，单击"确定"按钮，如图 5-63 所示。

(3) 将公式向右填充到 E3:F3 单元格区域。

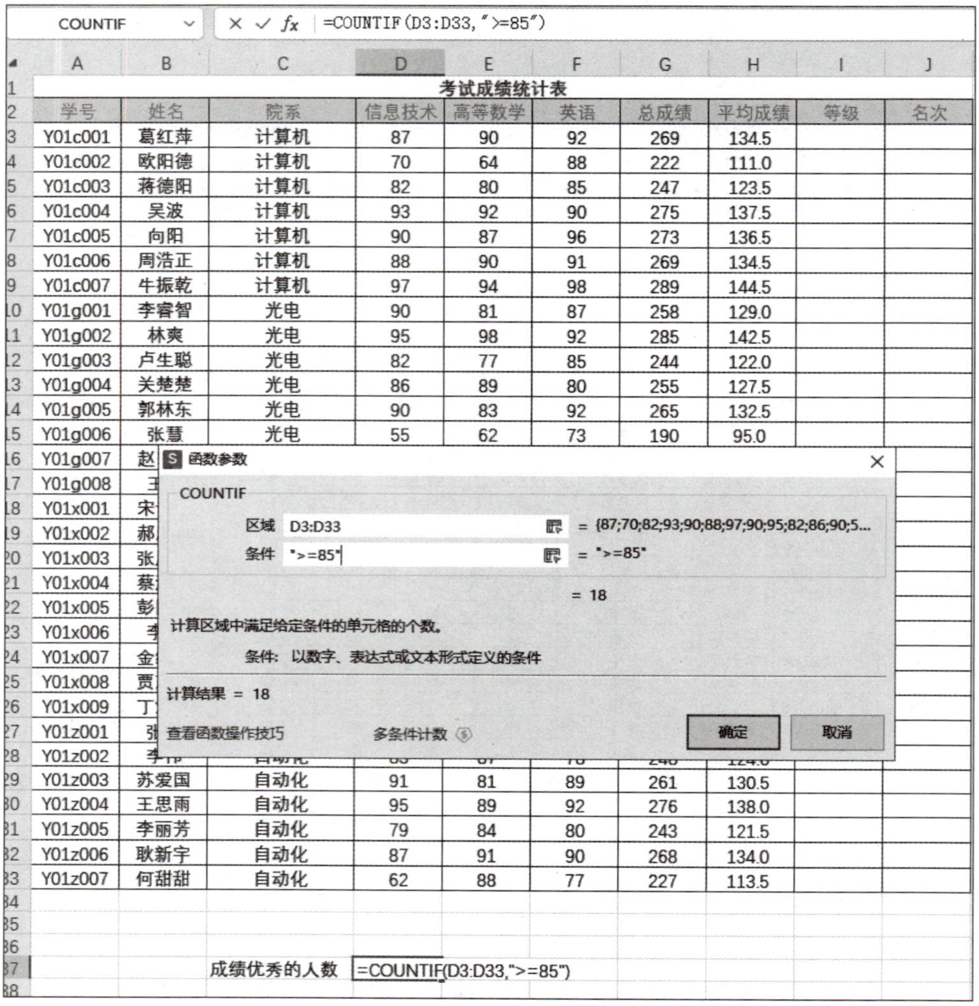

图 5-63 设置函数 COUNTIF 的参数

4）函数嵌套

下面以求考试成绩的等级（总成绩大于或等于 255 分的为"优秀"，小于 180 分的为"不合格"，在 180 分与 255 分之间的为"一般"）为例，介绍如何嵌套函数。

（1）在 I3 单元格中输入公式"= IF（G3 >= 255,"优秀",IF（G3 < 180,"不合格","一般"））"，按 Enter 键，即可给出结果。

（2）将公式向下填充到 I4:I33 单元格区域，结果如图 5-64 所示。

> 提示：在 IF 函数中又用到了 IF 函数，这就是函数的嵌套。

项目 5　WPS 表格的使用

	A	B	C	D	E	F	G	H	I	J
				fx	=IF(G3)=255,"优秀",IF(G3<180,"不合格","一般"))					
1					考试成绩统计表					
2	学号	姓名	院系	信息技术	高等数学	英语	总成绩	平均成绩	等级	名次
3	Y01c001	葛红萍	计算机	87	90	92	269	134.5	优秀	10
4	Y01c002	欧阳德	计算机	70	64	88	222	111.0	一般	28
5	Y01c003	蒋德阳	计算机	82	80	85	247	123.5	一般	20
6	Y01c004	吴波	计算机	93	92	90	275	137.5	优秀	4
7	Y01c005	向阳	计算机	90	87	96	273	136.5	优秀	7
8	Y01c006	周浩正	计算机	88	90	91	269	134.5	优秀	10
9	Y01c007	牛振乾	计算机	97	94	98	289	144.5	优秀	1
10	Y01g001	李睿智	光电	90	81	87	258	129.0	优秀	17
11	Y01g002	林奕	光电	95	98	92	285	142.5	优秀	2
12	Y01g003	卢生聪	光电	82	77	85	244	122.0	一般	21
13	Y01g004	关楚楚	光电	86	89	80	255	127.5	优秀	18
14	Y01g005	郭林东	光电	90	83	92	265	132.5	优秀	14
15	Y01g006	张慧	光电	55	62	73	190	95.0	一般	29
16	Y01g007	赵明明	光电	97	87	89	273	136.5	优秀	7
17	Y01g008	王媛	光电	91	88	96	275	137.5	优秀	4
18	Y01x001	宋世杰	机械	84	80	76	240	120.0	一般	24
19	Y01x002	郝思哲	机械	68	83	78	229	114.5	一般	26
20	Y01x003	张凤珍	机械	89	90	95	274	137.0	优秀	6
21	Y01x004	蔡鸿飞	机械	85	82	76	243	121.5	一般	22
22	Y01x005	彭国栋	机械	50	60	61	171	85.5	不合格	31
23	Y01x006	李欣	机械	92	87	91	270	135.0	优秀	9
24	Y01x007	金红丽	机械	84	87	92	263	131.5	优秀	15
25	Y01x008	贾志轩	机械	58	60	56	174	87.0	不合格	30
26	Y01x009	丁浩然	机械	82	80	74	236	118.0	一般	25
27	Y01z001	张琳	自动化	88	93	85	266	133.0	优秀	13
28	Y01z002	李伟	自动化	83	87	78	248	124.0	一般	19
29	Y01z003	苏爱国	自动化	91	81	89	261	130.5	优秀	16
30	Y01z004	王思雨	自动化	95	89	92	276	138.0	优秀	3
31	Y01z005	李丽芳	自动化	79	84	80	243	121.5	一般	22
32	Y01z006	耿新宇	自动化	87	91	90	268	134.0	优秀	12
33	Y01z007	何甜甜	自动化	62	88	77	227	113.5	一般	27

图 5-64　通过 IF 函数嵌套

任务 5.4　WPS 表格的数据处理

任务描述

为了使用户能够方便地从工作表中获取相关数据，更好地显示工作表中的明细数据，发现数据反映的规律，可以运用多种方法对数据进行管理，如排序、数据筛选和分类汇总等操作，从而为用户使用数据提供重要的决策依据。本任务对考试成绩进行分析，包括数据排序、数据筛选、分类汇总和创建数据透视表。

5.4.1　数据排序

数据排序是指把一列或多列无序的数据变成有序的数据，这样便于管理数据。数据排序的方法可以分为简单排序和自定义排序。

如果只按某一列数据进行排序，可用简单排序的方法；当需要根据多

数据排序

列数据进行排序时，就要设置多个条件，使用自定义排序的方法。

1. 简单排序

选定要排序的数据区域，单击"开始"选项卡→"编辑"组→"排序"下拉按钮，在下拉列表（图 5 – 65）中选择"升序"或"降序"选项，就按照选定区域第一列的值进行升序或降序排列。

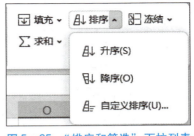

图 5 – 65 "排序和筛选"下拉列表

> 提示：也可以单击"数据"选项卡→"筛选排序"组（图 5 – 66）→"排序"组→"升序"或"降序"按钮。

图 5 – 66 "筛选排序"组

2. 自定义排序

自定义排序可以添加多个条件：一个主要关键字，多个次要关键字。首先按主要关键字排序，主要关键字相同的时候，按次要关键字排序。例如，将"成绩分析"工作表中的记录按名次升序排序，当名次相同时，按姓名拼音降序排序。

（1）打开工作表，选中要排序的单元格区域 A2:J33。

（2）单击"数据"选项卡→"排序与筛选"组→"排序"按钮，打开"排序"对话框。

（3）设置主要关键字：在"主要关键字"下拉列表中选择"名次"选项，次序保持默认的"升序"不变。

（4）设置次要关键字：单击"添加条件"按钮，在"次要关键字"下拉列表中选择"姓名"选项，在"次序"下拉列表中选择"降序"选项，如图 5 – 67 所示。

> 提示：如果选定的数据区域包括标题，则选中"数据包含标题"复选框。

（5）设置排序选项。单击"排序"对话框中的"选项"按钮，打开如图 5 – 68 所示的"排序选项"对话框，在此对话框中可以对排序条件进行更详细的设置。

图 5 – 67 设置排序条件

图 5 – 68 "排序选项"对话框

提示：通常数据是按列排序的，有时需要按行排序，可在"方向"选项区域中选择"按行排序"单选按钮。

5.4.2 数据筛选

筛选是指在数据清单中只显示满足给定条件的数据。它与排序不同，并不重排数据清单，只是将不显示的行暂时隐藏起来。

数据筛选

1. 自动筛选

顾名思义，自动筛选就是自动将满足条件的内容筛选出来。下面以筛选英语成绩在90分以上（含90分）的记录为例进行介绍。

（1）打开"成绩分析"工作表，选择数据区域，单击"开始"选项卡→"编辑"组→"排序和筛选"下拉按钮，在下拉列表中选择"筛选"选项，此时标题行字段右侧都出现了下拉按钮 ▼。

（2）单击"英语"字段右侧的下拉按钮，在下拉列表中选择"数字筛选"→"大于或等于"选项，如图5-69所示。

图 5-69　数字筛选

(3) 弹出"自定义自动筛选方式"对话框，在"大于或等于"右侧的组合框中输入"90"，如图 5-70 所示。

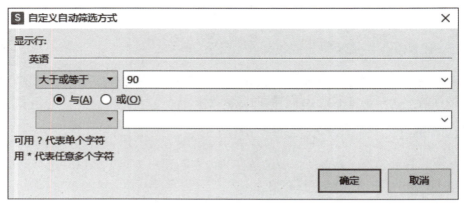

图 5-70　设置筛选条件

(4) 单击"确定"按钮，自动筛选结果如图 5-71 所示。

学号	姓名	院系	信息技术	高等数学	英语	总成绩	平均成绩	等级	名次
Y01c007	牛振乾	计算机	97	94	98	289	96.3	优秀	1
Y01g002	林爽	光电	95	98	92	285	95.0	优秀	2
Y01z004	王思雨	自动化	95	89	92	276	92.0	优秀	3
Y01c004	吴波	计算机	93	92	90	275	91.7	优秀	4
Y01g008	王媛	光电	91	88	96	275	91.7	优秀	4
Y01x003	张凤珍	机械	89	90	95	274	91.3	优秀	6
Y01c005	向阳	计算机	90	87	96	273	91.0	优秀	7
Y01x006	李欣	机械	92	87	91	270	90.0	优秀	9
Y01c006	周浩正	计算机	88	90	91	269	89.7	优秀	10
Y01c001	葛红萍	计算机	87	90	92	269	89.7	优秀	10
Y01z006	耿新宇	自动化	87	91	90	268	89.3	优秀	12
Y01g005	郭林东	光电	90	83	92	265	88.3	优秀	14
Y01x007	金红丽	机械	84	87	92	263	87.7	优秀	15

图 5-71　自动筛选结果

> 提示：如果要取消筛选，可以再次在"排序和筛选"下拉列表中选择"筛选"选项。

2. 高级筛选

在实际操作中，常常涉及更复杂的筛选条件，利用自动筛选已无法完成，这时需要使用高级筛选。在进行高级筛选之前，必须先建立一个条件区域。条件区域的第一行必须是作为筛选条件的字段名，且必须与数据清单的字段名一致，其他行是筛选条件，筛选条件放在同一行表示"与"的关系，放在不同行表示"或"的关系。

> 提示：条件区域不能与数据清单相连，两者之间至少空一行或一列。

例如，筛选自动化系信息技术成绩不低于 85 分或者高等数学成绩不低于 85 分的记录。

(1) 打开"成绩分析"工作表,在单元格区域 L2:N4 中输入筛选条件,如图 5-72 所示。
(2) 选中数据区域 A2:J33,单击"数据"选项卡→"排序与筛选"组→"高级"按钮,弹出"高级筛选"对话框,如图 5-73 所示。

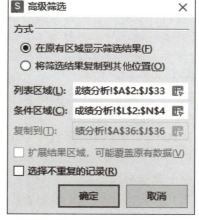

图 5-72 筛选条件　　　　　　图 5-73 "高级筛选"对话框

(3) 筛选方式默认为"在原有区域显示筛选结果",这里选择"将筛选结果复制到其他位置"单选按钮。
(4) "列表区域"文本框中自动显示之前选中的数据区域;将光标定位在"条件区域"文本框中,然后用鼠标选择工作表的单元格区域 L2:N4,将其作为条件区域。
(5) 将光标定位在"复制到"文本框中,然后在工作表中单击单元格 A36,筛选结果将复制到以 A36 为起始位置的区域。
(6) 单击"确定"按钮,高级筛选结果如图 5-74 所示。

考试成绩统计表									
学号	姓名	院系	信息技术	高等数学	英语	总成绩	平均成绩	等级	名次
Y01z004	王思雨	自动化	95	89	92	276	92.0	优秀	3
Y01z006	耿新宇	自动化	87	91	90	268	89.3	优秀	12
Y01z001	张琳	自动化	88	93	85	266	88.7	优秀	13
Y01z003	苏爱国	自动化	91	81	89	261	87.0	优秀	16
Y01z002	李伟	自动化	83	87	78	248	82.7	一般	19
Y01z007	何甜甜	自动化	62	88	77	227	75.7	一般	27

图 5-74 高级筛选结果

> **提示**:如果在原位置显示筛选结果,则执行"筛选"命令就可以取消筛选。对于复制的筛选结果,则不可以取消筛选,但可以将筛选结果删除。

5.4.3 分类汇总

Excel 分类汇总是指对工作表中的数据清单按照某个字段进行分类,将字段值相同的记录放在一起,然后统计同类记录的相关信息,包括求和、

分类汇总

计数、求平均值、求最大值等，由用户进行选择。分类汇总的结果是在数据清单中插入汇总行，显示汇总值，并自动在数据清单底部插入一个总计行。

> **提示**：只能对数据清单进行分类汇总，数据清单的第一行必须有列标题。在分类汇总前，必须根据分类字段对数据清单进行排序。

例如，在"成绩分析"工作表中通过分类汇总统计各个等级的人数。

（1）选中数据区域的任意一个单元格，单击"数据"选项卡→"分级显示"组→"分类汇总"按钮，打开"分类汇总"对话框。

（2）在"分类字段"下拉列表中选择"等级"选项，在"选定汇总项"列表框中选择"等级"复选框，在"汇总方式"下拉列表中选择"计数"选项，如图5-75所示。

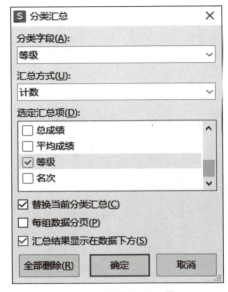

图5-75 分类汇总设置

（3）单击"确定"按钮，分类汇总结果如图5-76所示。

	A	B	C	D	E	F	G	H	I	J
1	考试成绩统计表									
2	学号	姓名	院系	信息技术	高等数学	英语	总成绩	平均成绩	等级	名次
3	Y01c007	牛振乾	计算机	97	94	98	289	96.3	优秀	1
4	Y01g002	林爽	光电	95	98	92	285	95.0	优秀	2
5	Y01z004	王思雨	自动化	95	89	92	276	92.0	优秀	3
6	Y01c004	吴波	计算机	93	92	90	275	91.7	优秀	4
7	Y01g008	王嫒	光电	91	88	96	275	91.7	优秀	4
8	Y01x003	张凤珍	机械	89	90	95	274	91.3	优秀	6
9	Y01g007	赵彭明	光电	97	87	89	273	91.0	优秀	7
10	Y01c005	向阳	计算机	90	87	96	273	91.0	优秀	7
11	Y01x006	李欣	机械	92	87	91	270	90.0	优秀	9
12	Y01c006	周洁正	计算机	88	90	91	269	89.7	优秀	10
13	Y01c001	葛红萍	计算机	87	90	92	269	89.7	优秀	10
14	Y01z006	耿新宇	自动化	87	91	90	268	89.3	优秀	12
15	Y01z001	张琳	自动化	88	93	85	266	88.7	优秀	13
16	Y01g005	郭林东	光电	90	83	92	265	88.3	优秀	14
17	Y01x007	金红丽	机械	84	87	92	263	87.7	优秀	15
18	Y01z003	苏爱国	自动化	91	81	89	261	87.0	优秀	16
19	Y01z001	李香智	光电	90	81	87	258	86.0	优秀	17
20	Y01g004	关楚楚	光电	86	89	80	255	85.0	优秀	18
21								优秀 计数	18.0	
22	Y01z002	李伟	自动化	83	87	78	248	82.7	一般	19
23	Y01c003	蒋德阳	计算机	82	80	85	247	82.3	一般	20
24	Y01g003	卢生聪	光电	82	77	85	244	81.3	一般	21
25	Y01z005	李丽芳	自动化	79	84	80	243	81.0	一般	22
26	Y01x004	蔡鸿飞	机械	85	82	76	243	81.0	一般	22
27	Y01x001	宋世杰	机械	84	80	76	240	80.0	一般	24
28	Y01x009	丁浩然	机械	82	80	74	236	78.7	一般	25
29	Y01x002	郝思哲	机械	68	93	68	229	76.3	一般	26
30	Y01z007	何甜甜	自动化	62	88	77	227	75.7	一般	27
31	Y01c002	欧阳德	计算机	70	64	88	222	74.0	一般	28
32	Y01g006	张慧	光电	55	62	73	190	63.3	一般	29
33								一般 计数	11.0	
34	Y01x008	贾志轩	机械	58	60	56	174	58.0	不合格	30
35	Y01x005	彭国栋	机械	50	60	61	171	57.0	不合格	31
36								不合格 计数	2.0	
37								总计数	31.0	

图5-76 分类汇总结果

在分类汇总结果左上方有分级显示符号 |1|2|3|。分类汇总结果默认为 3 级，即显示明细数据和汇总结果，单击汇总行左侧的按钮 |—|，可以隐藏该组的明细数据；单击按钮 |+|，可以显示该组的明细数据。单击分级显示符号 |1|，则只显示所有明细数据的汇总结果；单击分级显示符号 |2|，则可以显示每组数据的汇总结果。

> 提示：若要取消分类汇总，只要再次打开"分类汇总"对话框，单击"全部删除"按钮即可。

数据合并

5.4.4 数据合并

合并计算是一种将多个单元格、区域或工作表中的数据进行汇总和计算的功能。通过合并计算，可以将不同位置的数据合并到一个表格中，并进行求和、平均值、最大值、最小值等计算操作。以下是在 WPS 表格中进行合并计算的一般步骤：

（1）打开 WPS 表格，并确保想要合并计算的数据已经输入相应的单元格或区域中。

（2）选中一个空白单元格，该单元格将作为合并计算结果的输出位置。

（3）在菜单栏的"数据"选项卡下，找到并单击"合并计算"按钮。这将打开"合并计算"对话框，如图 5-77 所示。

图 5-77 "合并计算"对话框

在"合并计算"对话框中，需要进行以下设置：

- 函数：选择想要进行的计算类型，如求和、平均值等。
- 引用位置：单击"添加"按钮，然后选择想要合并计算的数据区域。可以添加多个数据区域进行合并计算。
- 标签位置：根据需求选择相应的选项，如"首行"和"最左列"。

（4）完成设置后，单击"确定"按钮，WPS 表格将根据你的设置进行合并计算，并将结果显示在之前选中的输出单元格中。

请注意，合并计算的结果是基于你选择的数据区域和计算类型进行的，因此要确保数据区域选择正确，并且计算类型符合你的需求。

此外，合并计算还可以应用于多个工作表之间的数据汇总。如果想要合并来自不同工作表的数据，可以在"合并计算"对话框中添加相应的工作表数据区域。

5.4.5 数据透视表

数据透视是依据用户的需要，从不同的角度在列表中提取数据，重新组成新的表。它不是简单的数据提取，而是伴随着数据的统计处理。

数据透视表

下面根据"成绩分析"工作表中的数据创建数据透视表，统计各个院系、不同成绩等级的人数。

（1）打开"成绩分析"工作表，选中数据区域或其中的任意一个单元格，单击"插入"选项卡→"表格"组→"数据透视表"按钮，弹出"创建数据透视表"对话框。

（2）"请选择单元格区域"文本框中的内容保持不变，选择放置数据透视表的位置为"现有工作表"；将光标定位在"现有工作表"位置文本框中，单击工作表中的单元格 L10，如图 5-78 所示。

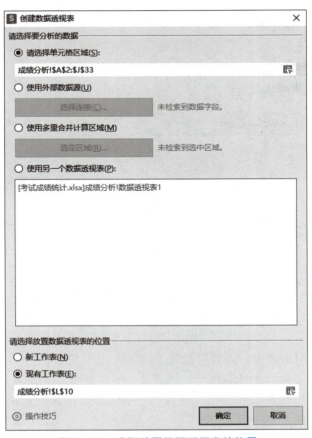

图 5-78 选择放置数据透视表的位置

（3）单击"确定"按钮，Excel将空的数据透视表添加至指定位置并打开"数据透视表字段"窗格，其上半部分显示数据区域的字段名称，下半部分包括"筛选"区域、"列"区域、"行"区域和"值"区域。

> **提示**：这4个区域都可以包容一个或多个源数据表中的字段信息，但由于它们的位置不同，所以它们的名称和作用完全不同。"筛选"可以在数据透视表或数据透视图中方便地显示数据子集，有助于管理大量数据的显示；"行"区域和"列"区域的作用是分类；"值"区域的作用是汇总（汇总方式包括求和、计数、平均值等）。

（4）将"院系"字段拖至"行"区域，"等级"字段拖至"列"区域，"姓名"字段拖至"值"区域，结果如图5-79所示。

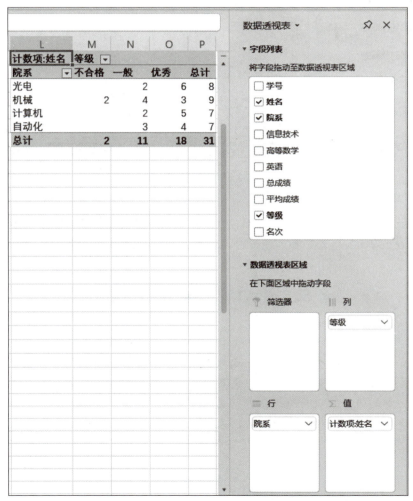

图5-79 完成的数据透视表

提示：如果要设置值的汇总方式，可单击字段右侧的下拉按钮，选择"值字段设置"选项，在打开的对话框中设置计算类型（图5-80），还可以单击"数字格式"按钮，设置值的数据类型。

图5-80 设置值的汇总方式

（5）数据透视表中，行标签、列标签、计数项的内容都可以修改。如果要修改行标签，则双击行标签所在的单元格，然后输入新的内容，如"院系"。列标签、计数项的修改方法类似。

任务5.5 WPS 表格的图表

任务描述

为了更直观地显示数据之间的变化或数据之间的关系，可以将数据以图表的形式显示出来。图表具有较强的视觉效果，可以更直观、更形象地揭示数据之间的关系，反映数据的变化规律和发展趋势，从而为用户进行数据决策提供可靠的保证。本任务制作考试成绩统计图，创建饼图和簇状柱形图，并对图表进行适当的编辑。

5.5.1 图表结构

1. 常用的图表类型

（1）柱形图：柱形图以二维或三维柱形表示数值的大小，通常沿水平（类别）轴显示类别，沿垂直（值）轴显示值，如图5-81所示。

（2）折线图：在折线图中，类别数据沿水平轴均匀分布，所有值数据沿垂直轴均匀分布，如图5-82所示。

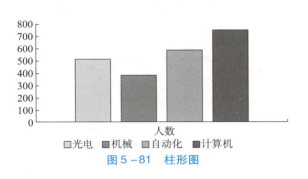

图5-81　柱形图

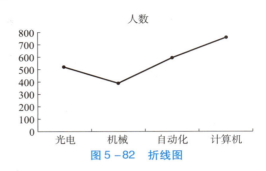

图5-82　折线图

（3）饼图：饼图显示一个数据系列中各项的大小与各项总和的比例，如图5-83所示。除了普通的饼图，还可以创建子母饼图、复合条饼图、三维饼图和圆环图。

（4）条形图：条形图用于显示各个项目的比较情况。在条形图中，通常沿垂直坐标轴组织类别，沿水平坐标轴组织值，如图5-84所示。

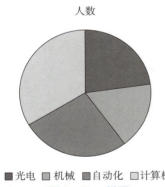

图5-83　饼图

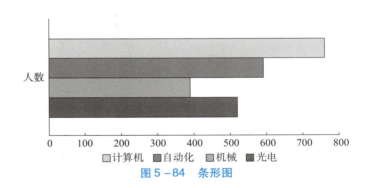

图5-84　条形图

（5）XY散点图：散点图通常用于显示和比较数值，例如科学数据、统计数据和工程数据，如图5-85所示。

（6）组合图：组合图将两种或更多图表类型组合在一起，还可以采用次坐标轴，以便让数据更容易理解，特别是数据变化范围较大时，如图5-86所示。

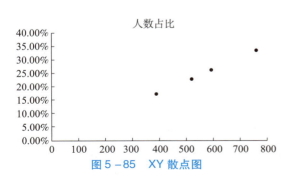

图5-85　XY散点图

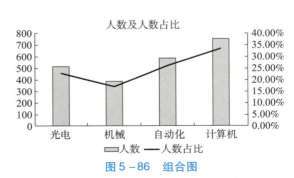

图5-86　组合图

2. 图表元素

使用"图表工具"来添加元素到图表中是一种常见的操作，这些元素可以帮助读者更好地解释和展示数据，如图 5-87 所示。

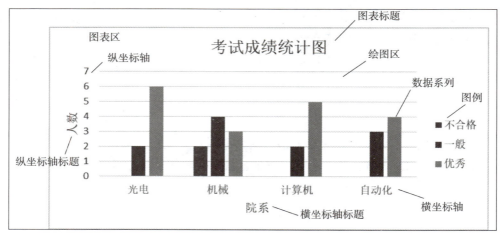

图 5-87　图表的组成元素

（1）坐标轴：坐标轴是图表中用来表示数据值的参考线，包括横坐标轴（X 轴）和纵坐标轴（Y 轴）。坐标轴上有刻度线和刻度标签，用于表示数据的大小和单位。通过坐标轴，可以清晰地看到数据之间的关系和趋势。

（2）轴标题：轴标题用于标明 X 轴或 Y 轴的名称或单位，帮助读者理解坐标轴所代表的含义。例如，如果图表展示的是销售额随时间的变化，X 轴标题可能是"时间"，Y 轴标题可能是"销售额"。

（3）图表标题：图表标题是图表的名称或标签，它通常位于图表的顶部或上方。标题的作用是概括图表的主题或目的，帮助读者快速了解图表所展示的内容。可以通过图表工具中的"标题"选项来添加和编辑图表标题。

（4）数据标签：数据标签用于显示数据系列的源数据的值。它们可以直接附加在数据系列上，也可以显示在图表的其他位置。数据标签可以帮助读者更直观地了解每个数据点的具体数值，从而更容易理解图表所展示的信息。

（5）数据表：在某些情况下，可以在图表下方绘制一个数据表格，用于展示原始数据。但需要注意的是，数据表会占用较多的图表空间，因此，在设计时需要权衡其利弊。

（6）误差线：误差线是一种用于展示数据误差范围的图表元素。它通常用于表示数据点的不确定性或变异程度。误差线可以显示为标准误差、百分比误差或其他类型的误差，具体取决于读者的需求和数据类型。

（7）网格线：网格线是由水平线和垂直线组成的网格，用于帮助读者比较数值大小并作为数据点的参考线。网格线可以使图表更加易于阅读和理解。

（8）图例：图例用于标明图表中的图形代表的数据系列。图例通常会列出每个数据系列的名称和对应的图形样式（如颜色、形状等）。通过图例，读者可以更容易地区分和识别不同的数据系列。

5.5.2 创建图表

创建图表

WPS 表格提供了丰富的图表类型，每种图表类型又有多种子类型，此外，用户还可以自定义图表类型。WPS 表格提供的图表类型有柱形图、折线图、饼图、条形图、面积图、XY 散点图、股价图、雷达图、组合图、玫瑰图、玉珏图等。

1. 使用图表列表插入图表

在插入图表之前，先在"考试成绩统计.xlsx"中新建一张工作表，并重命名为"成绩统计图"，复制任务 5.4 中创建的数据透视表中的数据值。

准备好要用于创建图表的工作表数据后，可以使用"插入"选项卡的"图表"组中的各种列表来创建图表。下面以插入三维饼图为例介绍插入图表的方法。

（1）打开工作表"成绩统计图"，选择要在图表中使用的数据区域 B1:D5 和 B6:D6。

（2）单击"插入"选项卡→"图表"组→"插入饼图或圆环图"下拉按钮，选择"三维饼图"选项（图 5-88），即可快速创建图表，如图 5-89 所示。

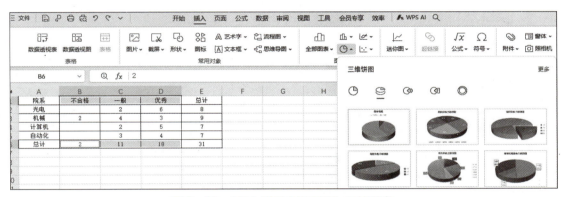

图 5-88 "插入饼图或圆环图"下拉列表

2. 使用对话框插入图表

通过"插入图表"对话框，可以插入所有类型的图表，而且可以进行一些简单的设置。下面以插入簇状柱形图进行介绍。

（1）打开工作表，选择数据区域 A1:C5，单击"插入"选项卡→"图表"组→"对话框启动器"按钮，打开"图表"对话框。

（2）选择"柱形图"选项，在预览区中选择第一种类型，单击"确定"按钮，如图 5-90 所示。

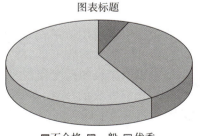

图 5-89 插入的三维饼图

> 提示：在"图表"对话框中可以预览图表效果，有的图表还可以设置参数或者选择图表的样式。

修改图表

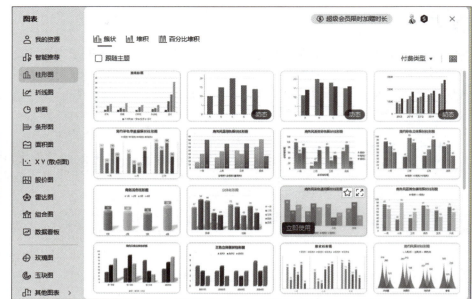

图 5-90　插入簇状柱形图

5.5.3 修改图表

1. 调整图表的大小和位置

对于已创建的图表，可以根据不同的需求调整其大小和位置。

（1）调整图表的大小：单击图表区，图表四周出边 8 个控制点，拖动控制点即可改变图表的大小。若要精确调整图表的大小，可右击图表区，执行"设置图表区域格式"命令；打开"设置图表区格式"窗格，单击"大小与属性"按钮 ，即可在展开的面板中设置图表的高度和宽度，如图 5-91 所示。还可以在"图表工具｜格式"选项卡中的"大小"组中设置图表的高度和宽度。

（2）调整图表的位置：单击图表区，按住鼠标左键拖动即可改变图表的位置。

2. 添加和删除图表元素

1）添加图表元素

在对图表进行操作时，经常要向图表中插入标题、图例等对象。这时可以单击"图表工具｜设计"选项卡→"图表布局"组→"添加图表元素"下拉按钮，在下拉列表中选择需要添加的元素。下面

图 5-91　设置图表的大小

以簇状柱形图为例,介绍图表元素的添加和修改方法。

(1)修改图表标题:创建的图表中有"图表标题"占位符,选中"图表标题"占位符,可以直接修改其中的内容,如输入"考试成绩统计图"。

(2)在右侧显示图例:默认情况下,图例显示在图表的下方,若要在图表右侧显示图例,可在"添加元素"下拉列表中选择"图例"→"右侧"选项,如图 5-92 所示。

(3)添加坐标轴标题:在"添加元素"下拉列表中选择"坐标轴标题"→"主要横坐标轴"选项,即可插入"坐标轴标题"文本框,在占位符处输入标题"院系";添加纵坐标轴标题的方法类似。

(4)添加数据标签:默认情况下,图表中不会显示数据标签,若要添加数据标签,可在"添加元素"下拉列表中选择"数据标签"→"数据标签外"选项,如图 5-93 所示。

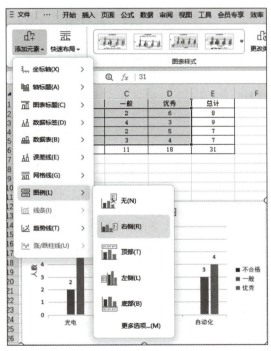

图 5-92 添加图例

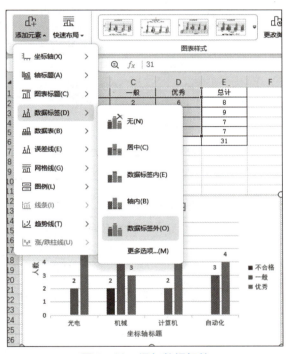

图 5-93 添加数据标签

> 提示:也可以右击数据系列,在弹出的快捷菜单中执行"添加数据标签"→"添加数据标签"命令。

2)删除图表元素

选中要删除的图表元素,按 Delete 键即可将其删除。

3. 添加数据系列

(1)右击图表的任意区域,在弹出的快捷菜单中执行"选择数据"命令;或者单击"图表工具 | 设计"选项卡→"数据"组→"选择数据"按钮,弹出"编辑数据源"对话框,

如图 5-94 所示。

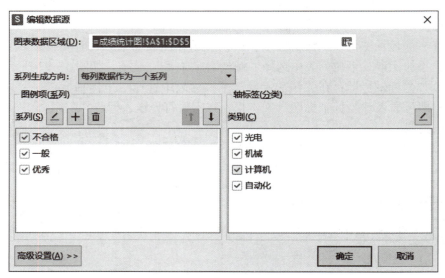

图 5-94 "编辑数据源"对话框

（2）单击"添加"按钮，弹出"编辑数据系列"对话框，设置系列名称和系列值，可同步预览图表的变化，如图 5-95 所示。如果添加的数据系列无误，单击"确定"按钮。

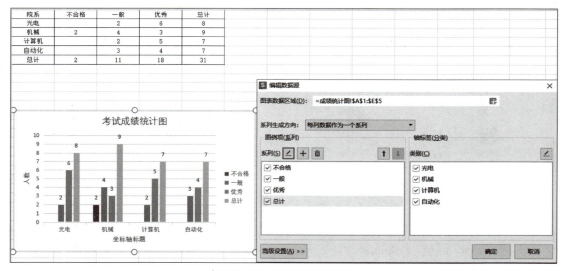

图 5-95 添加数据系列

（3）返回"编辑数据源"对话框，单击"确定"按钮。

4. 更改图表的类型

如果创建图表后发现创建的图表类型不能很好地反映出工作表中的数据关系，则可以更改图表的类型，具体的操作步骤如下：

选择创建好的图表，单击"图表工具 | 设计"选项卡→"类型"组→"更改图表类型"

按钮，打开"更改图表类型"对话框，选择需要的图表类型，单击"确定"按钮即可。

5. 设置图表的格式

设置图表的格式是为了突出显示图表，对其外观进行美化。图表元素的格式均可以设置。下面以设置数据系列的格式为例进行介绍。

（1）右击数据系列，在弹出的快捷菜单中执行"设置数据系列格式"命令，打开"设置数据系列格式"窗格。

（2）在"填充与线条"面板中可以对数据系列的填充颜色和边框进行设置；在"效果"面板中可以设置阴影、发光、柔化边缘等选项；对于不同类型的图表，其"系列"面板中的内容是不同的，如饼图要显示分离效果，可在"饼图分离程度"微调框中进行具体设置，如图 5-96 所示。

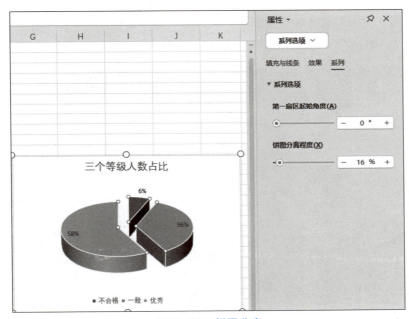

图 5-96 饼图分离

6. 移动与复制图表

创建好的图表可以移动或复制到其他工作表中。

1）移动图表

方法 1：选中图表，按 Ctrl+X 组合键进行剪切；打开目标工作表，按 Ctrl+X 进行粘贴。

方法 2：右击图表，执行"移动图表"命令，或者单击"图表工具丨设计"选项卡→"位置"组→"移动图表"按钮，打开"移动图表"对话框，选择要放置图表的工作表，单击"确定"按钮。

2）复制图表

选中图表，按 Ctrl+C 组合键进行复制；打开目标工作表，按 Ctrl+X 组合键进行粘贴。

习 题 5

操作题 1

（1）打开工作簿文件 biaoge－1. xlsx（图 5－97）：①将 Sheet1 工作表的 A1:E1 单元格区域合并为一个单元格，内容水平居中；计算总价值列（总价值＝产品数量×单价）和总价值的合计（置于 D10 单元格），按总价值的递减次序计算“部门排名”列的内容（利用 RANK. EQ 函数）；将 A2:E10 单元格区域格式设置为自动套用格式“浅黄，表样式浅色 5”。②选取“部门号”和“总价值”列的内容建立“簇状条形图”（系列产生在“列”），标题为“生产情况统计图”，图例置于底部；将图插入表 A12:F28 单元格区域，将工作表命名为“某单位产品生产情况统计表”，保存 biaoge－1. xlsx 文件。

（2）打开工作簿文件 bg－1. xlsx（图 5－98），对工作表“其 IT 公司某年人力资源情况表”内数据清单的内容按主要关键字“部门”的递减次序和次要关键字“组别”的递减次序进行排序，完成对各部门年龄平均值的分类汇总，汇总结果显示在数据下方，工作表名不变，保存 bg－1. xlsx 文件。

	A	B	C	D	E
1	某单位产品生产情况统计表				
2	部门号	产品数量	单价(元)	总价值（元）	部门排名
3	D01	456	44		
4	D02	576	24		
5	D03	987	56		
6	D04	679	78		
7	D05	346	123		
8	D06	298	21		
9	D07	1098	15		
10			合计		
11					

图 5－97　某单位产品生产情况统计表

	B	C	D	E	F	G	H
1	某IT公司某年人力资源情况表						
2	部门	组别	年龄	性别	学历	职称	工资
3	工程部	E1	28	男	硕士	工程师	4000
4	开发部	D1	26	女	硕士	工程师	3500
5	培训部	T1	35	女	本科	高工	4500
6	销售部	S1	32	男	硕士	工程师	3500
7	培训部	T2	33	男	本科	工程师	3500
8	工程部	E1	23	男	本科	助工	2500
9	工程部	E2	26	男	本科	工程师	3500
10	开发部	D2	31	男	博士	工程师	4500
11	销售部	S2	37	女	本科	高工	5500
12	开发部	D3	36	男	硕士	工程师	3500
13	工程部	E3	41	男	本科	高工	5000
14	工程部	E2	35	女	硕士	高工	5000
15	工程部	E3	33	男	本科	工程师	3500
16	销售部	S1	37	男	本科	工程师	3500
17	开发部	D1	22	男	本科	助工	2500
18	工程部	E2	37	女	硕士	高工	5000
19	工程部	E1	29	男	本科	工程师	3500
20	开发部	D2	28	男	博士	工程师	4000
21	培训部	T1	42	女	本科	工程师	4000

图 5－98　某 IT 公司某车人力资源情况表（部分）

操作题 2

（1）打开工作簿文件 biaoge－2. xlsx（图 5－99），将 Sheet1 工作表的 A1:G1 单元格合并为一个单元格，内容水平居中；计算“总成绩”列的内容和按“总成绩”递减次序的排名（利用 RANK. EQ 函数）；如果高等数学、大学英语成绩均大于或等于 75，在备注栏内给出信息“有资格”，否则，给出信息“无资格”（利用 IF 函数实现）；将工作表命名为“成绩统计表”，保存 excel－2. xlsx 文件。

（2）打开工作簿文件 bg－2. xlsx（图 5－100），对工作表“图书销售情况表”内数据清单的内容按“经销部门”递增的次序排序，以分类字段为“经销部门”、汇总方式为“求和”进行分类汇总，汇总结果显示在数据下方，工作表名不变，保存为 bg－2. xlsx 文件。

	A	B	C	D	E	F	G
1	某高校学生考试成绩表						
2	学号	高等数学	大学英语	大学物理	总成绩	排名	备注
3	T1	89	74	75			
4	T2	77	73	73			
5	T3	92	83	86			
6	T4	67	86	45			
7	T5	87	90	71			
8	T6	71	84	95			
9	T7	70	78	83			
10	T8	79	67	80			
11	T9	84	50	69			
12	T10	55	72	69			

图 5 – 99　某高校学生考试成绩表

	A	B	C	D	E	F	G
10	第3分店	计算机应用基础	4	180	￥23.50	￥4,230.00	
11	第2分店	计算机应用基础	4	189	￥23.50	￥4,441.50	
12	第2分店	程序设计基础	1	190	￥26.90	￥5,111.00	
13	第2分店	程序设计基础	4	196	￥26.90	￥5,272.40	
14	第2分店	程序设计基础	3	205	￥26.90	￥5,514.50	
15	第2分店	计算机应用基础	1	206	￥23.50	￥4,841.00	
16	第2分店	程序设计基础	2	211	￥26.90	￥5,675.90	
17	第3分店	程序设计基础	3	218	￥26.90	￥5,864.20	
18	第2分店	计算机导论	1	221	￥32.80	￥7,248.80	
19	第3分店	计算机导论	4	230	￥32.80	￥7,544.00	
20	第1分店	程序设计基础	3	232	￥26.90	￥6,240.80	
21	第1分店	计算机应用基础	3	234	￥23.50	￥5,499.00	
22	第1分店	计算机导论	4	236	￥32.80	￥7,740.80	
23	第3分店	程序设计基础	2	242	￥26.90	￥6,509.80	
24	第3分店	计算机应用基础	3	278	￥23.50	￥6,533.00	
25	第1分店	计算机应用基础	4	278	￥23.50	￥6,533.00	
26	第2分店	计算机导论	3	281	￥32.80	￥9,216.80	
27	第3分店	程序设计基础	1	301	￥26.90	￥8,096.90	
28	第3分店	计算机导论	1	306	￥32.80	￥10,036.80	
29	第3分店	计算机应用基础	2	309	￥23.50	￥7,261.50	
30	第2分店	计算机导论	2	312	￥32.80	￥10,233.60	

图 5 – 100　图书销售情况表（部分）

项目 6
WPS 演示的使用

WPS 演示是一款专门制作演示文稿的工具软件，可以集文字、声音、图形、图像以及视频剪辑等多媒体文件于一体，创造出具有简单动画功能的演示文稿（PowerPoint，PPT）。其一般配合投影仪或者大型液晶显示器使用，广泛应用于辅助教学、学术报告、论文答辩、产品展示、工作汇报等多种场景下的多媒体演示。WPS 演示在界面风格和使用习惯上，都与 PowerPoint 兼容，并且可以实现文件读写的双向兼容。目前 WPS 演示在模板设计、多媒体支持、演示功能、智能图表与表格等方面都有着出色的表现，能够带给用户全新的体验，这使得 WPS 演示成了一个全面且高效的演示文稿制作工具。

接下来，本项目将通过 4 个任务，引导学生快速掌握 WPS 演示的基本用法，学会制作个性化的演示文稿。

学习要点

(1) WPS 演示的启动和退出。
(2) 演示文稿的创建、打开和保存。
(3) 幻灯片的插入、删除和移动等基本操作。
(4) 文本、图片、形状、表格和艺术字等对象的插入和格式设置。
(5) 主题和背景设置。
(6) 动画效果和切换效果的添加与设置。
(7) 演示文稿的放映与打包。

任务 6.1　认识 WPS 演示

任务描述

演示文稿是用 WPS 演示软件制作出来的供演讲人展示用的一组幻灯片文件，它可以通过计算机、投影仪等播放，因其良好的视觉效果和对演讲的辅助作用而被人们广泛使用。在使用 WPS 演示制作 PPT 之前，应先了解：①WPS 演示的基本操作，包括 WPS 演示的启动与退出、操作窗口组成等内容；②演示文稿的基本操作，包括新建、保存演示文稿；③幻灯片的基本操作，包括幻灯片的插入、版式更改、复制、删除、移动和隐藏等操作。

6.1.1 WPS 演示的基本操作

1. WPS 演示的启动与退出

1）启动 WPS 演示

启动 WPS 演示的方法很多，通常采用下列四种方法。

方法 1：单击"开始"按钮，选择"所有程序"→"WPS Office"命令，启动 WPS Office，单击首页的"新建"→"演示"，即可启动 WPS 演示，如图 6-1 所示。在弹出的"新建演示文稿"窗口中单击"空白演示文稿"，就能创建一个名为"演示文稿1"的空白演示文稿。

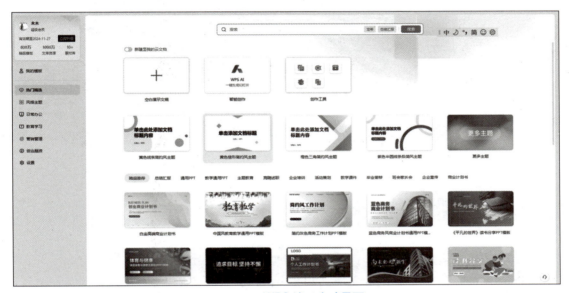

图 6-1　WPS 演示启动界面

方法 2：双击 WPS Office 快捷方式打开 WPS Office 首页，单击首页左侧的"新建"→"演示"按钮，启动 WPS 演示，在弹出的"新建演示文稿"窗口中选择"空白演示文稿"，即可创建一个 WPS 演示文稿。

方法 3：启动 WPS Office 后，按 Ctrl+N 组合键，单击"Office 文档"→"演示"按钮启动 WPS 演示，在"新建演示文稿"窗口中单击"空白演示文稿"按钮，即可新建一个 WPS 演示文稿。

方法 4：打开保存演示文稿的文件夹，鼠标右击文件夹空白区域，在弹出式菜单中执行"新建"→"PPTX 演示文稿"命令，即可创建一个空白 WPS 演示文稿文件，双击文件图标，即可启动 WPS 演示并打开该文档。

2）退出 WPS 演示

退出 WPS 演示可以通过多种方法实现，常用的方法有以下几种。

方法 1：单击标题栏右端的"关闭"按钮。

方法 2：在"文件"选项卡中单击"关闭"按钮。

方法 3：右击标题栏，从弹出式菜单中执行"关闭"命令。

方法 4：鼠标右击桌面下方任务栏中的 WPS 程序，选择"关闭窗口"。
方法 5：按 Alt + F4 组合键。

2. WPS 演示的操作窗口

与 WPS 文字、WPS 表格类似，WPS 演示的操作窗口主要包括标题栏、"文件"菜单、快速访问工具栏、功能区选项卡、幻灯片窗格、幻灯片编辑区、状态栏等，如图 6 - 2 所示。

图 6 - 2　WPS 演示的操作窗口

WPS 演示的操作窗口与 WPS 文档、WPS 表格相似，但也有很多不同之处。

1）标题栏

标题栏位于 WPS 演示的操作窗口最上方，用于显示当前打开的演示文稿的名称。其左侧有 WPS Office 的"首页"按钮，其右侧依次为"最小化""最大化（还原）"和"关闭"按钮。

2）"文件"菜单

"文件"菜单中主要包括新建、打开、保存、另存为、输出为 PDF、输出为图片、文件打包、打印、分享文档、文档加密、备份与恢复等多个命令。单击"文件"下拉按钮，在弹出的下拉列表框中会显示文件、编辑、视图、插入、格式、工具、幻灯片放映等多个选项，方便用户使用。

3）快速访问工具栏

快速访问工具栏位于 WPS 演示窗口的上方。为了方便用户使用，快速访问工具栏中放置了用户常用的功能按钮，如保存、输出为 PDF、打印、打印预览、撤销、恢复、自定义快速访问工具栏等按钮。

用户可以根据自身的需求添加或删除快速访问工具栏中的功能按钮：单击快速访问工具栏右侧的"˅"按钮，在下拉列表框中可以设置"功能区"和"快速访问工具栏"，在"快速访问工具栏"中可以设置"位置"和"自定义命令"，在"自定义命令"中可以单击选择显示/取消显示在"快速访问工具栏"中的命令按钮即可，命令选项前出现对号标记，表示该命令按钮会显示在快速访问工具栏中，反之，则为取消快速访问工具栏中的某个命令按钮。

4）功能区选项卡

WPS 演示的功能区和选项卡代替了传统的菜单和工具栏。功能区中一般默认包含"开始""插入""设计""切换""动画""幻灯片放映""视图""审阅"等标准选项卡。每个选项卡都为一类特定的功能服务，其中包含了实现该类功能的命令按钮。下面介绍常用的几个功能区选项卡。

（1）"开始"选项卡：用于幻灯片的新建和版式设置，可以新建幻灯片、设置幻灯片版式、快速插入和设置图片与形状等对象、调整幻灯片中文本和段落样式等。

（2）"插入"选项卡：用于在演示文稿中插入幻灯片和各种对象，包括插入表格、图像、形状、图表、艺术字、音频、视频、页眉和页脚等。

（3）"设计"选项卡：用于设置演示文稿主题、背景、母版、版式、幻灯片大小等。

（4）"切换"选项卡：用于设置幻灯片的切换方式和切换效果。

（5）"动画"选项卡：用于给幻灯片中的对象添加动画、设置动画效果等。

（6）"幻灯片放映"选项卡：用于设置幻灯片的放映方式、排练计时和录制幻灯片演示等。

（7）"视图"选项卡：用于设置演示文稿的视图模式，编辑幻灯片母版，调整窗口和参考线的显示等。

另外，在选择不同的对象时，会弹出不同的上下文选项卡，比如"绘图工具""文本工具""图片工具"选项卡，在其中可以设置对象的格式和布局等。

5）幻灯片窗格

幻灯片窗格位于程序主窗口的最左侧，用于显示演示文稿的幻灯片缩略图、数量及位置，通过它可以掌握整个演示文稿的结构，便于执行幻灯片插入、删除和位置调整等操作。

6）幻灯片编辑区

幻灯片编辑区是整个主程序窗口的核心区域，用于显示和编辑幻灯片，在其中可输入文字内容、插入图片和设置动画效果等，是使用 WPS 制作演示文稿的平台。

7）状态栏

状态栏位于窗口的底部，用来显示当前演示文稿的常用功能和工作状态，包括添加备注、视图模式按钮、显示比例按钮等。状态栏左侧显示当前编辑的幻灯片的序号、总的幻灯片数目等信息，右侧显示视图模式按钮等。在不同的视图模式下，状态栏显示的内容也不尽相同。例如，在"普通视图"模式下，视图模式按钮左侧是"备注"按钮和"批注"按钮，右侧是"放映设置"按钮和"缩放"按钮；在"阅读视图"下，视图模式按钮左侧是"菜单"按钮和"翻页"按钮，右侧是"放映设置"按钮。

> **提示**：备注是指对幻灯片或幻灯片内容的简单说明。备注窗格位于工作区域的下方，用于添加与幻灯片内容相关的备注，并且在放映演示文稿时可以将它们用作打印形式的参考资料。在备注窗口中只能添加文字。对于新建的演示文稿，备注窗格是隐藏的，单击窗口下方的"备注"按钮，即可显示备注窗格。

WPS 演示提供了多种视图模式，有普通视图、幻灯片浏览视图、备注页视图、阅读视图和幻灯片母版视图等，可帮助用户编辑修改演示文稿。每种视图都有自己特定的显示方式和编辑特点，在一种视图中对演示文稿进行修改和编辑，则该演示文稿的其他视图将同步产生相应的变化。视图之间的切换可以通过单击状态栏上的视图切换按钮 或者"视图"选项卡上的命令按钮实现。WPS 演示中最常使用的两种视图是普通视图和幻灯片浏览视图。

（1）普通视图。

普通视图是系统默认的，也是最常用的视图。启动 WPS 演示后，最先看到的就是这个视图。普通视图界面由幻灯片浏览窗格、幻灯片窗格和备注窗格 3 部分组成。

（2）幻灯片浏览视图。

在幻灯片浏览视图中，幻灯片以缩略图的形式显示，在该视图下，用户可以很容易地复制、添加、删除和移动幻灯片，但不能对单张幻灯片的内容进行编辑和修改。

双击某一张幻灯片的缩略图，就可以直接切换到此幻灯片的普通视图。

（3）备注页视图。

备注页视图是供讲演者使用的，每一张幻灯片都可以有相应的备注。备注页视图界面的上方是幻灯片缩略图，下方是讲演时需要的一些提示（如帮助记忆的关键点）或为观众创建的备注。打开备注页视图的方法为单击"视图"选项卡中的"备注页"按钮即可。

（4）阅读视图。

阅读视图是一种方便用户查看和演示幻灯片的模式。在阅读视图中，演示文稿会以全屏模式显示，动态地播放演示文稿中的幻灯片。用户可以通过按键盘上的左右方向键或使用鼠标滚轮来浏览不同的幻灯片。阅读视图是一种非常实用的功能，它可以帮助用户更好地查看和展示演示文稿，提高演示效果和观众的参与度。

（5）幻灯片母版视图。

幻灯片母版是存储有关应用的设计模板信息的幻灯片，包括字体格式、占位符大小或位置、背景设计及配色方案等。在幻灯片母版视图中可以进行复制、剪切、粘贴、新建、删除母版、重命名等操作，还可进行母版版式、主题、背景等设计。

6.1.2 演示文稿的基本操作

1. 新建演示文稿

1）创建空白演示文稿

方法 1：在 WPS Office 首页，单击"新建"→"演示"→"空白演示文稿"按钮，即可创建一个空白演示文稿，如图 6-3 所示。

方法 2：启动 WPS Office 后，按 Ctrl + N 组合键，单击"演示"→"空白演示文稿"按钮来创建一个空白演示文稿。

方法 3：打开一个现有的演示文稿文件，单击"文件"菜单→"新建"按钮，在弹出的窗口中单击"空白演示文稿"按钮，即可创建一个空白演示文稿。

方法 4：在桌面上单击鼠标右键，在弹出的快捷菜单中选择"新建"→"PPTX 演示文稿"命令，创建一个新的 WPS 演示文稿文件，双击该文件即可打开一个空白演示文稿。

项目 6　WPS 演示的使用

图 6-3　新建空白演示文稿

2）创建应用模板的演示文稿

在打开的演示文稿中单击"文件"菜单，选择"新建"→"本机上的模板"命令，弹出"模板"对话框，单击其中的"常规"或"通用"选项卡，选择一种模板，在预览区域可查看该模板的效果，确定后直接单击"确定"按钮，完成创建演示文稿的操作。

除此之外，WPS 演示中有各种样式的模板以供参考选用，可以启动 WPS 演示，在弹出的窗口中选择应用 WPS 自带的不同类型的模板来创建演示文稿，如图 6-4 所示。

> **信息技术与素养**

本控制、促进协作共享、便于进行格式转换以及长期保存文档。此外，在对演示文稿进行处理的过程中，要养成随时保存的好习惯。

WPS 演示文稿的保存方法与 WPS 文档类似。如果演示文稿未保存过，第一次保存时可以按以下方法进行保存。

方法 1：直接单击快速访问工具栏上的"保存"按钮。

方法 2：按 Ctrl + S 组合键。

方法 3：单击"文件"→"保存"/"另存为"命令。

注意：如果演示文稿是第一次保存，执行以上操作可以打开"另存为"操作界面（图 6 - 5），在该界面选择演示文稿的保存路径，设置文件名称和文件类型，单击"保存"按钮即可完成演示文稿保存操作。除此之外，也可以单击"加密"按钮，对演示文稿进行加密操作，提高演示文稿和数据内容的安全性。

图 6 - 5 "另存为"操作界面

2）关闭演示文稿

常用的关闭演示文稿的方法有以下 4 种：

方法 1：单击 WPS 演示窗口右上角的"关闭"按钮。

方法 2：右击文档标签，在弹出的快捷菜单中选择"关闭"命令。

6.1.3 幻灯片的基本操作

1. 选择幻灯片

幻灯片的基本操作

在对幻灯片进行操作之前，要选中需要进行操作的幻灯片，选中幻灯片的操作方法如下：

1）选中单张幻灯片

（1）在普通视图下，单击导航窗格中的"幻灯片"选项卡，在"幻灯片"窗格中单击任意一张幻灯片，即可选中该幻灯片。

（2）在幻灯片浏览视图下，单击所要选中的幻灯片，其会被粗线框包围，表示此幻灯片已被选中。

2）选中多张幻灯片

（1）选中不连续的几张幻灯片。在普通视图、幻灯片浏览视图下，先单击第一张幻灯片，然后按住 Ctrl 键，依次单击其余要选中的幻灯片，即可将它们依次选中。

（2）选中连续的多张幻灯片。在普通视图、幻灯片浏览视图下，先单击第一张幻灯片，然后按住 Shift 键，单击最后一张幻灯片，即可选中两张幻灯片之间的所有幻灯片。

3）全选幻灯片

在普通视图的"大纲"窗格中或幻灯片浏览视图下按 Ctrl + A 组合键，即可选中所有幻灯片。

2. 插入幻灯片

插入幻灯片的方法很多，下面以新建的演示文稿为例，通过不同的方法插入多张幻灯片。

1）通过快捷菜单插入幻灯片

在幻灯片窗格中右击标题幻灯片，在弹出的快捷菜单中选择执行"新建幻灯片"命令（图 6-6），即可新建一张版式为"标题和内容"的幻灯片。

图 6-6 通过快捷菜单插入幻灯片

> **提示**：如果要插入的幻灯片之前为标题幻灯片，则新建的幻灯片版式为"标题和内容"；否则，新建的幻灯片版式与之前的幻灯片版式一样。

2）使用 Enter 键插入幻灯片

在幻灯片窗格中选中第二张幻灯片，按 Enter 键，即可新建一张版式相同的幻灯片。

3）使用选项卡中的命令按钮插入幻灯片

在幻灯片窗格中选中第三张幻灯片，单击"开始"选项卡→"幻灯片"组→"新建幻灯片"按钮，即可新建一张版式相同的幻灯片。

4）使用"新建幻灯片"下拉按钮插入指定版式幻灯片

在幻灯片窗格中单击第四张幻灯片下方的空白区域，然后单击"开始"选项卡→"幻灯片"组→"新建幻灯片"下拉按钮，可以在下拉列表中选择新建幻灯片版式（图 6-7），如"两栏内容"，即可新建一张指定版式的幻灯片。

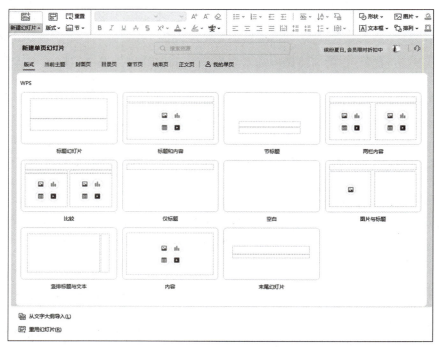

图 6-7　选择新建幻灯片版式

5）使用快捷组合键插入幻灯片

在幻灯片窗格中选中第五张幻灯片，按 Ctrl + M 组合键，此时会直接在第五张幻灯片后插入一张版式相同的幻灯片。

4. 更改幻灯片版式

新建幻灯片之后，如果对幻灯片的版式不满意，可以对其进行更改，方法为：在幻灯片窗格中选中要更改版式的幻灯片，单击"开始"选项卡→"幻灯片"组→"版式"下拉按钮，在下拉列表中选择需要应用的幻灯片版式即可，如图 6-8 所示。

5. 复制幻灯片

复制幻灯片的方法很多，基于之前的操作，下面通过不同的方法复制多张幻灯片。

1）通过快捷菜单复制幻灯片

在幻灯片窗格中右击要复制的幻灯片（如第 2 张），在弹出的快捷菜单中执行"复制幻灯片"命令，即可在当前幻灯片后面复制一张幻灯片。

2）使用快捷组合键复制幻灯片

选中要复制的幻灯片（如第 3 张），按 Ctrl + C 组合键进行复制，然后单击目标位置（如第 4 张后面），按 Ctrl + V 组合键进行粘贴。

> **提示**：粘贴的时候默认采用目标主题，如要保留原来的设计，可在目标位置右击，选择"带格式粘贴"选项。

任务 6.2 插入对象——制作图文符号模演示文稿

任务描述

WPS 演示文稿制作提供了丰富的对象插入功能，用户可以在任何位置在幻灯片中添加要插入相应的对象。此外，为了让用户能在幻灯片中的相应位置上添加其他幻灯片演示所需的对象，用户可以通过调节性"选择文本框"，演示文稿中，可以动态地在幻灯片中插入文本、项目符号、图片、图形、表格、超链接和动作、视频和音乐等音视频文件等。

8. 隐藏幻灯片

在幻灯片中存在需要隐藏的幻灯片时，在演示时无需再用的幻灯片"隐藏幻灯片"命令。若要取消隐藏，在幻灯片图板中右击所需隐藏的幻灯片，其次点击"隐藏幻灯片"命令即可。

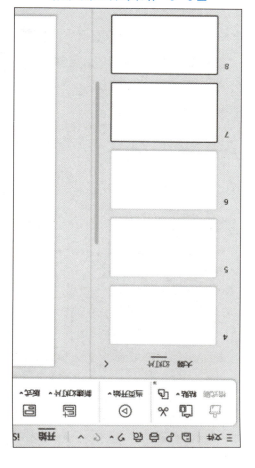

图 6-9 快速复制两张幻灯片

（3）使用选择卡中的命令按钮直接删除幻灯片

选中要直接删除的多张幻灯片（如第 6 张和第 7 张），再单击"开始"选项卡→"删除"
组→"直删"按钮，即可快速直接删除该张幻灯片，如图 6-9 所示。

图 6-8 重设幻灯片版式

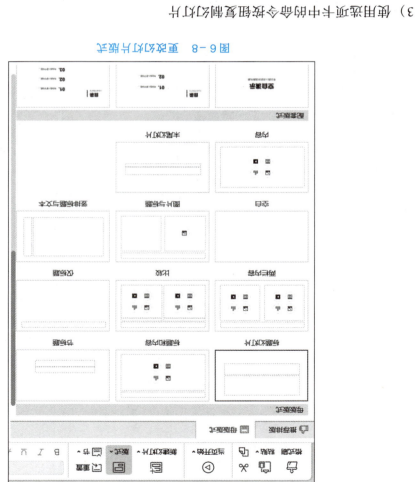

6. 删除幻灯片

在幻灯片窗格中右击要删除的幻灯片，在弹出的快捷菜单中执行"删除幻灯片"命令，即
可将其删除，也可以在选中幻灯片之后直接按 Backspace 键或 Delete 键。

7. 移动幻灯片

移动幻灯片可以采用直接拖动的方法，也可以通过"复制""粘贴"操作，要移动第 7 张
幻灯片到第 4 张之后，可在幻灯片窗格中选择第 7 张幻灯片，按住鼠标左键，将其拖动
到第 4 张幻灯片之后即可；或者选择第 7 张幻灯片，单击"开始"→"剪切"按钮，
"剪切"按钮，然后再单击第 4 张幻灯片之后的空白区域，再单击"开始"→"粘贴"按钮，
组→"粘贴"按钮即可；或者选择第 7 张幻灯片后，按 Ctrl + X 组合键进行剪切，然后再单
击第 4 张幻灯片右侧的空白区域，按 Ctrl + V 组合键进行粘贴。

6.2.1 插入文本

新建一个空白演示文稿"论文答辩.pptx",其中默认有一张标题幻灯片。

1. 在幻灯片中添加文字

设置文字格式

在 WPS 演示文稿中,文本位于文本占位符或文本框中,这样有利于调整文本在幻灯片中的位置。不同的文本占位符用于放置不同类型的文本内容,如标题占位符用于放置标题文本,内容占位符则用于放置正文文本等。

例如,在标题幻灯片中单击标题文本占位符"空白演示",输入"基于 PLC 及触摸屏的乒乓球智能捡球机设计";然后单击副标题文本占位符"单击此处输入副标题",分两行输入"学生姓名:王××"和"指导老师:夏××"。

> 提示:如果要插入备注,可直接在"备注"窗格中输入文字。

2. 设置字体和段落格式

WPS 演示文稿提供了强大的文本效果处理功能,用户可以对演示文稿中的文本进行格式设置。WPS 演示文稿中的字体和段落格式设置与 WPS 文档、WPS 表格类似,可以通过"开始"选项卡→"字体"组/"段落"组、浮动工具栏和"字体"/"段落"对话框进行设置。

例如,设置标题"基于 PLC 及触摸屏的乒乓球智能捡球机设计"的字体格式为黑体、40 号;副标题"学生姓名:王××"和"指导老师:夏××"的字体格式为楷体、蓝色、30 号;段落格式为居中、1.5 倍行距,如图 6-10 所示。

6.2.2 设置项目符号

WPS 演示文稿的段落格式与 WPS 文档稍有不同。由于演示文稿的文本内容都是放在文本框中的,除了可以设置段落的对齐方式、添加项目符号

设置项目符号

和编号外,还可以设置文字的方向、文本垂直对齐的方式。在演示文稿中,经常要修改项目符号,方法为:选择要设置的段落,单击"开始"选项卡→"段落"组→"项目符号"下拉按钮,选择一种项目符号,如图 6-11 所示;如果要进行更多的设置,则在下拉框里执行"其他项目符号"命令,弹出"项目符号和编号"对话框,在该对话框可以设置项目符号的样式、大小和颜色等,如图 6-12 所示。

另外,WPS 中的文本内容是有级别的,标题的列表级别最低;对于正文内容,默认的列表级别是一级,单击"开始"选项卡→"段落"组→"增加缩进量"按钮 或按 Tab 键,会将段落的列表级别提高一级,增加整个段落的左缩进量,同时字号变小;对于列表级别高于一级的段落,单击"开始"选项卡→"段落"组→"减少缩进量"按钮 ,可将段落的列表级别降低一级,减少整个段落的左缩进量,同时字号变大。

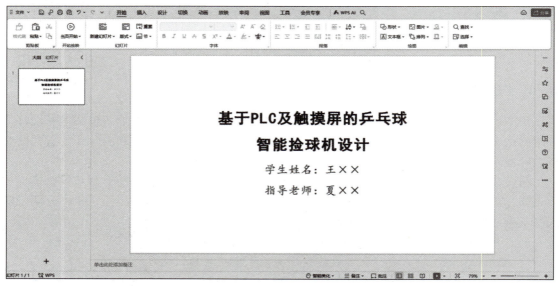

图6-10 演示文稿文本效果示例

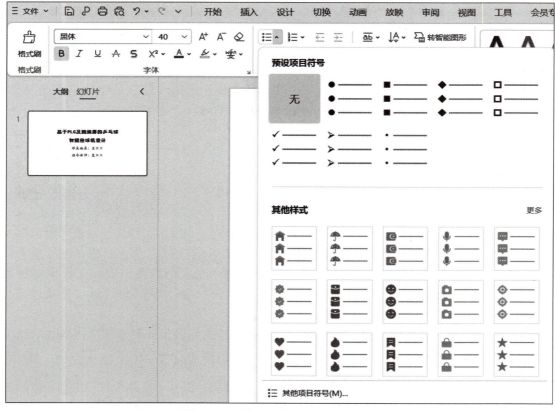

图6-11 给所选段落添加项目符号

6.2.3 插入图片

在演示文稿中插入一些与主题相关的图片，会使演示文稿更加生动有趣，更具吸引力。插入图片之前，可以先在第 2 张幻灯片之后插入一张新幻灯片，"图片与音频"，修改幻灯片，并输入标题"电子相册欣赏"。

插入图片

1. 插入文件中的图片

选择要插入图片的幻灯片，单击"插入"选项卡→"图形和图像"组→"图片"下拉按钮→"本地图片"命令，或单击幻灯片内容占位符中的  按钮，打开"插入图片"对话框（图 6-15），找到拖放目标文件，选择需要插入幻灯片的图片，如"电脑图 .jpg"，单击"打开"按钮即可在幻灯片中插入图片。

图 6-15 "插入图片"对话框

在幻灯片中插入的图片，"电脑图"，如图 6-16 所示。

2. 复制/移动幻灯片中的图片

复制/移动图片的方法有两种：先选中要复制/移动的图片，按 Ctrl+C/Ctrl+X 组合键进行复制/剪切，然后在幻灯片中选择目标位置，按 Ctrl+V 组合键进行粘贴即可（一般为沿占位符），按 Ctrl+V 组合键进行粘贴即可。

> 提示：如果没有选择粘贴的位置，直接按 Ctrl+V 组合键进行粘贴，则粘贴的图片将位于幻灯片的中上方，不会插入占位符中。

项目 6 WPS 演示的使用

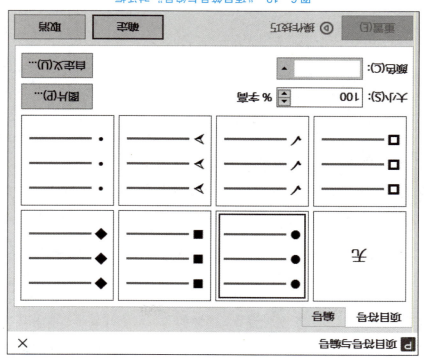

图 6-12 "项目符号与编号"对话框

注意：具体的编号可能会根据所选文本框的大小而有所不同，在实际应用中，可以根据需要灵活地进行调整或重新设置，以达到最佳的演示效果。

例如，在第 1 张幻灯片之后插入一张幻灯片，版式为"标题内容"，并在该幻灯片中分别输入标题和内容（图 6-13）；然后选择标题为"设计思路"，将项目符号设置为菱形，其分别将每个小标题下的内容，再以"开始"，选项卡、"段落"组中"→"组、"增加缩进量"按钮，增加段落缩进量，设置效果如图 6-14 所示。

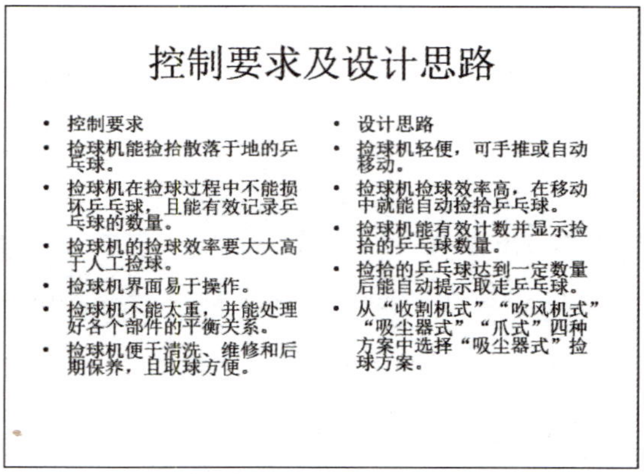

设计思路及方法图解   设计思路及方法图解

> 设计思路   > 设计思路
— 将鼠标移到需要添加动画效果的   — 将鼠标移到需要添加动画效果的
  文本框上   文本框上
— 单击"动画"选项卡   — 单击"动画"选项卡
— 在下拉菜单中选择一种合适的动   — 在下拉菜单中选择一种合适的动
  画效果   画效果
— 可通过"效果选项"来进一步设   — 可通过"效果选项"来进一步设
  置动画的细节，如方向、持续   置动画的细节，如方向、持续
  时间等   时间等

图 6-13 第 2 张幻灯片中输入的标题和内容 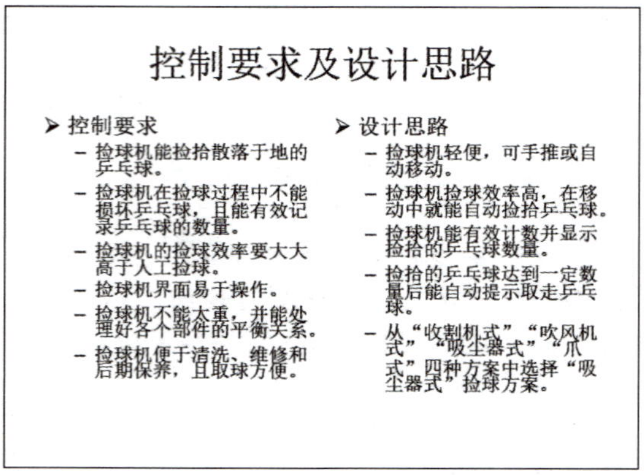   图 6-14 项目符号设置效果

227

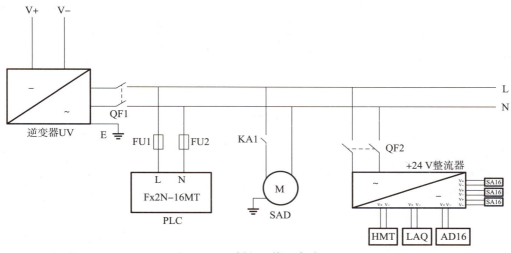

图 6-16 插入图片"电路图"

3. 编辑图片

在制作演示文稿时，插入的图片往往需要适当进行调整与美化，才能呈现更好的演示效果。除了调整图片大小、位置以及样式以外，还可以根据图片特点与主题需要对图片进行适当裁剪，甚至可以去除图片背景。

1）图片调整

当需要对幻灯片当中的图片进行美化时，需要先选中要美化的对象，功能区就会出现"图片工具"上下文选项卡（图 6-17），该选项卡中包含"布局"组、"大小"组、"图片样式"组、"排列"组、"进阶功能"组和各种命令按钮，以实现图片布局调整、大小位置变动、样式设置和组合排列等功能。除此之外，双击图片，或者右击执行"设置对象格式"命令，即可调出"对象属性"窗格（图 6-18），可以对图片进行详细设置，包括设置图片的填充与线条、效果、大小与属性等。

图 6-17 "图片工具"选项卡区域

2）裁剪图片

图 6-16 中插入的图片由于尺寸过大，无法按照原本的图片尺寸进行显示，系统会自动根据幻灯片图片区域大小对图片显示尺寸进行调整。接下来请删掉幻灯片右侧的文本区，将"电路图"设置为"水平居中"对齐，并使用"裁剪"对图片大小进行重新调整。

（1）选中图片，单击"图片工具"选项卡→"裁剪"按钮（图 6-19）；或者右击图片，在浮动工具栏中单击"裁剪"按钮（图 6-20）。

（2）图片的边缘和四角处显示黑色裁剪图柄，将左右两边的裁剪图柄分别向外拖曳，使其位于图片边缘的外侧，然后单击图片外的区域，完成图片裁剪。

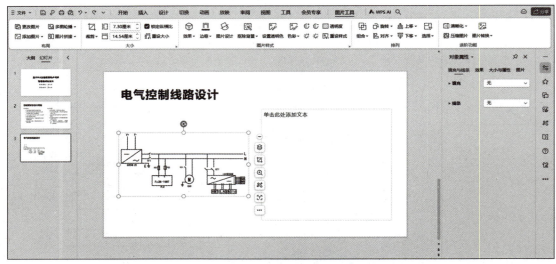

图 6-18 "图片工具"选项卡区域

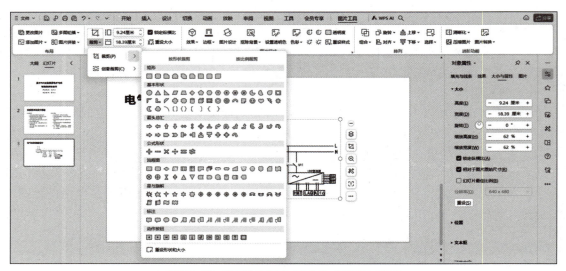

图 6-19 "图片工具"选项卡"裁剪"按钮

（3）如果裁剪完之后对图片显示不满意，除了重新裁剪外，还可以采用重设的方法：选中图片，单击"图片工具"选项卡→"裁剪"，在浮动工具中选择"重设形状和大小"，图片即可恢复原来的大小。

6.2.4 插入表格

在第 3 张幻灯片之后插入一张版式为"标题和内容"的幻灯片，并输入标题"电器元件选型"。

插入表格

项目 6　WPS 演示的使用

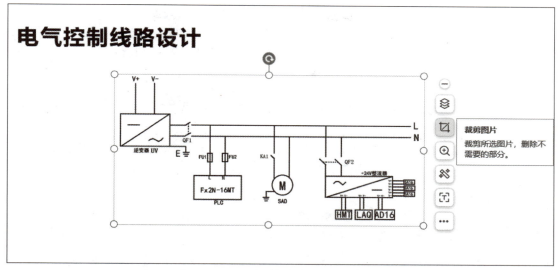

图 6-20　浮动工具栏中"裁剪"按钮

1. 插入表格的方法

与 WPS 文档类似，在 WPS 演示文稿中也可以单击"插入"选项卡→"表格"下拉按钮插入表格（图 6-21），并在表格中输入文字内容（图 6-22）。不同的是，WPS 中插入的表格自动应用了 WPS 演示中的默认表格样式。

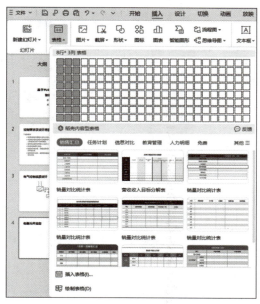

图 6-21　插入表格　　　　　　　　　　图 6-22　在表格中输入文字内容

2. 编辑表格

WPS 演示中对表格的编辑与在 WPS 文档中的操作类似，可以通过"表格工具"和"表格样式"选项卡对表格进行编辑。在"表格工具"选项卡中可以执行插入行和列、设置表格字体样式、设置对齐方式、合并拆分单元格、调整单元格大小和排列表格等操作，如图6-23所示；在"表格样式"选项卡中可以更改表格样式、设置表格边框和底纹等，如图6-24所示。

图6-23 "表格工具"选项卡

图6-24 "表格样式"选项卡

除此之外，还可以选中表格后，右击，执行"设置对象格式"命令，调出"对象属性"设置窗格（图6-25），可以对表格的"形状选项"和"文本选项"进行设置，包括设置表格的填充与线条、效果、大小与属性、文本框等。

图6-25 "对象属性"设置窗格

例如，在"表格工具"选项卡中，通过"表格尺寸"组，设置表格第1、2、3列的列宽分别为5厘米、8厘米和12厘米；通过"对齐方式"组，设置表格内所有单元格内容垂直水平对齐、居中对齐；通过"排列"组，设置表格对齐方式为水平居中和垂直居中。在"表格工具"选项卡中，通过"表格样式"组，将表格的样式改为"中度样式2-强调2"。编辑后的表格如图6-26所示。

电器元件	作用	选择的产品
激光传感器	计数	博特尼LAQ-SM2M30N1激光传感器
直流电源	提供24V直流电	超威24V直流电源 明纬220/24V开关电源
离心风机	提供动力	鼎欣120W工频离心风机
逆变器	将直流电转变为交流电	科迈尔500W 24V 逆变器
触摸屏	用于信息显示和操作	威纶TK6070iP触摸屏
PLC	控制捡球机	三菱FX2N-16MT PLC
蜂鸣器	报警	安普特AD16-16SM蜂鸣器
按钮	用于启动和停止捡球机	梅奥SA16按钮

图 6-26 编辑后的表格

6.2.5 绘制图形

在 WPS 演示文稿中绘制图形的方法与在 WPS 文档中类似,方法是:单击"插入"选项卡→"图形和图像"组→"形状"下拉按钮(图 6-27),在下拉列表中选择需要的形状,通过拖动鼠标的方式绘制图形。

绘制图形

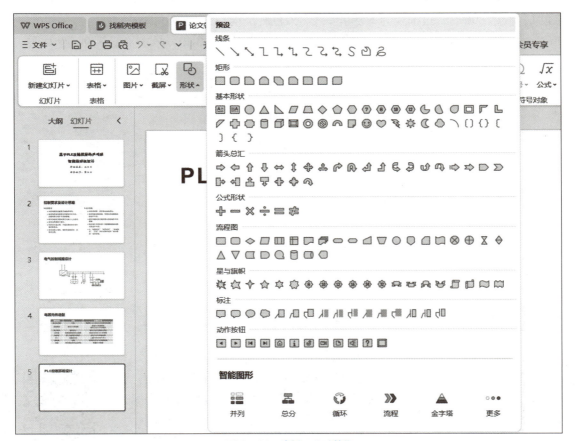

图 6-27 插入"形状"

在 WPS 演示中,为了方便绘制图形,"开始"选项卡中还有"绘图"组(图 6-28),

其中包含常用的绘图命令按钮，便于在幻灯片中插入形状、文本框和图片，排列组合幻灯片中的对象，设置形状填充和形状轮廓样式。比如，单击"形状"下拉按钮，选择"矩形 – 圆角矩形"，按住鼠标左键在幻灯片中的合适位置绘制图形即可。在"绘制"组中可以快速设置图形样式，还可以单击"绘图"组右下角的"对话框启动器"按钮，打开"设置形状格式"窗格，对形状和文本做更多的设置。

图6-28 "开始"选项卡-"绘图"组

例如，在第5张幻灯片之后插入一张版式为"仅标题"的幻灯片，输入标题"PLC控制系统设计"，标题段落居中对齐，然后在标题下方的空白区域绘制PLC控制程序流程图。

（1）单击"插入"选项卡→"图形和图像"组→"形状"下拉按钮，选择"矩形 – 圆角矩形"选项，然后在幻灯片上方绘制一个圆角矩形；设置圆角矩形的填充颜色为"钢蓝，着色1，淡色80%"，边框线为1磅单实线、黑色 – 文本1；右击圆角矩形，执行"编辑文字"命令，在圆角矩形中输入"开始"；设置文字的格式为宋体、黑色、14号，如图6-29所示。

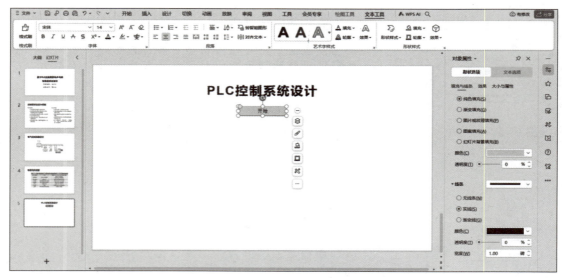

图6-29 图形格式设置

（2）按照步骤（1）绘制其他形状，最终的效果如图6-30所示。其中的"Y"和"N"是通过文本框插入的，需要将文本框格式设置为无填充、无线条。

6.2.6 插入超链接和动作

插入超链接和动作

在第5张幻灯片之后插入一张版式为"标题和内容"的幻灯片，并输入标题和文本内按钮，或者在对象占位符、在弹出的下拉菜单中执行"插入图片"命令，弹出"插入图片"对话框，先选择要链接到的位置，如"此有文件或网页"，然后在中间的列表框中选择具体的文件/网址和对象，再点"确定"按钮，如图 6 - 32 所示。

图 6 - 32 "插入超链接"对话框

建立超链接的文本颜色会改变（与应用的主题有关），也可以在"插入超链接"对话框中自定义链接颜色（），关于链接是不可见的，放映幻灯片时，当鼠标指针接触到创建有超链接的文本时，其形状将变为手形，此时可打开对应的文件/网址，如图 6 - 33 所示。

幻灯片新能源接种机组装调试与实践

- 组装制作过程中是手足球新能源接种机实物图
- 组装完成的是手足球新能源接种机实物图
- 手足球新能源接种机试验工作过程
- 进行拍摄的手足球新能源接种机的侧面图片
- 在手足球新能源接种机上摆放接种板位置的另部分上浮实
- 整装待发

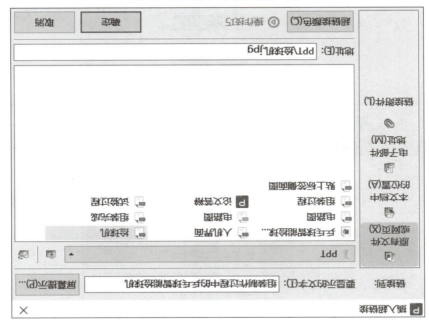

图 6 - 33 打开文本所链接对应的超链接

·· 236 ··

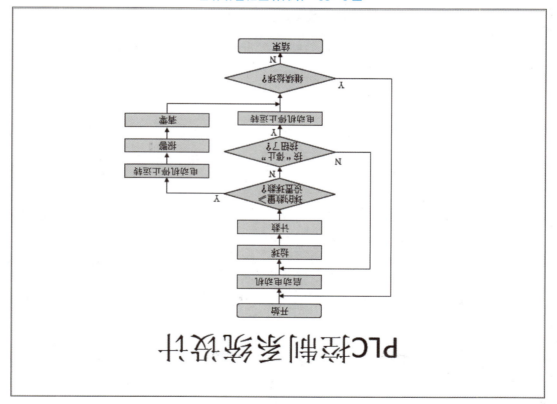

图 6－30　绘制的图形最终效果

容（图 6－31），然后为文本内容设置超链接。单击超链接，可以从本幻灯片跳转至其他幻灯片、外部文件、程序或网页。

乒乓球智能捡球机组装调试与实现

- 组装制作过程中的乒乓球智能捡球机
- 组装完成的乒乓球智能捡球机实物图
- 乒乓球智能捡球机试验工作过程
- 进行捡拾乒乓球时的触摸屏人机界面显示
- 在乒乓球智能捡球机操作面板相应按钮位置分别贴上清零按钮、启动按钮、停止按钮和蜂鸣器报警等标签

图 6－31　第 5 张幻灯片标题和文本内容

1. 设置超链接

选中幻灯片中的某个对象或文本内容，单击“插入”选项卡→“链接”组→“超链接”

> 提示：如果想取消对象的超链接，右击已设置超链接的对象，在弹出式菜单中执行"超链接"→"取消超链接"命令即可。

2. 添加动作

选中幻灯片中的某个对象或文本内容，单击"插入"选项卡→"链接"组→"动作"按钮，弹出"动作设置"对话框（图6-34），可以设置"鼠标单击"和"鼠标移过"对象或文本内容时执行的动作命令。

勾选"超链接到"，在对应的下拉列表中选择"其他文件"选项，弹出"超链接到其他文件"对话框，选择一个文件（图6-35），单击"打开"按钮，返回"动作设置"对话框，再单击"确定"按钮，完成设置。

按照上述步骤为其他文本添加超链接或动作。

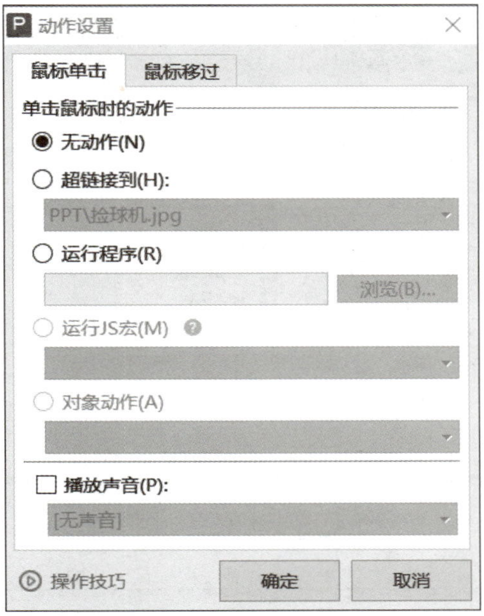

图6-34 "动作设置"对话框

3. 绘制动作按钮

单击"插入"选项卡→"插图"组→"形状"下拉按钮，在下拉列表的"动作按钮"组中选择一种动作按钮，如"前进或下一项"，在幻灯片中按住鼠标左键绘制动作按钮图标，松开鼠标时，弹出"动作设置"对话框，在"鼠标单击"或"鼠标移过"中进行动作设置，如图6-36所示。

> 提示：WPS提供了多种动作按钮，将鼠标指针停留在按钮上会显示该按钮的名称。

6.2.7 插入视频和屏幕录制

在WPS演示文稿中可以插入视频等多媒体文件，支持的视频格式有ASF、ASX、WMX、AVI、MOV、MP4等，除此之外，还可以录制屏幕。在插入视频之前，先在第6张幻灯片之后插入一张版式为"标题和内容"的幻灯片，输入标题"操作使用说明"并居中对齐。

插入视频和屏幕录制

1. 插入文件中的视频

选中目标幻灯片的文本内容区，单击"插入"选项卡→"媒体"组→"视频"按钮，在下拉列表中选择"嵌入视频"选项，或者在文本内容区域中单击"插入媒体"按钮，

图6-35 添加动作

图6-36 幻灯片中绘制动作按钮

即可弹出"插入视频"对话框（图6-37），选择要插入的视频（如"乒乓球智能捡球机操作使用说明.mp4"），单击"打开"按钮即可插入文件中的视频。

插入视频后，可以通过视频工具栏实现控制视频播放、设置视频封面等功能，也可以在"视频工具"选项卡和"对象属性"窗格界面对视频进行设置，如图6-38所示。

通过"视频工具"选项卡中的"播放""裁剪视频"等命令按钮，可以对视频进行剪裁和播放设置等。若要进行视频裁剪，可单击"视频工具"选项卡→"裁剪"组→"裁剪"

2. 屏幕录制

屏幕录制是 WPS 演示中新增的功能，其操作非常简单。单击"插入"选项卡→"屏幕录制"，弹出"屏幕录制"窗口，并用红色虚线框出一个录制区域，如果需调整录制区域，可将鼠标指针移到四边的箭头上进行伸缩，调整录制画面大小。或者在"屏幕录制"窗口中的下拉列表中选择"录制画面 /"，录满屏；或"录制窗口 /"，录播放窗口。录制开始后，屏幕录制窗口变成如图 6-40 所示。单击"开始录制"，按钮开始录制画面，到需录完成时，单击录制窗口中的"停止"，按钮即可退出。

6.2.8 插入艺术字

利用 WPS 演示中的艺术字功能，可以插入带阴影的、扭曲的、旋转的和拉伸的艺术字，也可以按预定义的形状创建艺术字。在 WPS 演示中艺术字插入是艺术字作为图形方式与 WPS 文本来处理。

插入 7 张幻灯片之后在以一张幻灯片作为"容器"，把幻灯片。
再单击"插入"选项卡→"艺术字"，组→"艺术字"，按钮，在下拉列表中选择一种艺术字样式，如"填充一白色，轮廓—着色 5，阴影"。

插入艺术字

项目 6 WPS 演示的使用

插入视频

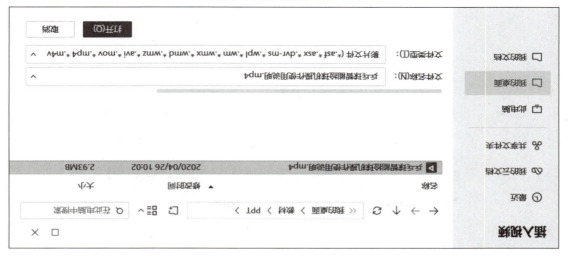

图 6-37 "插入视频"对话框

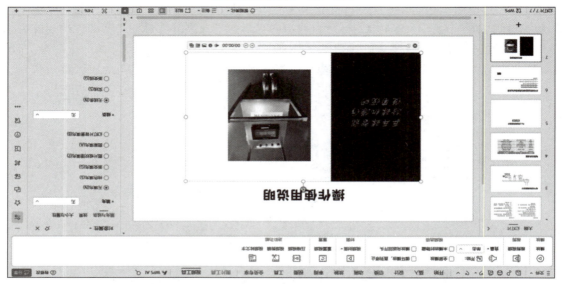

图 6-38 对视频进行设置

接着，单击"视频设置"，在视频时间条上向右拖动开始时间轴滑块 ▮，向右拖动结束时间轴滑块 ▮，进行视频裁剪，也可以通过设置裁剪开始时间和结束时间来进行裁剪，如图 6-39 所示。

提示：各种插入的视频都与视频的裁剪。

239

项目6　WPS 演示的使用

图 6-40　屏幕录制

在幻灯片中自动插入一个艺术字文本框,在其中输入内容,如"感谢夏老师的指导!"。

设置艺术字的大小:选中插入的艺术字,在"绘图工具"选项卡的"大小"组中可以设置艺术字文本框的高度和宽度,如高度为 4 厘米,宽度为 24 厘米。除此之外,单击"大小"组右下角的"对话框启动器"按钮,打开"对象属性"设置窗格,在"大小与属性"面板中也可以设置艺术字文本框的高度和宽度,还可以设置其位置,如图 6-41 所示。

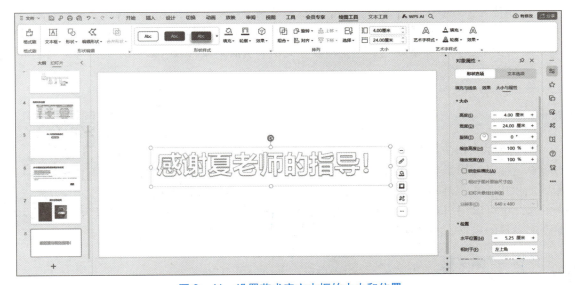

图 6-41　设置艺术字文本框的大小和位置

注意:这里设置的是艺术字文本框的大小,而不是艺术字本身的大小。艺术字的字体和字号也是可以设置的,方法与普通文本一样,如在"开始"选项卡的"字体"组中设置其字体为微软雅黑,字号为 72,也可以在"文本工具"选项卡的"字体"组中进行设置。

设置艺术字"文本选项"属性:在"对象属性"设置窗格中单击"文本选项"按钮,在"文本框"面板中可以设置艺术字的垂直对齐方式、文字反向、文字边距等。

241

单击"绘图工具"选项卡→"艺术字样式"组→"效果"下拉按钮→"更多设置"命令，在"对象属性"设置窗格中的"效果"面板中，可为艺术字设置阴影、倒影、发光、三维格式、三维旋转、转换等效果，如设置阴影为"外部:向右偏移"，转换效果为"弯曲:腰鼓"，如图6-42所示。

图6-42 设置艺术字的阴影和转换效果

任务6.3 外观设计——美化论文答辩演示文稿

任务描述

设计精美、赏心悦目的演示文稿，可辅助使用者准确传递信息，有效地表达精彩的内容。通过应用主题、设置背景版式等手段修饰演示文稿，可起到立竿见影的效果。本项目通过使用主题、设置背景版式、调整幻灯片大小和页脚以及修改母版等方式，对论文答辩演示文稿进行美化。

6.3.1 使用主题

WPS演示文稿主题是一组预定义的格式和设计元素，包括颜色、字体、图形等，可以应用于整个演示文稿，以使幻灯片在视觉上保持一致性。在WPS演示中，可以通过"设计"选项卡中的"主题"组来选择内置的幻灯片主题，也可以用户自定义主题。使用主题是制作幻灯片的基础步骤，它可以为整个演示文稿设定一致的风格，并确保幻灯片之间的过渡和配色一致。

主题设置

1. 套用内置主题

用户可以选择直接套用WPS演示中内置的主题来快速美化演示文稿。

单击"设计"选项卡→"主题"组→"更多设计"按钮，在内置的主题库选择一种内置主题，如"全文美化"组中的"毕业论文答辩"主题模板（图6-43）。

默认设置是将主题应用于所有幻灯片，如果要将所选主题应用于某张或某几张幻灯片，可以单击"设计"选项卡→"主题"组→"更多设计"按钮，在主题库中选择合适的内置主题，然后在"美化预览"界面取消勾选"全选"复选项，依次勾选需要应用该主题的幻灯片，即可将主题应用到特定幻灯片上。除此之外，也可以先选择要设置的幻灯片，单击"设计"选项卡→"智能美化"组→"单页美化"按钮，在当前幻灯片下方会打开内置主题库，单击选择要应用的主题即可（图6-44）。

项目 6　WPS 演示的使用

图 6-43　套用内置"毕业论文答辩"主题模板

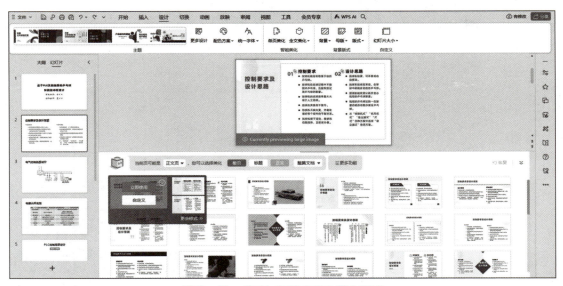

图 6-44　单页幻灯片套用内置主题库

2. 自定义主题

1）自定义主题颜色

单击"设计"选项卡→"主题"组→"配色方案"下拉按钮（图 6-45），可以从"推荐方案"中选择一种颜色方案,也可以从"自定义"中执行"创建自定义配色"命令,弹出"自定义颜色"对话框,自行设置文字颜色、背景颜色、超链接颜色等,如图6-46所示。

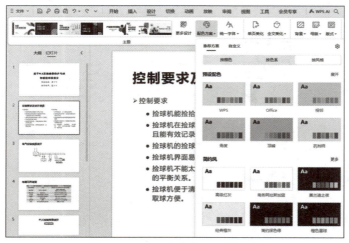

图6-45 "配色方案"下拉列表　　　　图6-46 "自定义颜色"对话框

2)自定义主题字体

单击"设计"选项卡→"主题"组→"统一字体"下拉按钮(图6-47),可以从内置字体库中选择一种字体方案;也可以在"自定义"中执行"创建自定义字体"命令,在打开的"自定义字体"对话框中分别设置标题和正文的中英文字体,如图6-48所示。

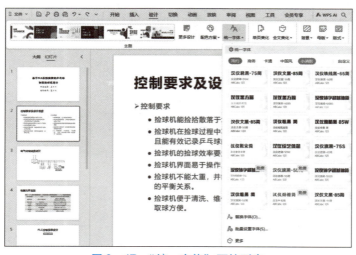

图6-47 "统一字体"下拉列表　　　　图6-48 "自定义字体"对话框

3)自定义主题背景

单击"设计"选项卡→"背景版式"组→"背景"下拉按钮(图6-49),可以直接从"背景"下拉列表中选择一种背景填充样式,也可以执行"背景填充"命令,打开"对象属性"背景设置窗格(图6-50),在该窗格中可以设置纯色填充、渐变填充、图片或纹理填充、图案填充等效果。如果要设置全部幻灯片背景,可以单击"对象属性"背景设置窗格最下方的"全部应用"按钮,如果背景设置不满意,可以选择"重置背景"。

项目 6　WPS 演示的使用

图 6-49　"背景"下拉列表

6.3.2　设置背景

幻灯片的背景是幻灯片的一个重要组成部分，改变幻灯片背景可以使幻灯片的整体风格发生变化，较大程度地改善放映效果。用户可以在 WPS 演示中轻松改变幻灯片背景颜色和填充效果。

背景设置

1. 设置背景样式

1）改变背景颜色

改变背景颜色的操作就是为幻灯片背景均匀地"喷"上一种颜色，以快速地改变整个演示文稿的风格。具体操作步骤如下：

（1）单击"设计"选项卡中的"背景"按钮，在右侧打开"对象属性"窗格。

（2）在"填充"组中选择"纯色填充"单选按钮，在"颜色"下拉列表框中选择需要使用的背景颜色或通过"取色器"直接吸取所需的颜色。左右拖动"透明度"滑块，可以调整颜色的透明度。

（3）单击"对象属性"窗格中的"全部应用"按钮或右上角的"关闭"按钮，完成背景颜色的设置。

如果没有合适的颜色，可以单击"颜色"下拉列表框中的"更多颜色"按钮，在弹出的"颜色"对话框中选择颜色，单击"确定"按钮即可。

图 6-50　"对象属性"背景设置窗格

2）调整背景的其他设置

设置背景颜色后，幻灯片的效果虽然比原来的好多了，但是因为颜色单一，整个幻灯片的外观仍然显得比较单调。WPS 演示提供了许多个性化设计，足以满足用户在制作演示文稿时的各种需求。

单击"设计"选项卡中的"背景"按钮，在右侧打开"对象属性"窗格，在"填充"组中有 4 个单选按钮：纯色填充、渐变填充、图片或纹理填充、图案填充。

（1）纯色填充：幻灯片的背景色为一种颜色。WPS 演示提供了单色及自定义颜色来作为幻灯片的背景色。

（2）渐变填充：幻灯片的背景有多种颜色。渐变填充的属性包括渐变样式、角度、色标、位置、透明度、亮度等。

（3）图片或纹理填充：幻灯片的背景为图片或纹理，其中包括对图片填充、纹理填充、透明度、放置方式等的设置。"纹理"下拉列表框中有一些质感较强的预设图片，应用后会使幻灯片具有一些特殊材料的质感。

（4）图案填充：幻灯片的背景为图案。图案是一系列网格状的底纹图形，由背景和前景构成，其中的形状多是线条形和点状形的。一般很少使用此填充效果。

在 WPS 演示中，纯色填充、渐变填充、纹理填充、图案填充、图片填充只能使用一种，也就是说，如果先设置了纹理填充，而后又设置了图片填充，则幻灯片只会应用图片填充效果。

如果需要取消本次填充效果设置，可以单击"对象属性"窗格下方的"重置背景"按钮。

2. 设置单张幻灯片背景样式

单击"设计"选项卡→"背景版式"组→"背景"按钮，执行"背景填充"命令，打开"对象属性"背景设置窗格。

1）设置纯色填充

选中第 1 张幻灯片，在"对象属性"背景设置窗格中选择"纯色填充"，在"颜色"下拉列表中选择一种颜色，如"橙色，着色 3，浅色 80%"，如图 6-51 所示。

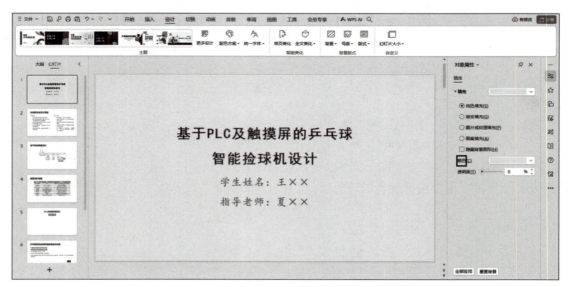

图 6-51　设置纯色填充

2) 设置渐变填充

在幻灯片窗格中选中第 2 张幻灯片,选择"渐变填充",在"渐变样式"中选择一种样式,如"线性渐变";在"色标颜色"下拉列表中选择一种颜色,如"橙色,着色 3,浅色 80%",效果如图 6-52 所示。

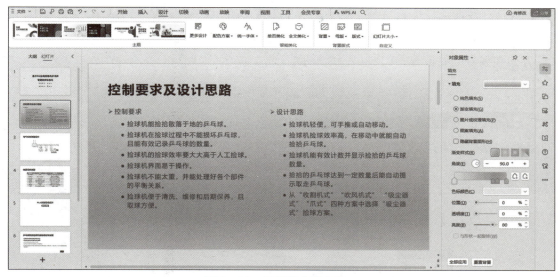

图 6-52　设置渐变填充效果

3) 设置图片或纹理填充

在幻灯片窗格中选中第 3 张幻灯片,选择"图片或纹理填充",然后在"纹理填充"下拉列表中选择一种样式,如"金山"(图 6-53)。

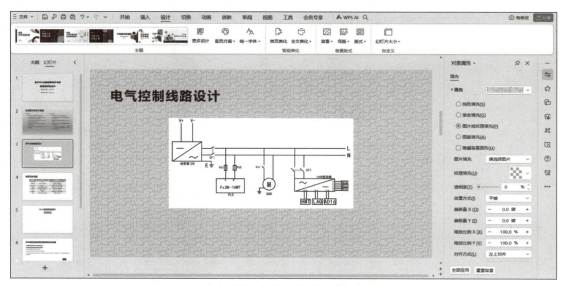

图 6-53　设置图片或纹理填充

6.3.3 设置幻灯片大小和页脚

1. 设置幻灯片大小

单击"设计"选项卡→"自定义"组→"幻灯片大小"下拉按钮（图6-54），可以选择"标准（4∶3）"和"宽屏（16∶9）"的幻灯片样式，也可以执行"自定义大小"命令，在弹出的"页面设置"对话框中不仅可以设置幻灯片大小，还可以设置其方向和编号起始值等，如图6-55所示。

图6-54 "幻灯片大小"下拉列表

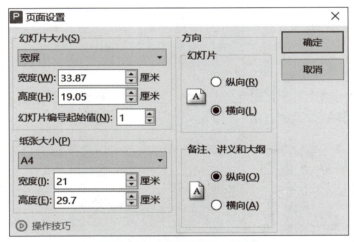

图6-55 "页面设置"对话框

2. 设置幻灯片页脚

单击"插入"选项卡→"页眉页脚"组→"页眉页脚"下拉按钮（图6-56），打开"页

图6-56 "页眉页脚"下拉列表

眉和页脚"对话框。在"幻灯片"选项卡中设置页脚样式，比如：取消对"日期和时间"复选项的选择，选择"幻灯片编号"和"页脚"复选项，在"页脚"下方的文本框中输入"论文答辩"，单击"全部应用"按钮，如图6-57所示。

图6-57 "页眉和页脚"对话框

6.3.4 设置母版

在WPS演示中，母版是一种特殊的幻灯片，用于定义幻灯片的默认样式和布局。通过编辑母版，可以统一设置整个演示文稿的背景、字体、颜色、效果等。母版包括幻灯片母版、讲义母版和备注母版三种。其中，幻灯片母版包括版式母版和幻灯片母版。版式母版用于控制版式相同的幻灯片的属性，而幻灯片母版用于控制幻灯片中其他类别对象的共同特征，如文本格式、图片格式、幻灯片背景及某些特殊效果。

幻灯片母版设置

如果需要统一修改全部幻灯片的外观，例如希望每张幻灯片中都显示演示文稿的制作日期，只需在幻灯片母版中输入日期，WPS演示将自动更新已有或新建的幻灯片，使所有幻灯片的相同位置均显示在母版内输入的日期。

1. 编辑母版

单击"视图"选项卡中的"幻灯片母版"按钮，即可切换到幻灯片母版视图，在幻灯片母版视图中可以看到所有的幻灯片都列在这里，用户可以选中一个幻灯片，然后编辑其背景、字体、效果等，也可以添加或删除幻灯片、在已有的幻灯片上添加文本框、图片、形状等，编辑完成后，单击"幻灯片母版"选项卡中的"关闭"按钮，就可以退出母版编辑模式。

2. 统一为每张幻灯片增加相同对象

单击"视图"选项卡中的"幻灯片母版"按钮,进入幻灯片母版视图(图6-58),选中幻灯片母版中的第1张幻灯片,单击"插入"选项卡中的"形状"按钮,在下拉框中选择需要插入的形状,比如"星与旗帜-五角星",鼠标拖曳插入第1张幻灯片右上角,即将该形状插入幻灯片母版。单击"幻灯片母版"选项卡中的"关闭"按钮,退出幻灯片母版视图后,就可以看到所有幻灯片的相同位置均出现了刚插入的形状,如图6-59所示。

图6-58 幻灯片母版视图

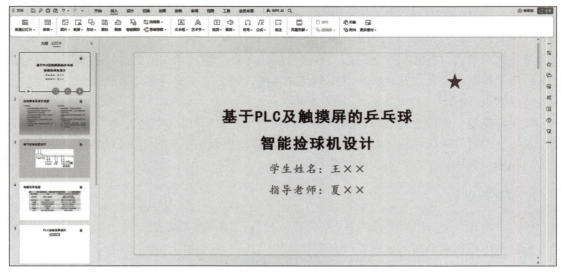

图6-59 幻灯片母版插入"五角星"后的效果

3. 建立与母版不同的幻灯片

如果要使个别幻灯片与母版不一致，可以先选中需要不同于母版的目标幻灯片，单击"幻灯片母版"选项卡中的"背景"按钮，在右侧打开"对象属性"窗格，如图6-60所示。在"填充与线条"选项卡的"填充"组中勾选"隐藏背景图形"复选项，将当前幻灯片上的母版形状对象隐藏。

图6-60 设置"隐藏背景图形"

任务6.4 放映设置——让论文答辩演示文稿动起来

任务描述

制作幻灯片时，除了在内容上精心设计外，还需要为幻灯片的演示设计动画效果、切换效果，以吸引观众。为了获得更好的播放效果，在正式播放演示文稿之前，还需要进行一些先期设置，如设置放映方式、自定义幻灯片的播放顺序等。本任务是放映论文答辩演示文稿，首先进行放映设计，包括动画、切换效果的设置；然后进行排练计时和放映方式设置；最后启动放映，为了确保演示文稿在其他计算机上可以正常放映，还需要导出演示文稿。

6.4.1 设置动画效果

在WPS演示文稿中可以为文本、图片、形状、表格、SmartArt图形等对象添加动画，以增强视觉效果。幻灯片中对象的动画效果设置应遵循适当、简化和创新的原则，要具有良好的视觉效果。WPS演示提供了五类动

动画设置

画：进入、强调、退出、动作路径和绘制自定义路径。

进入动画：指幻灯片放映时，播放画面中对象从外部进入或出现的方式，如"动态数字""百叶窗""擦除""出现""飞入"等。

强调动画：指幻灯片放映时，播放画面中需要突出显示的对象的展现方式，如"放大/缩小""更改填充颜色""更改线条颜色""更改字形"等。

退出动画：指幻灯片放映时，对象离开播放画面时的方式，如"百叶窗""擦除""飞出""盒装""缓慢移出"等。

动作路径动画：指幻灯片放映时，播放画面中设置对象按某种路径移动的方式，如"八边形""八角星""等边三角形""泪滴形"等。

绘制自定义路径动画：指幻灯片放映时，播放画面中设置对象按照用户提前预设的路径进行移动，如"直线""曲线""任意多边形""自由曲线"等，自定义路径的设置是在"动画窗格"→"选择窗格"中进行的。

1. 添加动画

下面以添加进入动画为例，介绍添加动画的方法。

方法1：选中幻灯片的某个对象（如封面中的主标题"基于PLC及触摸屏的乒乓球智能捡球机设计"），单击"动画"选项卡→"动画"组→"预设动画列表框"下拉按钮，在下拉列表中选择一种动画，如"进入"类别中"百叶窗"动画（图6-61）。如果下拉列表中没有要选择的动画，比如"上升"动画，则单击进入动画里的"更多选项"按钮，在打开的列表中，找到"温和型"里的"上升"动画即可，如图6-62所示。

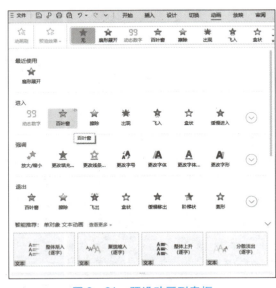

图6-61 预设动画列表框

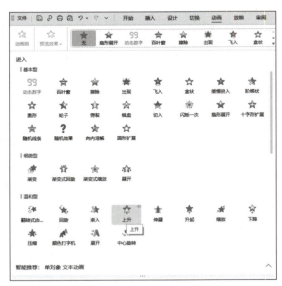

图6-62 "进入"动画里的"更多选项"界面

方法2：选中一张幻灯片的某个对象，单击"动画"选项卡→"动画工具"组→"动画窗格"按钮，或在右侧单击"动画窗格"图标，打开"动画窗格"任务窗格，对当前幻灯片中的动画进行查看或编辑（图6-63）。

项目6　WPS演示的使用

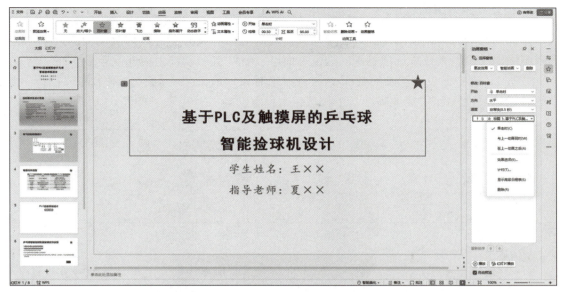

图6-63　"动画窗格"任务窗格界面

提示：如果要对一个对象添加多个动画，在添加第一个动画之后，一定要单击"动画窗格"任务窗格中的"添加效果"下拉按钮来添加新的动画（图6-64）。如果在"动画"组中的预设动画列表中重新选择动画，则新的动画会替换原来的动画，不会添加新的动画。

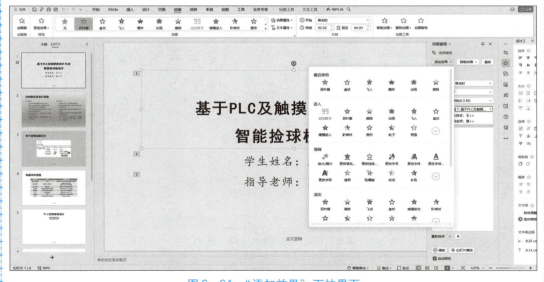

图6-64　"添加效果"下拉界面

2. 设置动画效果选项

添加动画后，对象前出现编号表示动画播放的顺序。此时还可以修改动画的效果选项。选择不同的动画，其效果选项是不同的，下面以"百叶窗"动画为例进行介绍。

方法1：选中已设置动画的封面中的主标题对象，单击"动画"选项卡的"动画"组中的"动画属性"和"文本属性"下拉按钮来设置动画显示效果，如图6-65所示。

图6-65 "动画属性"和"文本属性"下拉按钮

方法2：选中对象，单击"动画"组右下角的"其他效果选项" ，显示该动画的效果选项对话框（图6-66），里面包含"效果""计时""正文文本动画"三个选项卡。在"效果"选项卡中可以设置动画的方向，为动画添加伴随声音等；在"计时"选项卡中可以设置动画的开始方式、播放速度等；在"正文文本动画"选项卡中可以设置图形的组合方式。对象前面的数字1、2、3、…表示动画的播放顺序。

图6-66 动画效果选项对话框

> **提示**：添加动画时，默认为整个对象添加动画，即序列为"作为一个对象"。当把序列设置为"逐个"时，就分别为对象的各个部分设置动画。

3. 动画窗格

在为多个对象添加动画时，可以使用动画窗格调整动画的播放顺序，设置动画效果，进行计时设置等操作。

选中某个含有多个对象的幻灯片，单击"动画"选项卡→"动画工具"组→"动画窗格"按钮，在操作窗口右侧打开"动画窗格"（图 6-67），其中显示了当前幻灯片已设置动画的对象名称和对应的动画序号，单击窗格下方的"播放"按钮，可以预览当前幻灯片播放时对象的动画效果。

图 6-67　动画窗格

1）调整动画的播放顺序

在"动画窗格"中选择某个动画，单击窗格下方的"重新排序"按钮，将动画向前或向后移动。也可以直接拖动窗格中的动画，改变动画的播放顺序。例如，在如图 6-67 所示的"动画窗格"中选中第二个动画，单击"重新排序"中的 ⬆ 按钮，即可将副标题里"学生姓名：王××"的动画移至主标题的前面。

2）设置动画的播放时间

在"动画窗格"中，右击要设置的动画，选择执行"显示高级日程表"命令后，动画的后面有一个灰色的矩形，矩形的宽度表示播放时间的长度，将鼠标指针移到矩形的右边框，当其形状变为 ↔ 时，按住鼠标左键向左或向右拖动，即可改变动画播放时间的长度。

除此之外，用户也可以在"动画窗格"中先选中动画，然后单击其右侧的下拉按钮，选择"计时"选项，在弹出的对话框中设置动画的快慢，如图 6-68 所示。还可以在"动画"选项卡的"计时"组中对动画的"持续"和"延迟"时间进行设置。

3）设置动画的开始方式

默认情况下，单击时开始播放动画，在"动画窗格"中动画的前面有一个图标 ↔。如果设置为"与上一动画同时"，则与上一动画一起播放，此时动画前没有图标；如果设置为

"在上一动画之后",则会在上一个动画播放之后自动播放,此时动画前有一个图标⏰,如图6-69所示。也可以在"动画"选项卡的"计时"组中对动画的"开始"时间进行设置。

图6-68 设置动画的播放时间

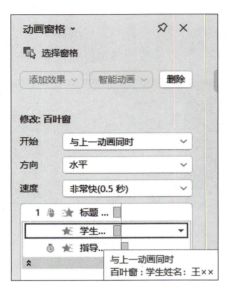
图6-69 设置动画的开始方式

4. 自定义动作路径动画

选中幻灯片的某个对象,如最后一张幻灯片中的艺术字,单击"动画"选项卡→"动画"组→"绘制自定义路径"组中的"自由曲线"命令,如图6-70所示。

将鼠标指针移至幻灯片上,鼠标就会变成一只画笔的样式,按住鼠标左键即可建立路径起点,按住鼠标左键自由移动,画出自定义路径,松开左键即可确定终点,动画将按所画路径播放预览一次。绘制的路径如图6-71所示,▽表示起点,▷表示终点。

5. 复制动画

在WPS演示中,可以使用动画刷将动画设置从一个对象复制到另一个对象。方法是:选中幻灯片中的某个对象,单击"动画"选项卡→"动画刷"组→"动画刷"按钮,复制当前对象的动画设置,再单击目标对象,即可将复制的动画设置应用到目标对象上。

双击"动画刷",可将同一动画设置复制到多个对象上。

6.4.2 设置切换效果

幻灯片和普通的文本不同:文本是用来阅读的,用页码标记清楚其顺序即可;而幻灯片是用来放映的,一张幻灯片放映完毕,另一张幻灯片便会"登场"。如果幻灯片之间没有过渡,则放映效果会非常生硬,所以,一般要为幻灯片添加过渡效果。幻灯片之间的过渡效果在WPS演示中被称为切换效果,当幻灯片处于"幻灯

项目 6　WPS 演示的使用

图 6-70　选择自定义动作路径

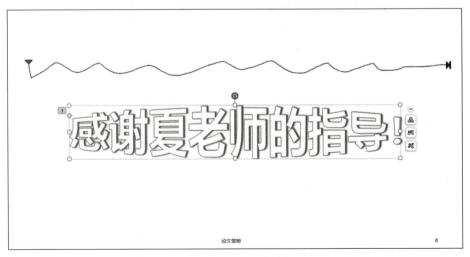

图 6-71　绘制的路径

片放映"状态时，幻灯片从一张播放到下一张时出现类似动画的效果。WPS 演示文稿中预设的切换效果中包括"平滑""淡出""切出""擦除"等多种切换方式。

1. 为幻灯片设置切换效果

选择要设置的幻灯片，单击"切换"选项卡→"切换"组→"切换效果"下拉按钮，在下拉列表中选择一种切换效果，如"溶解"，如图 6-72 所示。

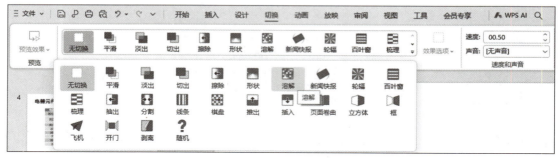

图 6-72 切换效果列表

有的切换效果包含多种切换样式，比如"切出""擦除""形状"等，如对默认的切换效果样式不满意，可对幻灯片的切换效果进行更改。方法为：选择已经应用切换效果的幻灯片，然后单击"切换"选项卡→"切换"组→"效果选项"下拉按钮，在下拉列表中选择其他的切换方向，如图 6-73 所示。

图 6-73 设置"切换效果"选项

> **提示**：不同的切换效果，"效果选项"下拉列表的内容一般是不同的。有的切换效果没有效果选项。

2. 计时设置

为了使幻灯片切换时更加生动、更加人性化，除了可以设置幻灯片的切换效果之外，还可以为幻灯片切换配上声音，设置切换速度和换片方式等。

在"切换"选项卡的"速度和声音"组的"声音"下拉列表中可以选择切换声音，如"风铃"；在"速度"微调框中可以设置幻灯片的切换速度；在"切换"选项卡的"换片方式"组中，默认为"单击鼠标时换片"，如果勾选"自动换片"复选项，可以设置自动切换到下一张幻灯片的时间。

默认情况下，切换效果会应用到所选的幻灯片。如果要将切换效果应用到所有幻灯片，则单击"切换"选项卡→"应用范围"组→"应用到全部"按钮。

6.4.3 排练计时

打开 WPS 演示文稿，单击"放映"选项卡→"放映设置"组→"排练计时"下拉按钮，如图 6-74 所示。此时就会启动幻灯片的放映，与普通放映不同的是，在幻灯片的左上角出现了一个如图 6-75 所示的"预演"计时工具栏。

图 6-74 单击"排练计时"按钮

图 6-75 "预演"计时工具栏

不断单击进行幻灯片放映时，"预演"计时对话框中的数据会不断更新，在放映完最后一张幻灯片后，会出现提示保存新的幻灯片排练时间的对话框（图 6-76）。

图 6-76 提示对话框

单击"是"按钮后的效果如图 6-77 所示，演示文稿窗口自动切换到幻灯片浏览视图，并且在每张幻灯片的左下角显示每张幻灯片的放映时间。

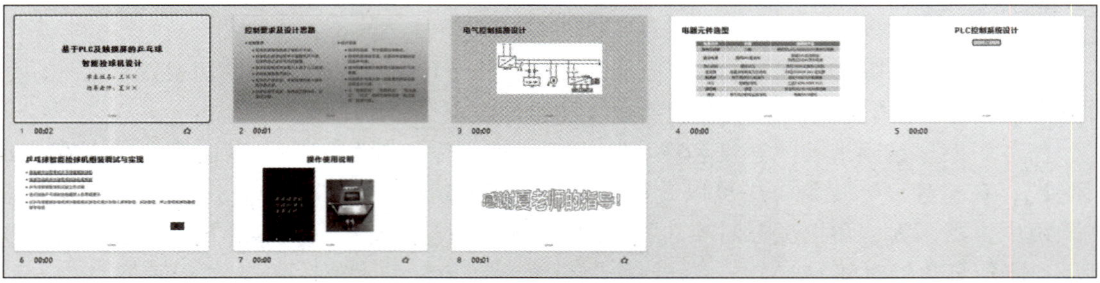

图 6-77 幻灯片浏览视图

6.4.4 设置放映方式

WPS 演示提供了多种放映和控制幻灯片的方法，用户可以选择最为理想的放映速度与放映方法，使幻灯片演示结构清晰、节奏明快、过程流畅。

设置放映方式

1. 开始放映

单击"幻灯片放映"选项卡中的"从头开始"按钮，或者按 F5 键，演示文稿的第一张幻灯片会以全屏的形式出现在屏幕上，单击或按 Enter 键可切换到下一张幻灯片。按 Esc 键可以中断放映并返回 WPS 演示界面。

2. 设置自动放映模式

由于演示文稿的作用不同，要选择的放映方式也不尽相同。演示文稿的放映方式有两种：演讲者放映（全屏幕）和展台自动循环放映（全屏幕）。设置放映方式的操作步骤如下：

单击"放映"选项卡→"放映设置"组→"放映设置"按钮，执行"放映方式"命令，弹出"设置放映方式"对话框，如图 6-78 所示。

在"放映类型"选项组中有"演讲者放映（全屏幕）"和"展台自动循环放映（全屏幕）"可供选择。如果选择"演讲者放映（全屏幕）"单选按钮，演示文稿的放映过程完全由演讲者控制；如果选择"展台自动循环放映（全屏幕）"单选按钮，演示文稿将自动循环放映，不支持鼠标操作，要停止播放，只能按 Esc 键。

在"放映幻灯片"组中，选择"全部"或"从…到…"单选项，确定幻灯片的放映范围。选择"自定义放映"单选按钮，可自定义放映范围。

在"放映选项"组中，勾选"循环放映，按 Esc 键终止"复选项，将循环放映演示文稿。在"演讲者放映（全屏幕）"方式下，绘图笔的颜色可选；在"展台自动循环放映（全屏幕）"方式下，绘图笔的颜色不可选。

在"换片方式"组中，选择"手动"或"如果存在排列时间，则使用它"单选项，设置完成后，单击"确定"按钮即可完成放映设置。

3. 控制幻灯片放映

在默认情况下，幻灯片是按制作时的顺序放映的，即第一张幻灯片放映完成后，继续第

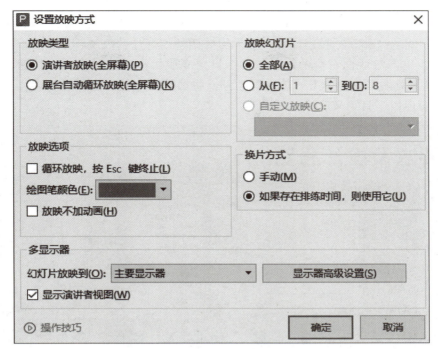

图6-78 "设置放映方式"对话框

二张幻灯片的放映。如果在放映幻灯片时,某张幻灯片未看清楚,或者要在放映的过程中直接切换到某张幻灯片,可以控制幻灯片的放映顺序。一般来说,控制幻灯片放映顺序的方法有以下几种。

1)返回上一张幻灯片

如果要在放映幻灯片时返回上一张幻灯片,可在放映幻灯片时右击,在弹出的快捷菜单中选择"上一页"命令。

2)切换到下一张幻灯片

如果要在放映幻灯片时切换到下一张幻灯片,可在放映幻灯片时右击,在弹出的快捷菜单中选择"下一页"命令。

3)切换到演示文稿中的任意一张幻灯片

如果要在放映幻灯片时切换到演示文稿中的任意一张幻灯片,可在当前幻灯片上单击鼠标右键,在弹出的快捷菜单中选择"定位"→"幻灯片漫游"或"按标题"命令,均可定位到任意一张幻灯片。

6.4.5 设置与播放自定义放映

1. 设置自定义放映

单击"放映"选项卡"放映设置"组中的"自定义放映"按钮,打开"定义自定义放映"对话框,单击"新建"按钮,弹出"定义自定义放映"对话框(图6-79),在"幻灯片放映名称"文本框中输入放映名称。在左侧的"在演示文稿中的幻灯片"列表框中选中

设置与播放自定义放映

需要放映的幻灯片，单击中间的"添加"按钮，可将需要放映的幻灯片依次添加到右侧的"在自定义放映中的幻灯片"列表框中。如果需要删除添加的幻灯片，则选中需要删除的幻灯片，单击中间的"删除"按钮即可。如果需要调整幻灯片的放映顺序，可以选中要调整的幻灯片后，单击对话框右侧的箭头按钮。设置完成后，单击"确定"按钮，则返回到"自定义放映"对话框中；单击"放映"按钮，将播放选中的自定义放映内容；单击"关闭"按钮，将退出"自定义放映"对话框。

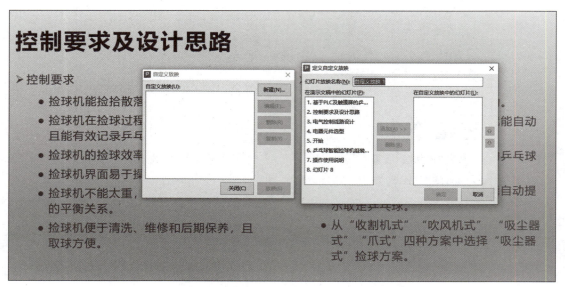

图 6-79 "定义自定义放映"对话框

2. 播放自定义放映

播放自定义放映的方法有以下两种，此处以播放"自定义放映 1"为例。

方法 1：单击"幻灯片放映"选项卡中的"设置放映方式"按钮，弹出"设置放映方式"对话框，选择"自定义放映"单选按钮后，在下方的下拉列表框中选择"自定义放映 1"选项，单击"确定"按钮。按 F5 键播放幻灯片，按 Esc 键停止播放幻灯片。

方法 2：在幻灯片播放过程中，右击，在弹出的快捷菜单中选择"定位"→"自定义放映"→"自定义放映 1"命令。

6.4.6 演示文稿导出

将制作好的演示文稿复制到其他计算机进行演示时，如果这台计算机没有安装 WPS 或者版本较低，则可能不能正常显示。此时可以将演示文稿导出为其他格式的文件。

演示文稿导出

1. 导出为 PDF 文件

PDF 格式文件可保留演示文稿的字体、格式、图形等设置，不能轻易更改其内容，保证文件内容的完整性。创建 PDF 文档的方法为：单击"文件"选项卡→"输出为 PDF"按钮，弹出"输出为 PDF"对话框（图 6-80），设置保存路径，修改文件名，单击"开始输出"按钮即可。

图 6-80 将演示文稿导出为 PDF 文件

2. 导出为图片

将演示文稿另存为图片的方法为：单击"文件"选项卡→"输出为图片"按钮，弹出"批量输出为图片"对话框（图 6-81），设置保存路径，修改文件名，单击"开始输出"按钮即可。

3. 将演示文稿打包成文件夹或压缩文件

WPS 演示的"文件打包"功能可以把制作好的演示文稿打包成文件夹或压缩文件，可以避免因为插入的音频、视频文件位置发生改变，而出现演示文稿无法播放的情况，便于复制演示文稿到不同的计算机上进行演示。

1) 将演示文稿打包成文件夹

单击"文件"→"文件打包"→"将演示文档打包成文件夹"命令，弹出"演示文件打包"对话框，在"文件夹名称"文本框中输入文件夹名称，单击"浏览"按钮，在弹出的"选择位置"对话框中浏览并找到合适的位置来保存打包的文件夹，可以勾选"同时打包成一个压缩文件"复选框，将其同时打包成一个压缩文件，单击"确定"按钮。弹出"已完成打包"对话框，提示"文件打包已完成，您可以进行其他操作"。

2) 将演示文稿打包成压缩文件

单击"文件"→"文件打包"→"将演示文档打包成压缩文件"命令，弹出"演示文件打包"对话框，在"文件夹名称"文本框中输入文件名称，单击"浏览"按钮，在弹出的"选择位置"对话框中浏览并找到合适的位置来保存打包的压缩文件，单击"确定"按钮即

图 6-81 "批量导出为图片"对话框

可完成打包。

4. 保存文档副本为其他文件类型

单击"文件"选项卡→"另存为"按钮,在"保存文档副本"列表框中有多种类型可供选择(图 6-82),比如,可以选择把当前演示文稿保存为"WPS 演示文件(*.dps)""PowerPoint 演示文件"等。

习 题 6

操作题 1

打开演示文稿 yswg-1.pptx,如图 6-83 所示,按下列要求完成对此文稿的修改并保存。

(1) 全部幻灯片切换方案为"擦除",效果选项为"自顶部"。

(2) 将第 1 张幻灯片版式改为"两栏内容"。将 ppt1.png 插到左侧内容区,将第 3 张幻灯片的文本内容移到第 1 张幻灯片右侧内容区,设置第 1 张幻灯片中图片的动画效果为"进入-形状",效果选项为"放大";设置文本部分的动画效果为"进入-飞入",效果选项为"自右上部",动画顺序为先文本后图片。将第 2 张幻灯片的版式改为"标题和内容",标题为"拥有领先优势,胜来自然轻松",标题设置为黑体、加粗、42 磅字,内容部分插入图片 ppt2.png。在第 1 张幻灯片前插入版式为"标题幻灯片"的新幻灯片,标题为"成熟技术带来无限动力!",副标题为"让中国与世界同步"。将第 2 张幻灯片移为第 3 张幻灯片。将第

项目 6　WPS 演示的使用

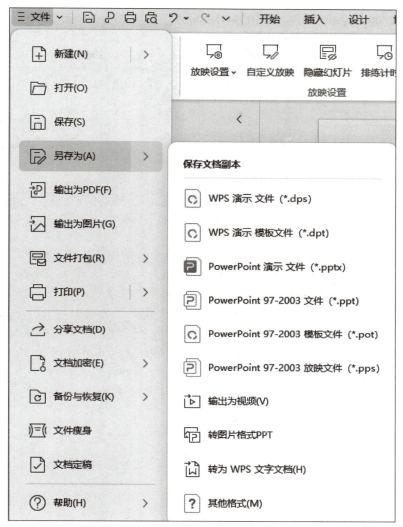

图 6－82　将演示文稿批量导出为图片

1 张幻灯片背景格式的渐变填充效果设置为预设颜色"顶部聚光灯－个性色 2",类型为"路径"。删除第 4 张幻灯片。

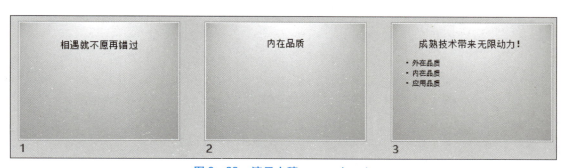

图 6－83　演示文稿 yswg－1.pptx

操作题 2

打开演示文稿 yswg-2.pptx，如图 6-84 所示。按照下列要求完成对此文稿的修饰并保存。

图 6-84　演示文稿 yswg-2.pptx

（1）第 2 张幻灯片的版式改为"两栏内容"，将第 3 张幻灯片的文本移到第 2 张幻灯片左侧内容区，右侧内容区插入图片 ppt3.png，设置图片的动画效果为"进入-飞旋"，持续时间为 2 秒。第 1 张幻灯片的版式改为"垂直排列标题与文本"，标题为"神舟十号飞船的飞行与工作"。在第 1 张幻灯片前插入一张版式为"空白"的新幻灯片，插入样式为"填充：蓝色，主题色 2；边框：蓝色，主题色 2"的艺术字"神舟十号飞船载人航天首次应用性飞行"，艺术字文字效果为"转换-跟随路径-拱形"，艺术字字号为 36，宽度为 22 厘米。将第 2 张幻灯片移为第三张幻灯片，并删除第四张幻灯片。

（2）第 1 张幻灯片的背景设置为"花束"纹理；全文幻灯片切换方案设置为"华丽-框"，效果选项为"自底部"。

项目 7
新一代信息技术概述

新一代信息技术是以物联网、大数据、虚拟现实等为代表的新兴技术，它既是信息技术的纵向升级，也是信息技术的横向渗透融合。新一代信息技术是当今世界创新最活跃、渗透性最强、影响力最广的领域，正在全球范围内引发新一轮的科技革命，并以前所未有的速度转化为现实生产力，引领科技、经济和社会日新月异。

学习要点

（1）了解大数据、虚拟现实和物联网，明确终身学习的重要性。
（2）了解区块链，发扬诚实守信的中华美德。

任务 7.1　走进大数据时代

任务描述

如今进入短视频时代，为什么短视频平台总是推荐我喜欢的视频？打开购物平台，我们也会被最近关注的商品包围。由此看来，我们已进入大数据时代。本任务主要包括：①理解大数据的概念和特征，区分数据类型；②了解大数据的关键技术和相关应用。

7.1.1　初识大数据

1. 大数据的概念

随着科技的发展和互联网的普及，我们每天都会产生大量的数据，这些数据包括文本、图像、音频、视频等各种形式。人类产生的数据量相比以前有了爆炸式的增长，以前传统的数据处理技术已经无法胜任，需求催生技术，一套用来处理海量数据的技术应运而生，这就是大数据技术。

大数据概念早已有之，但大量专业学者、机构从不同的角度理解大数据，加之大数据本身具有较强的抽象性，目前国际上尚没有一个统一的定义。但大多数人均认同，大数据是指无法在一定时间内用常规软件工具对其内容进行抓取、管理和处理的数据集合。大数据技术，是指从各种各样类型的数据中，快速获得有价值信息的能力，如图 7-1 所示。

图 7-1 大数据的概念

2. 大数据的特征

舍恩伯格·库克耶在《大数据时代》一书中定义大数据：不用随机分析法（抽样调查）这样的捷径，而采用所有数据进行分析处理。大数据的"4V"特点：Volume（大量）、Velocity（高速）、Variety（多样）、Value（价值），如图 7-2 所示。

图 7-2 大数据的特征

①数据量大。随着各种互联网、云计算储备技术的发展，人和物的所有轨迹都可以被记录，数据随之大量产生，数据量大规模的增长。

②数据种类多。大数据时代，数据的格式、数据来源越来越多。

③快速化。大数据时代，数据产生快、处理快，信息处理速度以"秒"计算，从各种类型数据中快速获得有价值的信息；超过时间，信息就失去了价值。

④价值高。数据可以为决策提供支持和帮助。

7.1.2 大数据技术

1. 关键技术

大数据技术是指用于处理和分析大规模数据集的技术与方法。随着互联网的快速发展和各种传感器的广泛应用，我们现在能够收集到大量的数据，这些数据通常包含结构化数据（如数据库中的表格数据）和非结构化数据（如文本、图像、音频、视频等）。大数据技术的目标是从这些海量数据中提取有价值的信息，以帮助企业和组织做出更好的决策、发现新的商业机会和改善业务流程。

大数据技术通常包括以下几个方面，如图7-3所示。

1）数据采集和存储

大数据技术需要能够高效地采集和存储大规模数据。这包括使用分布式文件系统（如Hadoop的HDFS）和分布式数据库（如Apache Cassandra）来存储数据，以及使用各种数据采集工具和传感器来收集数据。

2）数据处理和分析

大数据技术需要能够对大规模数据进行高效的处理和分析。这包括使用分布式计算框架（如Apache Spark）进行数据处理和分析，使用机器学习和数据挖掘算法来发现数据中的模式和关联，以及使用实时流处理技术来处理实时数据流。

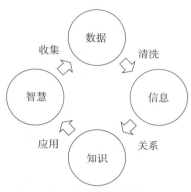

图7-3 大数据的关键技术

3）数据可视化和呈现

大数据技术需要能够将复杂的数据可视化和呈现给用户。这包括使用数据可视化工具（如Tableau、Power BI等）来创建交互式的图表和仪表板，以及使用数据报告和故事化呈现来向用户传达数据的洞察和故事。

4）数据安全和隐私

大数据技术需要能够确保数据的安全和隐私。这包括使用数据加密和访问控制技术来保护数据的机密性，使用数据脱敏和匿名化技术来保护数据的隐私，以及遵守各种数据保护法规和隐私政策。

2. 大数据的应用

大数据技术在各个领域都有广泛的应用，包括金融、医疗、电商、制造、交通等。它可以帮助企业和组织发现潜在的市场机会、优化供应链、改善客户体验、预测未来趋势等。同时，大数据技术也带来了一些挑战，如数据质量、数据隐私和伦理问题等，需要综合考虑和解决。

1）电商行业

大数据在电商行业的应用非常广泛，对于电商企业来说，利用大数据可以帮助他们更好地理解消费者、优化运营、提高销售效率和客户满意度。

首先是个性化推荐，通过分析用户的浏览历史、购买记录、喜好等数据，电商平台可以实现个性化推荐，向用户展示他们可能感兴趣的产品，提高购买转化率。其次是精准营销，利用大数据分析用户行为和偏好，电商企业可以制定精准的营销策略，定向投放广告，提高广告的转化率和投资回报率。再次是客户服务，通过大数据分析客户反馈、投诉和需求，电商企业可以改进客户服务流程，提高客户满意度和忠诚度。最后是预测分析根据顾客的购物记录，分析顾客的身份和购物喜好，电商企业预测出顾客近期可能要购买的商品，从而制定更加有效的业务发展战略。

总的来说，大数据在电商行业的应用可以帮助企业更好地了解市场和消费者，优化业务流程，提高效率和竞争力，从而实现持续发展和增长。京东大数据技术应用如图7-4所示。

2）金融行业

大数据在金融行业的应用非常广泛，涵盖了银行、证券和保险等领域。以下是这些领域

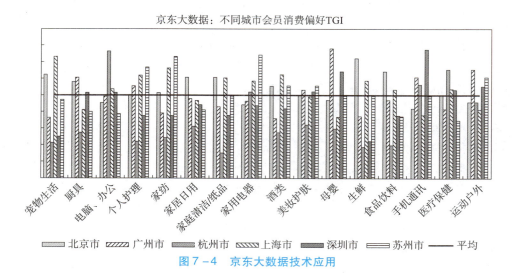

图7-4 京东大数据技术应用

中大数据应用的一些主要方面。

首先是银行大数据应用。第一，银行可以利用大数据分析客户的信用记录、交易历史等信息，更好地评估风险并制订个性化的信贷方案。第二，通过大数据分析客户行为模式，银行可以及时发现异常交易，减少欺诈风险。第三，银行可以通过大数据分析客户数据，提供个性化的产品推荐和服务，提高客户满意度和忠诚度。

其次是证券行业大数据应用。第一，证券公司可以利用大数据分析市场数据、公司财务信息等，辅助投资决策，提高投资成功率。第二，通过大数据分析监控交易数据，证券公司可以及时发现异常交易，防范市场操纵和内幕交易。第三，利用大数据分析市场情绪和趋势，证券公司可以进行市场预测，指导投资策略。

最后是保险行业大数据应用。第一，保险公司可以通过大数据分析客户风险特征，实现个性化定价，降低风险。第二，利用大数据分析客户历史数据和索赔记录，保险公司可以加速理赔处理流程，提高效率。第三，通过大数据分析客户行为和偏好，保险公司可以提供个性化的保险产品和服务，增强客户黏性。

在金融行业，大数据的应用可以帮助机构更好地理解市场和客户，提高决策效率，降低风险，提升服务质量，从而实现更加智能化和可持续发展的经营模式，如图7-5所示。

3）医疗行业

大数据技术在医疗领域的应用具有重要的意义，可以在技术层面和业务层面上带来许多创新和改进。以下是大数据技术在医疗行业的一些主要应用价值。

一方面是技术层面的应用。首先是医疗影像分析。利用大数据技术，医疗机构可以对大量的医学影像数据进行分析，辅助医生进行疾

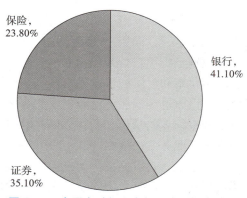

图7-5 中国金融行业大数据应用投资结构

病诊断和治疗计划制订，提高诊断准确性和效率。其次是基因组学和个性化医疗。大数据分析可以帮助医生理解个体基因组数据，预测疾病风险，制订个性化的治疗方案，推动个性化医疗的发展。最后是医疗数据管理。大数据技术可以帮助医疗机构管理和分析大规模的医疗数据，包括影像数据、病历数据、药物数据、患者信息等，提高数据处理效率和安全性。

另一方面是业务层面的应用。首先是疾病预测和监控。利用大数据分析疾病传播趋势、流行病学数据等，可以帮助医疗机构进行疾病预测和监控，及时采取防控措施。其次是临床决策支持。大数据分析可以为医生提供临床决策支持，基于大量的医疗数据和病例信息，帮助医生做出更准确的诊断和治疗方案。再次是医疗资源优化。通过大数据分析医疗资源利用情况，医疗机构可以优化资源配置，提高医疗服务效率，降低成本。最后是药物研发。大数据技术可以加速药物研发过程，通过分析大量的生物信息数据和临床试验数据，帮助科研人员发现新药物和治疗方法。

在医疗领域，大数据技术的应用可以提高医疗服务质量，加速医疗创新，改善患者治疗效果，同时也有助于医疗机构的管理和运营效率的提升，如图7-6所示。

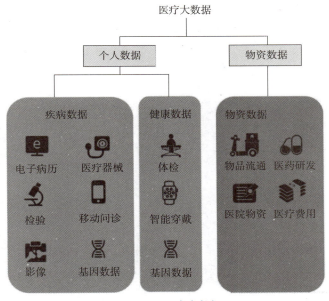

图7-6 医疗大数据

> **知识拓展**

字节（byte）：8个二进制位为一个字节（B），最常用的单位。计算机存储单位一般用B、KB、MB、GB、TB、PB、EB、ZB、YB、BB来表示，它们之间的关系是：
- 字节 1 B = 8 Bit
- 千字节 1 KB = 1 024 B
- 兆字节 1 MB = 1 024 KB = 1 048 576 B
- 吉字节 1 GB = 1 024 MB = 1 048 576 KB = 1 073 741 824 B
- 太字节 1 TB = 1 024 GB = 1 073 741 824 KB = 1 099 511 627 776 B

- 拍字节 1 PB = 1 024 TB = 1 048 576 GB = 1 125 899 906 842 624 B
- 艾字节 1 EB = 1 024 PB = 1 048 576 TB = 1 152 921 504 606 846 976 B
- 泽字节 1 ZB = 1 024 EB = 1 180 591 620 717 411 303 424 B
- 尧字节 1 YB = 1 024 ZB = 1 208 925 819 614 629 174 706 176 B
- 珀字节 1 BB = 1 024 YB = 1 048 576 ZB
- 诺字节 1 NB = 1 024 BB = 1 048 576 YB
- 刀字节 1 DB = 1 024 NB = 1 048 576 BB

任务 7.2 虚拟现实

任务描述

近年来，伴随着大数据、物联网、人工智能等技术日趋成熟，虚拟现实的应用场景不断拓展。身临其境的 VR 电影，足不出户的 VR 购物，用于辅助治疗的 VR 医疗，打造沉浸式课堂的 VR 教育……蓬勃发展的虚拟现实技术，大有"飞入寻常百姓家"的趋势。本任务主要包括：①理解虚拟现实的概念、特征和核心技术；②了解虚拟现实在实际生活中的应用。

7.2.1 初探虚拟现实

虚拟现实并非新概念，早在 20 世纪 80 年代就已被提出并应用于模拟军事训练中。与单一的人机交互模式不同，虚拟现实旨在建立一个完全仿真的虚拟空间，提供沉浸性、多感知性、交互性的互动体验，正因如此，虚拟现实被视作下一代信息技术集大成者和计算平台。

1. 虚拟现实的概念

虚拟现实（Virtual Reality，VR）是以计算机技术为核心，结合相关科学技术，生成与真实环境在视、听、触感等方面高度近似的数字化环境，如图 7-7 所示。

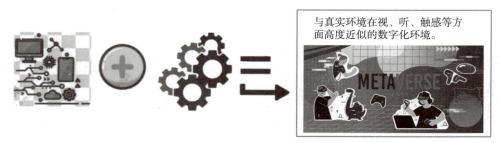

图 7-7 虚拟现实的概念

虚拟现实通过头戴式显示器（Head-Mounted Display，HMD）和传感器等设备，模拟人类的听觉、视觉、触觉等感官，使用户感觉自己置身于一个虚拟的三维环境中，如图 7-8 所示。

项目 7　新一代信息技术概述

图 7-8　头戴式虚拟设备

2. 虚拟现实技术的核心特征

虚拟现实技术综合了计算机图形技术、计算机仿真技术、传感器技术、显示技术等多种科学技术，它在多维信息空间上创建一个虚拟信息环境，能使用户具有身临其境的沉浸感，具有与环境完善的交互作用能力，并有助于启发构思。

（1）多感知性：指除一般计算机所具有的视觉感知外，还有听觉感知、触觉感知、运动感知，还包括味觉、嗅觉感知等，如图 7-9 所示。

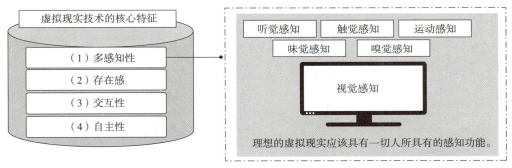

图 7-9　多感知性

（2）存在感：指用户感到作为主角存在于模拟环境中的真实程度，如图 7-10 所示。

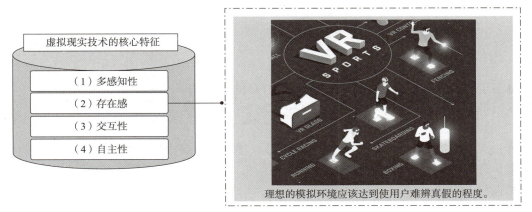

图 7-10　存在感

（3）交互性：指用户对模拟环境内物体的可操作程度和从环境得到反馈的自然程度，如图7-11所示。

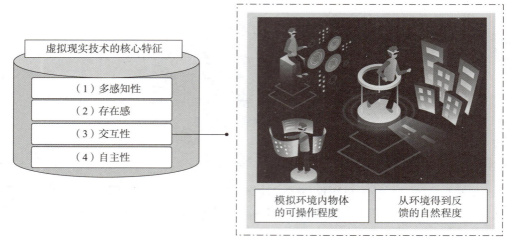

图7-11 交互性

（4）自主性：指虚拟环境中物体依据现实世界物理运动定律运作的程度，如图7-12所示。

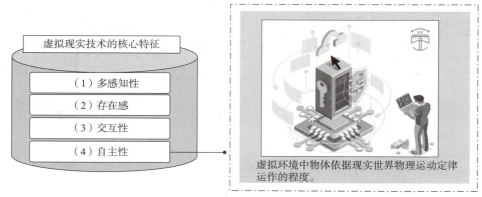

图7-12 自主性

3. 虚拟现实的核心技术

虚拟现实技术的核心是创建一个逼真的虚拟环境，让用户有着身临其境的体验。为了实现这一目标，虚拟现实技术通常包括以下几个方面的技术。

1）显示技术

虚拟现实使用高分辨率的显示器来呈现虚拟环境。头戴式显示器（HMD）通常包含两个屏幕，分别用于每只眼睛，以提供立体视觉效果。这些显示器通常具有高刷新率，以减少延迟和视觉不适感。

2）跟踪技术

为了让用户能够在虚拟环境中进行自由移动，虚拟现实系统需要能够准确地跟踪用户的头部和手部动作。这可以通过使用传感器来实现，例如陀螺仪、加速度计和磁力计等。一些高级的虚拟现实系统还可以使用外部跟踪设备，如摄像头和红外线传感器，以提供更准确的跟踪。

3）交互技术

虚拟现实技术使用户能够与虚拟环境进行交互。这可以通过手柄、手势识别、语音识别等方式实现。一些虚拟现实系统还支持体感交互，例如全身追踪和手部追踪，以提供更自然和沉浸式的交互体验。

4）内容开发

虚拟现实需要具有逼真的虚拟环境和内容。内容开发涉及使用计算机图形学和虚拟现实建模技术来创建虚拟场景、角色和物体。这需要专业的设计师和开发人员来制作虚拟现实应用程序和游戏。

7.2.2 VR+

虚拟现实融合应用多媒体、传感器、新型显示、互联网和人工智能等多领域技术，能拓展人类感知能力，改变产品形态和服务模式，给经济、科技、文化、军事、生活等领域带来深刻影响。随着计算机图像处理、移动计算、空间定位和人机交互等技术快速发展，虚拟现实开始全面进入人们生活，这一轮虚拟现实热潮，涵盖工业生产、医疗、教育、娱乐等多个领域，也进一步向艺术领域渗透。

1. VR+购物

案例：阿里巴巴的 Buy+计划

2016 年，阿里巴巴也在"双 11"活动之际全面启动 Buy+计划，消费者可以在 Buy+计划中利用虚拟现实技术在 VR 环境中购物，增强购物真实性，一扫原先网络购物真实性欠缺的弱势，将彻底颠覆传统购物体验。对此，阿里巴巴的首席营销官董本洪在接受采访时说："Buy+使用 VR 加 AR 技术，将提高用户的购物舒适度，使购物更加便捷，阿里巴巴将使用这些技术来促进市场变革。"

2. VR+教育

案例：北京黑晶科技有限公司 VR 超级教室

北京黑晶科技有限公司针对 VR 教育市场推出的超级教室解决方案，以教室实际教学需求为基础，通过 VR/AR 技术重新制作并显现教学内容。VR 超级教室分为 AR 超级教室和 VR 超级教室。

1）AR 超级教室（主要针对幼儿园、小学课堂）

利用 AR 技术，将教学内容进行立体互动式转化，通过联合教育专家为幼小教育机构定制的系列 AR 科普、AR 英语、AR 美术等课程内容平台并匹配系列辅助教具（神卡王国、星球大冒险、美术棒等产品）方式构建一个"立体生动"的超级教室，旨在充分发挥 AR 技术虚实融合、实时交互、三维跟踪特点，根据不同学科需求有针对性地开发 AR 课程。

2）VR 超级教室（初中、高中教育）

将 VR 虚拟现实技术应用于初、高中阶段教学，将传统难以理解的知识点以虚拟场景呈现，通过 VR 虚拟设备，让学生沉浸于虚拟情境的交互学习，提升学生对知识点的理解和领悟能力。

3. VR + 医疗健康

案例：柳叶刀客

上海医微讯数字科技有限公司推出的"柳叶刀客"模拟手术工具 APP，结合虚拟现实技术与外科手术，让用户可身临其境地进行手术学习、观摩和模拟训练。柳叶刀客基于不同手术学习场景，设计手术模拟和 360° VR 全景视频直播/录播两大功能。手术模拟分为教学和考核模式。教学模式根据配音提示，指导用户进行虚拟手术操作，学习完之后，可进入考核模式，系统根据用户的操作准确度打分，达到一定积分后，可解锁进阶手术场景。同时，APP 支持通过消费购买方式解锁、360° VR 全景视频直播/录播功能实现较为复杂，需多路摄像机协同拍摄，包括 30° 全景摄像机、3D 摄像机及腹腔镜、电子显微镜等，还要保证相机镜头与拍摄场景安全距离。

4. VR + 制造

案例：数字孪生

数字孪生（Digital Twin）是充分利用物理模型、传感器更新、运行历史等数据，集成多学科、多物理量、多尺度、多概率的仿真过程，在虚拟空间中完成映射，反映相对应的实体装备的全生命周期过程。2018 年 11 月，在第七届国防科技工业试验与测试技术发展战略高层论坛上，中国工程院院士刘永才表示，数字孪生是一个双向进化的过程，是现实世界和数字虚拟世界沟通的"桥梁"。物理实体运行的数据是数字虚拟的"营养液"，数字虚体的模拟或数字指令信息输送到实体，达到诊断或预防的目的。数字孪生是用数据馈送来映射物体实体的技术，是现实世界中物理实体的配对数字虚体。

> **知识拓展**

随着产业界在 AR 领域持续发力，部分从业者从 VR 概念框架抽离出 AR。AR 全称为 Augmented Reality，中文理解为增强现实，通过将数字信息叠加在现实世界中，让用户在现实环境中看到虚拟对象，同时保留现实世界的感知。AR 技术通过智能手机、AR 眼镜或头戴式显示设备等实现，利用摄像头和传感器捕捉现实环境，然后将虚拟信息叠加在用户的视野中。AR 的主要价值是数字世界的组成部分融入一个人对现实世界的感知的方式，不是作为简单的数据显示，而是通过感觉的整合，这些感觉被视为环境的自然部分。

嵌入式计算机

虚拟现实和增强现实以两种非常不同的方式完成两件非常不同的事情，尽管它们的设计相似。虚拟现实取代了你的愿景，而增强现实则增加了你的视野。

（1）AR 使用现实世界的设置，而 VR 是完全虚拟的。
（2）AR 用户可以控制他们在现实世界中的存在；VR 用户由系统控制。
（3）VR 通常需要 VR 设备支持，例如 VR 眼镜；但 AR 只需智能手机即可访问。
（4）AR 增强了虚拟世界和现实世界，而 VR 只增强了虚构的现实。

虚拟现实和增强现实技术的不断发展和创新，正在改变人们与数字世界互动的方式，为各行各业带来了新的机遇和挑战。随着硬件设备的不断进步和软件技术的不断完善，虚拟现实和增强现实技术将继续深入人们的日常生活和工作中，带来了更加丰富多彩的体验和应用场景。

任务7.3　物联网

任务描述

随着互联网的快速发展，智能家居通过将家庭设备（如灯光、电视、空调、安全系统等）连接到互联网，可以实现智能化的控制和管理。例如，可以通过智能手机远程控制家中的电器设备，调节温度和照明，提高家居安全性。然而智能家具只是物联网应用最常见的领域之一。本任务主要包括：①理解物联网的概念、特征和核心技术；②了解物联网在实际生活中的应用。

7.3.1　什么是物联网

物联网最早由麻省理工学院的 Kevin Ash-ton 教授于1991年提出，但当时只是一个想法。直到2005年，国际电信联盟发布了 *ITU Internet Report* 2005：*Internet of Things*，正式提出了物联网的概念。物联网利用信息技术推动人类生活和生产服务的全面升级。欧美国家已将物联网发展纳入其整体信息化战略，我国也明确将物联网纳入国家中长期科技发展规划（2006—2020年）和2050年国家产业路线图。

1. 物联网的概念

物联网（Internet of Things，IoT）是物物相连的互联网，是指通过互联网连接和通信的物理设备和对象的网络。物联网的核心思想是将各种传感器、设备和物体连接到互联网，使它们能够相互通信、交换数据和进行智能化的决策和操作。

物联网主要有两层含义：

第一，物联网的核心和基础仍然是互联网，是互联网的延伸和扩展。

第二，物联网用户端延伸和扩展到了任何物品与物品之间，进行信息交换和通信。

2. 物联网特点

①互联网的特征。物联网内的物体能够实现互联互通，对信息的传递要借助互联网络。因此，物联网是一种建立在互联网上的泛在网络，如图7-13所示。

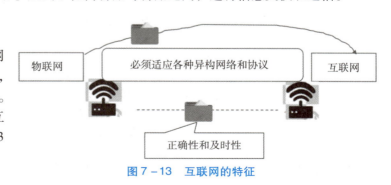

图7-13　互联网的特征

②识别与通信特征。物体具备自动识别、物物通信的功能，因此，物联网是各种感知技术的广泛应用，如图7-14所示。

图7-14 识别与通信特征

③智能化。物联网具有自动化、自我反馈和智能控制的特点。利用云计算、模式识别等各种智能技术，将传感器和智能处理相结合，从传感器获得的海量信息中智能分析、加工和处理出有意义的数据。因此，物联网具有智能处理的能力，能够对物体实施智能控制，如图7-15所示。

图7-15 智能化

3. 物联网的体系结构

物联网是将现实世界的"物"连接入互联网。物联网体系结构分为三层：感知层、网络层和应用层。感知层的主要功能是采集数据，感知设备有红外感应器、射频识别设置等；网络层的作用是传递数据，可以是有线网、WiFi和移动网络；应用层是物联网技术在各行各业的实际应用，包括存储和处理数据的服务器，以及展示数据处理结果的手机、计算机等终端，如图7-16所示。

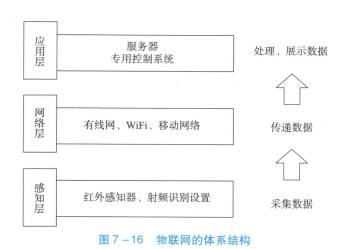

图7-16 物联网的体系结构

4. 物联网的核心技术

物联网（IoT）作为一个涉及多个领域的复杂系统，涉及云计算技术、RFID技术、传感器技术、无线网络技术和人工智能技术等，如图 7-17 所示。以下是物联网的一些核心技术介绍。

1）云计算技术

物联网的发展离不开云计算技术的支持。物联网中的终端的计算和存储能力有限，云计算平台可以作为物联网的大脑，以实现对海量数据的存储和计算。

2）RFID 技术

RFID 技术是物联网中"让物品开口说话"的关键技术，物联网中 RFID 标签存储着规范而具有互通性的信息，通过无线数据通信网络把它们自动采集到中央信息系统中实现物品的识别。

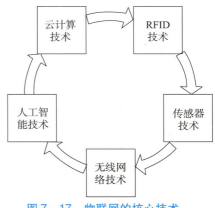

图 7-17 物联网的核心技术

3）传感器技术

在物联网中，传感器主要负责接收物品"讲话"的内容。传感器技术是从自然信源获取信息并对获取的信息进行处理、变换、识别的一门多学科交叉的现代科学与工程技术。

4）无线网络技术

物联网中物品要与人无障碍地交流，必然离不开高速、可进行大批量数据传输的无线网络。无线网络既包括允许用户建立远距离无线连接的全球语音和数据网络，也包括近距离的蓝牙技术、红外技术和 ZigBee 技术。

5）人工智能技术

人工智能是研究是计算机来模拟人的某些思维过程和智能行为（如学习、推理、思考和规划等）的技术。在物联网中，人工智能技术主要将物品"讲话"的内容进行分析，从而实现计算机自动处理。

7.3.2 物联网的应用

随着技术的不断发展和物联网概念的兴起，物联网应用正逐渐渗透到我们的日常生活和各行各业。从智能家居到智慧城市，从工业控制到农业监测，物联网的应用范围越来越广泛。下面将介绍三个常见的物联网应用场景。

1. 智能家居

物联网可以实现智能家居系统，通过连接家庭设备和传感器，实现智能化的家居控制。例如，可以通过智能手机或语音助手控制灯光、温度、安全系统、家电等，实现远程控制和自动化，如图 7-18 所示。

2. 智能物流

物联网可以应用于物流和供应链管理，实现物品的追踪和管理。通过物联网设备和标签，可以实时跟踪货品的位置、获取物品温度、湿度、压力等环境信息，这些影视剧中的场景是物联网在物流方面的典型应用。例如，用于运输生鲜的智能冷链，入库时，每个产品都会贴上条码，使用 RFID 射频识别设备读取条码信息；运输车安装 GPS 全球定位系统、温湿度传感器等，实时获取货品位置及环境信息，如图 7-19 所示。

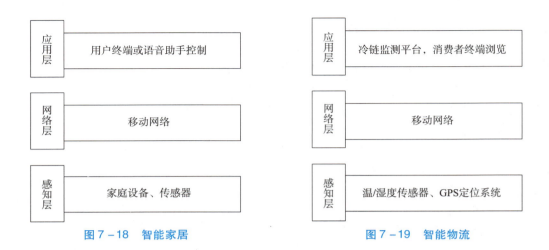

图 7-18　智能家居　　　　　　图 7-19　智能物流

3. 智能医疗

物联网技术可以应用于健康监测和医疗领域。物联网在智能医疗方面的应用，主要指智能手环、智能血压计等医疗物联网设备，这些设备可以实时检测心跳心率、血压等医疗指标，并通过移动网络传送到医院，由专业的医务人员对患者的信息进行远程交流和诊断，并及时反馈，同时根据各项数据指标做出预判信息，如图 7-20 所示。

这只是物联网应用的一小部分示例，实际上物联网技术可以应用于几乎所有领域，为各行各业带来创新和改进。随着技术的不断进步和应用场景的扩大，物联网的应用前景非常广阔。

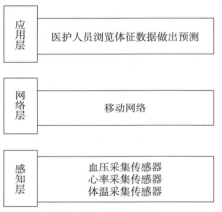

图 7-20　智能医疗

知识拓展

5G 和 WiFi 6/6E 是推动物联网普及的两项关键技术，全球各地的企业、住宅和城市都在向着无线和有线生态系统数字化迈进。这两项技术将推动集成、封装和性能方面实现更大进步。

嵌入式计算机

WiFi 6/6E 覆盖支持物联网设备（例如智能恒温器和安保摄像头）的小规模网络。WiFi 6/6E 是最新的 WiFi 标准，提供比以前版本更高的数据速率和覆盖范围。WiFi 6 提供更快的速度、更大的容量、更低的功耗和更高的安全性。

5G 等蜂窝网络为移动设备提供全球网络覆盖。5G 和 WiFi 6/6E 协同作用，帮助物联网发挥其全部潜力。5G 网络通过配置，可以满足多种不同应用的需求，每种都支持不同类型的用户设备。这些应用大致可分为三类：

- 增强型移动宽带（eMMB）。
- 超可靠的低延迟（uRLLC）。

- 大规模机器类型通信（mMTC）。

物联网涵盖 mMTC 和 uRLLC 应用。这些 5G 应用未来将可以支持更多的物联网设备和数据。此外，5G 将增加边缘计算的采用，以更快处理操作点附近的数据，这将为进一步在无线和有线生态系统中推行物联网提供跳板。

任务 7.4　区块链

任务描述

习近平总书记在中央政治局第十八次集体学习时强调："把区块链作为核心技术自主创新重要突破口，加快推动区块链技术和产业创新发展，积极推进区块链和经济社会融合发……"区块链的出现，不仅带来了全新的一种技术集成、开发与运营架构，而且是一种思维模式、应用模式的全面创新，是智能互联时代的基础性技术。本任务主要包括：①区块链的概念、特征和核心技术；②了解区块链在实际生活中的应用。

7.4.1　解读区块链

1. 比特币与区块链

2008 年 1 月 1 日，一个自称"中本聪"的人在一个隐秘的密码学讨论邮件组上贴出了一篇研究报告，阐述了他对电子货币的新构想。比特币就此问世，区块链也随之产生。但区块链并不等同于比特币，而是比特币及加密数字货币的底层实现技术体系。

比特币作为区块链的第一个应用，其交易信息都被记录在去中心化的账本上，这个账本就是区块链。如果把区块链类比成一个实体账本，那么每个区块就相当于账本中的一页，每 10 min 生成一页新的账本，每页账本上记载着比特币网络的交易信息。每个区块之间依据数码学原理，按照时间顺序依次相连，形成链状结构，因此得名"区块链"。

2. 区块链概念

区块链是新一代信息技术的主要代表技术，是分布式数据存储、点对点传输、共识机制、加密算法等计算机技术的新型应用模式。区块链是一种分布式账本技术，它允许参与方在没有中央机构的情况下进行可靠的交易和信息共享。本质上，它是一个共享数据库，存储于其中的数据或信息全部留痕、公开透明、不可伪造。

3. 区块链技术

从科技层面来看，区块链涉及数学、密码学、互联网和计算机编程等很多科学技术问题。从应用视角来看，区块链是一个分布式的共享账本和数据库，具有去中心化、不可篡改、全程留痕、可以追溯、集体维护、公开透明等特点。

4. 区块链的特点

区块链作为新一代信息技术的代表技术，其核心特点是去中心化、开放性、自治性、信息不可篡改和匿名性。

（1）去中心化：区块链中的每个区块都是平等的，不存在中心点，区块之间的信息交换不需要第三方的参与，只需要把信息交换的情况告知链中其他的区块进行记录。

（2）开放性：链外的电脑或者手机，可以随时连接到区块链中。比如，使用手机购买了虚拟数字货币，那么这个手机就成了区块链中的一个节点。

（3）自治性：区块链中的每个节点遵循一致的规范和协议，链条上所有操作都由机器按照规范自动完成，没有人为的干预。

（4）信息不可篡改：信息存储到区块中会被永久保存，无法修改。

（5）匿名性：区块链上面没有个人的信息，是一堆数字字母组成的字符串，避免了个人信息被倒卖的现象。

7.4.2 区块链的应用

1. 区块链的适用场景

随着技术的不断发展和创新，区块链有望在各个领域带来更多的改变和创新。区块链技术的应用非常广泛，以下是一些典型的应用领域。

（1）加密货币：区块链最著名的应用是比特币和其他加密货币。区块链技术提供了一种去中心化的数字货币系统，可以实现安全的交易和价值传输。

（2）智能合约：区块链可以支持智能合约，这是一种自动执行和执行合约条款的计算机程序。智能合约可以用于自动化和简化各种商业和法律交易，如房地产交易、供应链管理等。

（3）去中心化应用（DApps）：区块链可以支持去中心化应用，这些应用程序在区块链上运行，无须中心化的服务器。这种应用可以提供更高的安全性和透明性，并且不受单个实体的控制。

（4）身份验证和数字身份：区块链可以用于身份验证和数字身份管理。通过将身份信息存储在区块链上，并使用加密技术确保数据的安全性，可以实现更安全和去中心化的身份验证系统。

（5）物联网安全：区块链可以应用于物联网安全领域，通过提供去中心化的身份验证和数据交换机制，确保物联网设备和数据的安全性。

（6）投票和选举：区块链可以应用于投票和选举领域，提供安全、透明和不可篡改的选举过程，减少操纵和欺诈的可能性。

区块链的适用场景如图 7-21 所示。

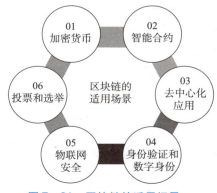

图 7-21 区块链的适用场景

2. 区块链的经典应用

1）区块链+金融

在金融类转账过程中，区块链技术可以提供安全、快速和可追溯的转账解决方案。以下是区块链在金融类转账过程中的应用流程。

首先是用户 A 填写转账信息。用户 A 通过其钱包应用程序填写转账信息，包括转账金额、收款人地址等。其次是转账信息进入区块。一旦转账信息被多数节点确认无误，它将被打包成一个区块，并添加到区块链的链上。再次是请求其他节点确认。新的区块将被广播到整个区块链网络中的其他节点，请求它们确认该区块的有效性。其他节点将再次验证转账信息，确保一致性和安全性。然后是多数节点确认。转账信息将被广播到区块链网络中的多个节点。这些节点将验证转账信息的有效性，包括用户 A 的余额是否足够进行转账等。接着是写入区块链。一旦区块被创建，其中包含了用户 A 的转账信息，该区块将被写入区块链，成为区块链上的一个新的区块。最后是用户 B 收到转账。一旦区块链网络中的大多数节点确认该区块的有效性，转账信息将被成功记录在区块链上。用户 B 将收到转账金额，并可以查看转账信息在区块链上的确认记录，区块链应用于金融类转账如图 7-22 所示。

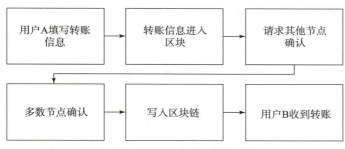

图 7-22　区块链应用于金融类转账

通过这个过程，区块链技术实现了去中心化的转账系统，确保了转账信息的安全性、透明性和不可篡改性。用户可以更加信任这样的转账系统，因为转账过程是公开的、可追溯的，并且不依赖于中心化的第三方机构。

2）区块链+政务

在婚姻登记中应用区块链技术可以带来许多优势，如安全性、透明性和不可篡改性。以下是区块链在婚姻登记中的具体应用场景和流程。

首先将婚姻信息写入区块链系统。利用区块链技术记录每位公民的个人信息，包括身份证件、联系方式等。这些信息可以被安全地存储在区块链上，确保数据的安全性和隐私保护。在区块链上也可以记录配偶的个人信息，包括身份证件、联系方式等。这些信息可以与个人信息进行关联，确保配偶信息的真实性和一致性。同时，婚前协议可以被存储在区块链上，并与婚姻信息进行关联。这样可以确保婚前协议的完整性和不可篡改性。接着当一对夫妇完成婚姻登记时，相关信息将被写入区块链系统，并生成相应的交易记录。这些信息将被永久记录在区块链上，不可篡改。区块链可以记录婚姻状态的变化，包括结婚、离婚等。每一次状态变化都会被记录在区块链上，确保婚姻状态的准确性和不可篡改性。最后公安部门、政府部门等相关机构可以通过授权的方式调用区块链系统中的婚姻信息，确保信息的真实性和可靠性。公民也可以通过授权的方式查询自己的婚姻信息。区块链应用于婚姻登记如图 7-23 所示。

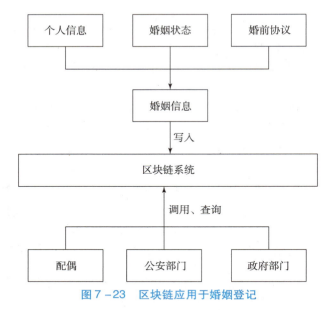

图 7-23 区块链应用于婚姻登记

通过将区块链技术应用于婚姻登记系统，可以提高数据的安全性、透明性和可追溯性，减少信息篡改和纠纷的可能性，从而提升婚姻登记系统的效率和可靠性。

知识拓展

嵌入式计算机

自古以来，间谍、士兵、黑客、海盗、商人等人，大多依靠密码学来确保他们的秘密不会人尽皆知。凯撒密码最早由古罗马军事统帅盖乌斯·尤利乌斯·凯撒在军队中用来传递加密信息，故称凯撒密码。此为一种位移加密手段，只对 26 个（大小写）字母进行位移加密，规则相当简单。

凯撒密码通过替换字母完成加密，每个字母由字母表中其后特定位数的字母代替。例如，Julius Caesar 将字母表向后移动 3 个字母的位置，然后用得到的新字母表中的字母替换原消息中的每个字母。例如，消息中的每一个 A 都变成 D，每个 B 都变成 E 等。当 Caesar 需要将字母表末尾的字母（如 Y）移位时，他会绕回到字母表的开头，移动 3 个位置到 B。

项目 8
信息素养与社会责任

在当今数字化快速发展的时代，信息素养和社会责任已经成为至关重要的议题。信息素养不仅仅是掌握技术工具和获取信息的能力，更包括了理解信息的真实性、评估信息的可信度、有效利用信息并将其转化为知识的能力。社会责任则体现了每个个体在信息社会中的使命和担当，要求个人在信息传播和利用过程中考虑社会利益、尊重他人权利，并承担起维护信息伦理和社会秩序的责任。

信息素养与社会责任之间存在着密不可分的联系。具备良好的信息素养可以帮助个体更好地理解和应对信息社会中的挑战，提高信息处理的准确性和有效性，同时也能够更好地履行社会责任，促进信息的合理传播和利用，推动社会的健康发展。

本项目包含认识信息素养、学习信息安全、学习信息伦理与行业自律三个任务。通过对信息素养和社会责任的深入探讨，可以更好地认识信息时代的挑战和机遇，引导个体和组织更加积极地参与信息社会建设，共同创造一个更加和谐、繁荣的数字化社会。

学习要点

（1）信息素养的概念。
（2）信息素养主要要素。
（3）信息技术发展史。
（4）信息安全的概念。
（5）常用的网络安全技术对策。
（6）计算机网络安全维护的措施。
（7）计算机病毒的概念、特征和分类。
（8）信息伦理基本概念。
（9）伦理道德与社会相关法律。

任务 8.1 认识信息素养

任务描述

在当今信息爆炸的时代，信息素养成为人们必备的基本能力之一。本任务旨在帮助学

> 习者全面理解信息素养的基本概念、主要要素以及信息技术的发展史，从而提升其在信息社会中的信息处理能力和创造能力。通过学习信息素养的基本概念，学习者将能够深入了解信息素养的内涵和意义，认识到信息素养对个人学习、工作和生活的重要性。因此，需要了解计算机网络，掌握以下知识点：信息素养基本概念、信息素养主要要素、信息技术发展史。

8.1.1 信息素养基本概念

所谓信息素养，各界说法不一，是一个动态变化的概念，基于的角度和立场不同，对信息素养的理解也不同。比较权威的是美国图书馆协会给出的定义，即认为信息素养是个体能够认识到需要信息，并且能够对信息进行检索、评估和有效利用的能力。也就是说，信息素养不仅包括掌握信息和信息技术的基本知识和基本技能，能够运用信息技术进行学习、合作、交流，还包括信息意识以及良好的信息道德。

与我们经常听说的信息技术相比，信息素养是一种信息能力，信息技术是它的一种工具，或者说，信息技术是最基本的信息素养。在信息化时代的当下，信息素养可以定义为基于信息解决问题的综合能力和基本素质，即以信息意识、信息知识和技能、信息伦理为基础，通过确定需求、检索、获取、评价、管理和利用信息解决实际问题，并能够重新建构自身知识体系的综合能力和基本素质。

8.1.2 信息素养主要要素

信息素养的主要要素包括信息意识、信息知识和技能、信息伦理三个方面。

1. 信息意识

定义：信息意识是指个体对信息的重要性和价值有清晰的认识和理解，意识到信息在日常生活、学习和工作中的关键作用。

重要性：信息意识是培养信息素养的基础，它使个体能够意识到信息的价值，激发对信息的需求和探索欲望，从而更积极主动地获取、利用和创造信息。

培养方式：培养信息意识可以通过开展信息素养教育和培训，加强信息教育的普及和宣传，让个体意识到信息对个人发展和社会进步的重要性。

2. 信息知识和技能

信息知识：包括信息的基本概念、信息资源的种类和特点、信息检索和评价方法等方面的知识。

信息技能：包括信息检索技能、信息分析技能、信息处理技能、信息传播技能等，是信息素养实际运用的关键。

重要性：信息知识和技能是信息素养的核心要素，它们使个体能够有效地获取、处理、评价和传播信息，提高工作效率和决策质量。

培养方式：培养信息知识和技能可以通过课堂教学、实践训练、在线学习等多种方式，帮助个体掌握信息技能并灵活运用于实际生活和工作中。

3. 信息伦理

定义：信息伦理是指在信息获取、利用和传播过程中遵守道德规范和法律法规，保护信息安全和隐私的意识与行为准则。

重要性：信息伦理是维护信息社会秩序和个人权益的重要保障，它促进信息的合法、公正、道德和负责任的使用。

培养方式：培养信息伦理意识可以通过教育宣传、道德规范建设、法律法规学习等途径，引导个体遵守信息伦理规范，保护信息安全和隐私。

综合来看，信息意识、信息知识和技能、信息伦理是信息素养的重要组成要素，它们共同构成了个体在信息社会中获取、处理、评价和创造信息的能力，并引导个体在信息活动中保持良好的道德和法律意识。

8.1.3 信息技术发展史

信息技术的发展史可以追溯到古代的文字、符号和通信方式，但现代信息技术的发展主要集中在近几个世纪。以下是信息技术发展史的简要概述：

1. 古代至中世纪

古代人类使用口头传统和简单的符号记录信息。
古代文明如埃及、美索不达米亚和中国开始使用文字书写，促进了信息传递和保存。
中世纪的印刷术的发明使信息传播更加快速和广泛。

2. 工业革命时期

19 世纪的电信技术的发展，如电报和电话，使信息传递更加快速和便捷。
20 世纪早期的无线电和广播技术进一步拓展了信息传播的范围。

3. 计算机时代

第二次世界大战期间，计算机的发展开始加速，首台电子数字计算机诞生于 20 世纪 40 年代。
20 世纪 50—70 年代，计算机技术逐渐成熟，出现了第一代、第二代和第三代计算机。
20 世纪 80 年代至今，个人计算机的普及和互联网的发展推动了信息技术的革命。

4. 互联网时代

互联网的商用化始于 20 世纪 90 年代初，使全球范围内的信息共享和交流成为可能。
互联网的快速发展催生了电子商务、社交媒体和在线娱乐等行业的兴起。

5. 移动互联网和人工智能时代

随着智能手机和移动互联网的普及，信息获取和交流变得更加便捷。
人工智能技术的快速发展，如机器学习和深度学习，为信息处理和分析带来了革命性的变革。

6. 未来展望

未来信息技术的发展将继续向着智能化、自动化和数字化方向发展，涵盖领域将更加广泛，如物联网、大数据、区块链等。

信息技术的发展将继续对人类社会产生深远影响，推动社会、经济和文化的变革。

综上所述，信息技术的发展经历了漫长的历程，从古代的文字和符号到现代的互联网和人工智能，不断推动着人类社会向着数字化和智能化的方向发展。

任务 8.2　学习信息安全

任务描述

由于计算机网络具有连接形式多样、终端分布不均匀和网络开放性、互连性等特征，致使网络易受黑客、病毒、恶意软件的攻击。网上信息的安全和保密是一个至关重要的问题。要保护网络中的计算机信息，需要掌握以下知识点：信息安全的基本概念；主要的安全威胁；数据加密技术；访问控制技术；身份认证和数字签名技术；防火墙技术；计算机病毒的概念、特征和防范。

8.2.1　信息安全基本概念

网络信息安全是一门涉及计算机科学、网络技术、通信技术、密码技术、信息安全技术、应用数学、数论和信息论等多种学科的综合性科学。

信息安全是指信息系统（包括硬件、软件、数据、人、物理环境及其基础设施等）受到保护，不受各类原因的影响，不遭到破坏，信息的保密性、完整性和可用性得到保证，系统可靠、正常地运行，信息服务连续不中断。信息安全包含物理安全、运行安全和数据安全3个方面。物理安全是指计算机与网络硬件设备的自身安全；运行安全是指计算机与网络设备运行过程中信息系统软件的稳定性；数据安全是指保护在存储、通信及处理过程中的数据不受到破坏、泄露、篡改或非授权使用。当讨论信息自身的安全问题时，涉及的狭义的"信息安全"问题是指数据安全。

信息安全又可分为消息和网络两个层次。

（1）从消息层次来看，包括信息的完整性，即保证信息的来源、去向、内容准确无误；信息的机密性，即保证信息不会泄露；信息的不可否认性，即保证信息的发送和接收双方，无法抵赖自己曾经做过的操作。

（2）从网络层次来看，包括网络的可用性，即保证网络和信息系统随时可用，运行过程中不出现故障，若遇意外攻击，能够尽量减少损失并尽早恢复正常；网络的可控性，即对网络信息的传播及内容具有控制能力的特性。

1. 信息安全的特征

信息安全具有以下5个特征，这也正是信息安全所要达到的目标。

（1）机密性。机密性是指保证信息只能由获得授权的人员访问，保证机密信息不遭到窃听，或窃听者不能了解信息的真实含义。信息的机密性有不同的级别。所有人员都可以访问的信息为公开信息，需要限制访问的信息一般为敏感信息或秘密。秘密可以根据信息的重要性及保密要求不同分成不同的密级；具体信息的机密性有时效性，秘密到期即可解密。

（2）完整性。完整性是指保证信息从真实的信源发往真实的信宿，在传输、存储过程中不受到非法修改、替换、删除。信息的完整性是信息安全的基本要求，主要包括两个方面：一方面，是指信息在整个处理过程中不受篡改、不发生丢失或缺损等；另一方面，是指信息处理方法的正确性，即避免不正当的操作，如误删等。

（3）可用性。可用性是指保证获得授权的用户在使用信息和资源时可以立即获得，不会被拒绝。例如，通信线路故障会造成信息在一段时间内不可用，影响正常的访问，这是对信息可用性的破坏。

（4）不可抵赖性。不可抵赖性是指建立如监控、数字签名等有效的安全机制，为出现的安全问题提供调查的依据和手段，防止用户否认其网上行为。这一点在电子商务中是极其重要的，不可抵赖性又称为不可否认性。

（5）可控制性。可控制性是指对信息的传播及内容都可以实施合法的安全监控和检测。控制授权范围内信息的流向及行为方式，使用授权机制，控制信息传播的范围和信息的内容。

2. 信息安全威胁

信息安全威胁是指通过某种攻击方式对系统信息资源的机密性、完整性、可用性、不可抵赖性和可控性造成一定的危害。攻击是对信息安全造成威胁的具体方式。虽然人为因素和非人为因素都可以对通信安全构成威胁，但是精心设计的人为攻击威胁最大。常见的信息安全威胁包括信息泄露、破坏信息完整性、非授权访问、抵赖（一种来自用户的攻击，例如否认自己曾经发布过消息或伪造对方消息等）和计算机病毒等。

（1）信息泄露。信息泄露是指信息被泄露或透露给某个非授权的实体。未经授权的信息传递正在日渐成为组织的风险，包括客户信息、员工个人信息和知识产权丢失。这些信息不仅可以通过 Web 泄露出去，还可能通过便携式存储设备、打印机和传真机流出组织。

（2）破坏信息的完整性。破坏信息的完整性是指数据被非授权地增删、修改或破坏而受到损失。

（3）拒绝服务。拒绝服务是指对信息或其他资源的合法访问被无条件地阻止。

（4）非法使用（非授权访问）。非法使用（非授权访问）是指某一资源被非授权的人使用，或以非授权的方式使用。

（5）窃听。窃听是指用各种可能的合法或非法的手段窃取系统中的信息资源和敏感信息。例如，对通信线路中传输的信号进行搭线监听，或者利用通信设备在工作过程中产生的电磁泄漏截取有用信息等。

（6）业务流分析。业务流分析是指通过对系统进行长期监听，利用统计分析方法对诸如通信频度、通信的信息流向、通信总量的变化等参数进行研究，从而发现有价值的信息和规律。

（7）假冒。假冒是指通过欺骗通信系统（或用户）达到非法用户冒充成为合法用户，或者特权小的用户冒充成为特权大的用户的目的。黑客大多是采用假冒攻击。

（8）旁路控制。旁路控制是指攻击者利用系统的安全缺陷或安全性上的脆弱处获得非授权的权利或特权。例如，攻击者通过各种攻击手段发现原本应保密，但是却又暴露出来的一些系统"特性"。利用这些"特性"，攻击者可以绕过防线守卫者侵入系统的内部。

（9）授权侵犯。授权侵犯是指被授权使用某一系统或资源的个人，却将此权限用于其他非授权的目的，也称为"内部攻击"。

（10）特洛伊木马。特洛伊木马是指隐藏在正常程序中具有恶意功能的代码，当它被执行时，会破坏系统的安全。特洛伊木马主要用于进行盗号、远程控制以及攻击的傀儡机等。

（11）陷门。计算机操作的陷门设置是指进入程序的秘密入口，知道陷门的人可不经过通常的安全检查访问过程而获得访问。当陷门被无所顾忌的程序员用来获得非授权访问时，陷门就变成了威胁。

（12）抵赖。抵赖是一种来自用户的攻击。比如，否认自己曾经发布过的某条消息、伪造一封对方来信等。

（13）重放。重放是指所截获的某次合法的通信数据副本，出于非法的目的而被重新发送。

（14）计算机病毒。浏览器配置被修改、数据受损或丢失、系统使用受限、网络无法使用、密码被盗是计算机病毒造成的主要破坏后果。

（15）人员不慎。授权的人为了利益或由于粗心，将信息泄露给非授权的人。

（16）媒体废弃。媒体废弃是指信息被从废弃的磁介质或打印过的存储介质中获得。废弃的计算机硬盘中往往存储着用户的隐私内容，如照片、个人资料、银行账户或公司文件等。一般用户认为只要将数据格式化就可以了，其实格式化的数据只是不再显示，利用数据恢复技术可以轻易地还原这些数据。

8.2.2 计算机网络安全技术对策

网络安全是保护网络资源的所有措施的总和，涉及政策、法律、管理、教育和技术等方面的内容。它是一项系统工程，针对来自不同方面的安全威胁，需要采取不同的安全对策。从法律、制度、管理和技术上采取综合措施，以便相互补充，达到较好的安全效果。其中，技术措施，或称为网络安全技术对策，是保护网络安全最直接的手段，目前常用而有效的网络安全技术对策有如下几种。

1. 加密

加密是所有网络安全对策中最古老、最基本的一种。加密的主要目的是防止信息泄露。加密把有效的数据变成无法理解的字符，既可对传输信息加密，也可对存储信息加密。现代加密算法能有效地对抗非法访问、破坏信息的完整性、抵赖等信息安全威胁。加密技术是网络信息安全的核心技术。

2. 数字签名

数字签名采用一种数据交换协议，使收发数据的双方能够满足两个条件：①接收方能够鉴别发送方所宣称的身份；②发送方不能否认发送过数据这一事实。数字签名一般采用不对称加密技术。

3. 用户识别

用户识别技术的核心是识别访问者是否属于系统的合法用户，目的是防止非授权访问。目前一般采用对称密钥加密或公开密钥加密的方法，采用高强度的密码技术来进行身份认证。

4. 访问控制

访问控制的目的是控制不同用户对信息资源的访问权限。根据安全策略，对信息资源进行集中管理，选择性地限制对地址空间或其他资源的访问，以实现对系统资源的安全保护。在操作系统中，受控的访问主体通常是与用户身份相关联的进程或任务；受保护的对象包括内存段、外部设备等硬件资源和文件、数据库等软件资源。

5. 防火墙

防火墙（firewall）是设置在受到保护的内部网络和外部网络之间的软件与硬件设备的组合，对内部网络和外部网络之间的通信进行控制。通过监测和限制跨越防火墙的数据流，尽可能地对外部屏蔽内部网络的结构、信息和运行情况，用于防范具有潜在破坏性的入侵或攻击，这是一种行之有效的网络安全技术。

8.2.3 计算机网络安全维护的简要措施

1. 用杀毒软件保护电脑，及时更新软件

要确保计算机中安装了杀毒软件。杀毒软件可以保护计算机在很大程度上不受病毒的侵害。因为新的病毒和病毒的变种不断产生，所以一定要保证及时升级杀毒软件。

2. 使用比较复杂的密码

密码只有在难以破解的时候才能阻挡非法用户的入侵。不要让别人知道自己的密码，也不要在一个以上的地方使用相同的密码。密码设置的建议如下：①密码长度至少 8 位以上；②定期更换密码，至少每隔 90 天更换一次；③不要把密码告诉任何人。

3. 安装防火墙

在计算机上安装防火墙，可以在计算机和外部环境之间建立防御层。防火墙有两种形式：一是个人计算机上运行的软件防火墙；二是同时保护若干计算机不受侵害的硬件防火墙。这两种防火墙的工作原理都是防止来自互联网的未授权的用户入侵计算机。

4. 不要打开不明来源的邮件

对于无法确定来源的邮件，不要轻易打开。对于标题可疑的邮件，要提高警惕。特别是对包含不明链接的邮件，更要小心谨慎。

5. 不使用互联网时及时断开链接

在不需要使用网络的时候，最好断开网络链接，否则，会给别人留下链接到你计算机的

机会。而且如果没有及时更新杀毒软件，或者没有安装防火墙，有人可能会侵入你的计算机或者利用它来伤害网络上的其他人。

6. 关闭文件共享

开放的操作系统可以允许网络中的其他计算机连接到本地计算机硬盘上进行文件共享。如果没有足够的防护措施，文件共享可能导致计算机遭受病毒的感染，或者文件被窃取。所以，在不需要使用这种功能时，应该确保它是关闭的。

7. 定期下载系统安全更新补丁

当今大多数主流软件公司都会及时发布其软件产品的更新和补丁。程序漏洞可能会导致有人恶意攻击计算机，软件公司在发现这些漏洞以后，会在网站上发布针对这些漏洞的程序补丁。

8.2.4 防治计算机病毒

1. 计算机病毒的概念

计算机病毒（computer virus）是编制者在计算机程序中插入的破坏计算机功能或者毁坏数据的代码，是影响计算机的使用，并能自我复制的一组计算机指令或者程序代码。它具有可自我繁殖、可传染以及可激活再生等生物病毒的特征。计算机病毒有独特的复制能力，能够快速蔓延，还能潜伏在计算机的存储介质或程序里，条件满足时即可激活，通过修改其他程序的方法将自己精确复制或者以类似的形式放入其他程序中，从而感染其他程序，破坏计算机资源，危害性很大。

2. 计算机病毒的特征

1）计算机感染病毒的症状

计算机感染病毒的症状较多，可能会因感染病毒的种类不同出现不同的症状，常见的症状如下：

①系统文件长度发生变化。
②磁盘文件数目无故增多。
③操作系统无法正常启动。
④关闭计算机后自动重启。
⑤经常无缘无故地死机。
⑥运行速度明显变慢。
⑦通常能正常运行的软件，在运行时却提示内存不足。
⑧与打印机的通信发生异常。
⑨未使用软件，但出现了读写操作。
⑩数据丢失，文件无法打开。

2）计算机病毒的特性

①传染性。它是病毒的基本特征。计算机病毒会通过U盘、网络等各种渠道从已感染

的计算机扩散到未感染的计算机，可能造成感染病毒的计算机工作失常甚至瘫痪。

②隐蔽性。病毒一般是通过高超的编程技巧编出的短小的程序，通常附着在正常程序中或磁盘中较隐蔽的地方，也有可能以隐藏文件的形式出现，目的是不让用户发现它的存在。

③潜伏性。大部分的病毒可以长期隐藏在系统中，只有在满足特定条件时才启动。

④破坏性。病毒侵入计算机后，会对系统及应用程序产生不同程度的影响。轻者会降低计算机的工作效率，占用系统资源，重者可导致系统崩溃。

⑤寄生性。寄生性指病毒对其他文件或系统进行一系列非法操作，使其感染这种病毒，并成为该病毒的一个新的传染源。

3. 计算机病毒的命名

如果用户掌握一些病毒的命名规则，就能通过杀毒软件的报告中出现的病毒名来判断病毒的一些共有的特性。计算机病毒命名的一般格式为：＜病毒前缀＞．＜病毒名＞．＜病毒后缀＞。

病毒前缀是指一个病毒的种类，它是用来区别病毒的种类的。不同种类的病毒，其前缀也是不同的。如常见的木马病毒的前缀是 Trojan，蠕虫病毒的前缀是 Worm，DOS 下的病毒一般无前缀。病毒名是指一个病毒的家族特征，是用来区别和标识病毒家族的，如振荡波蠕虫病毒的家族名是 Sasser。病毒后缀是指一个病毒的变种特征，是用来区别具体某个家族病毒的某个变种的。一般都采用英文字母来表示，如 Worm.Sasser.b 就是指振荡波蠕虫病毒的变种 B，因此一般称为"振荡波 B 变种"或"振荡波变种 B"。如果该病毒变种非常多，可以采用数字与字母混合表示变种标识。

4. 计算机病毒的症状

（1）磁盘文件数目无故增多。
（2）系统文件长度发生变化。
（3）系统出现异常信息、异常图形。
（4）系统运行速度减慢，系统引导、打印速度变慢。
（5）系统内存异常减少。
（6）系统不能由硬盘引导。
（7）系统出现异常死机。
（8）数据丢失。
（9）显示器上经常出现一些莫名其妙的信息或异常现象。
（10）文件名称、扩展名、日期、属性被更改过。

5. 计算机病毒的分类

计算机病毒的分类方式比较多，通常按病毒的传染方式，将其分为以下五类。

（1）系统引导型病毒。系统引导型病毒通常隐藏于计算机硬盘的引导区，计算机读取病毒侵入的硬盘时，病毒便会进行自我复制，并进入计算机内存，从而入侵计算机其余磁盘的引导区。引导性病毒还能通过网络传播到其他用户的计算机上，破坏更多的计算机。

（2）文件型病毒。文件型病毒是指能够寄生在文件中的病毒，主要感染计算机中的可执行文件和命令程序文件。文件型病毒是对计算机中的源文件进行修改，使其成为新的带毒文件，一旦计算机运行该文件，就会受感染。

（3）复合型病毒。复合型病毒兼有系统引导型病毒和文件型病毒特点。它们既可以感染磁盘的引导区文件，也可以感染某些可执行文件，如果没有对这类病毒进行全面的清除，则残留病毒可以自我恢复，还会造成引导区文件和可执行文件的感染。

（4）宏病毒。宏病毒能够在数据处理系统中运行，并存于数据文件中，如数据表格、文字处理文档等，此病毒通过宏语言的功能进行自我复制并传播给其他数据文件。一旦打开这样的文档，其中的宏就会执行，于是宏病毒就会激活，转移到计算机上，并驻留在 Normal 模板上。

（5）网络病毒。网络病毒是指可以通过网络传播，同时破坏某些网络组件（服务器、客户端、交换机和路由器等设备）的病毒，例如，木马病毒和蠕虫病毒等。木马病毒是一种后门程序，它通过网络或者系统漏洞进入用户的系统并隐藏，窃取用户资料，向外界泄露用户信息。

6. 计算机病毒的预防

计算机病毒的预防是指在病毒尚未入侵或刚刚入侵时，就拦截、阻止病毒的入侵或立即报警，目前在预防病毒工具中采用的技术主要有如下几种。

（1）将大量的消毒/杀毒软件汇集于一体，检查是否存在已知病毒，如在开机时或在执行每一个可执行文件前执行扫描程序。

（2）检测一些病毒经常要改变的系统信息，如引导区、中断向量表、可用内存空间等，以确定是否存在病毒行为。其缺点是无法准确识别正常程序与病毒程序的行为，从而造成频繁的误报警，带来的结果是使用户失去对病毒的戒心。

（3）监测写操作，对引导区 BR 或主引导区 MBR 的写操作报警。若某个程序对可执行文件进行写操作，就认为该程序可能是病毒，阻止其写操作，并报警。

（4）对计算机系统中的文件形成一个密码检验码，以实现对程序完整性的验证，在程序执行前或定期对程序进行密码校验，如有不匹配现象即报警。

（5）设计病毒行为过程判定知识库，应用人工智能技术，有效区分正常程序与病毒程序行为，是否误报警取决于知识库选取的合理性。

（6）设计病毒特征库、病毒行为知识库、受保护程序存取行为知识库等多个知识库及相应的可变推理机。通过调整推理机，能够对付新类型病毒，误报和漏报较少。这是未来预防病毒技术发展的方向。

（7）安装防毒软件。首次安装时，要对计算机做一次彻底的病毒扫描。每周应至少更新一次病毒定义码或病毒引擎，并定期扫描计算机。防毒软件必须使用正版软件。

7. 计算机病毒的检测

计算机病毒的检测技术是指通过一定的技术手段检测出计算机病毒的一种技术。病毒检测技术主要有两种：一种是根据计算机病毒程序中的关键字、特征程序段内容、病毒特征及传染方式、文件长度的变化，在特征分类的基础上建立的病毒检测技术；另一种是不针对具体病毒程序的自身检验技术，即对某个文件或数据段进行检验和计算并保存其结果，以后定期或不定期地根据保存的结果对该文件或数据段进行检验，若出现差异，即表示该文件或数据段的完整性已遭到破坏，从而检测到病毒的存在。

8. 计算机病毒的清除

1）清除病毒的方法

（1）停止使用计算机，用纯净启动磁盘启动计算机，将所有资料备份；用正版杀毒软件对计算机进行杀毒，最好能将杀毒软件升级到最新版。

（2）如果一个杀毒软件不能杀除某个病毒，可寻求专业性的杀毒软件进行查杀。

（3）如果多个杀毒软件均不能杀除此病毒，则可下载专杀工具或将此染毒文件上报杀毒网站，让专业性的网站或杀毒软件公司帮你解决。

（4）若遇到清除不掉的同种类型的病毒，可到网上下载专杀工具进行杀毒。

（5）若以上方法均无效，只能格式化磁盘，重装系统。

2）杀毒软件

目前市场上的查杀病毒软件有许多种，可以根据需要选购合适的杀毒软件。下面简要介绍常用的几个查杀毒软件。

（1）金山毒霸。由金山公司设计开发的金山毒霸杀毒软件有多种版本。可查杀超过2万种病毒和近百种黑客程序，具备完善的实时监控（病毒防火墙）功能，它能对多种压缩格式文件进行病毒查杀，能进行在线查毒，具有功能强大的定时自动查杀功能。

（2）瑞星杀毒软件。瑞星杀毒软件是专门针对目前流行的网络病毒研制开发的，采用多项最新技术，有效提升了对未知病毒、变种病毒、黑客木马和恶意网页等新型病毒的查杀能力，在降低系统资源消耗、提升查杀毒速度、快速智能升级等多方面进行了改进，是保护计算机系统安全的工具软件。

（3）诺顿防毒软件。诺顿防毒软件（Norton Antivirus）是 Symantec 公司设计开发的软件，可侦测上万种已知和未知的病毒。每次开机时，诺顿自动防护系统会常驻在系统托盘，当用户从磁盘、网络上或 E-mail 附件中打开文档时，便会自动检测文档的安全性，若文档内含有病毒，便会立即警告，并做适当的处理。Symantec 公司平均每周更新一次病毒库，可通过诺顿防毒软件附有的自动更新（LiveUpdate）功能，连接 Symantec 公司的 FTP 服务器下载最新的病毒库，下载完后，自动完成安装更新的工作。

（4）卡巴斯基杀毒软件。卡巴斯基（Kaspersky）杀毒软件来源于俄罗斯，它具有超强的中心管理和杀毒能力，提供了一个广泛的抗病毒解决方案。它提供了所有类型的抗病毒防护：抗病毒扫描仪、监控器、行为阻段和完全检验。它几乎支持所有的普通操作系统、E-mail 通路和防火墙。Kaspersky 控制所有可能的病毒进入端口，具有的强大功能和局部灵活性以及网络管理工具，为自动信息搜索、中央安装和病毒防护控制提供最大的便利，可以用最少的时间来建构抗病毒分离墙。

（5）360杀毒软件。360杀毒软件是360安全中心出品的一款免费的云安全杀毒软件。具有查杀率高、资源占用少、升级迅速等优点。360杀毒软件可以快速、全面地诊断系统安全状况和健康程度，并进行精准修复。

由于现在的杀毒软件都具有在线监视功能，一般在操作系统启动后即自动装载并运行，时刻监视打开的磁盘文件、从网络上下载的文件以及收发的邮件等。有时，在一台计算机上同时安装多个杀毒软件后，使用时可能会有冲突，容易导致原有杀毒软件不能正常工作。对用户来说，选择一个合适的杀毒软件主要应该考虑以下几个因素：①能够查杀的病毒种类越多越好；②对病毒具有免疫功能，即能预防未知病毒；③具有在线检测和即时查杀病毒的能力；④能不断对杀毒软件进行升级服务，因为每天都可能有新病毒的产生，所以杀毒软件必须能够对病毒库不断地进行更新。

知识拓展

计算机中病毒后不要重启。因为很多病毒会在重启以后才发挥作用，而恰恰很多人在计算机有问题的时候都喜欢重启，这会造成很多本可以避免的损失。

处理计算机病毒的步骤

按怎样的步骤处理计算机病毒呢？扫描二维码，获取更多知识。

任务 8.3　学习信息伦理与行业自律

任务描述

学习信息伦理与行业自律是为了培养个体在信息社会中遵守道德规范和法律法规，保护信息安全和隐私的意识和能力。本任务包括学习信息伦理的基本概念和原则，了解信息使用中的道德隐患和风险，掌握信息保护和隐私保护的方法与技巧。同时，学习行业自律的重要性，了解行业规范和标准，掌握行业道德准则和职业操守，促进行业健康发展和社会责任意识。通过学习信息伦理与行业自律，个体可以在信息活动中保持良好的道德行为，遵守法律法规，维护信息安全和社会秩序，促进信息社会的健康发展。

8.1.1　信息伦理基本概念

信息伦理是研究信息活动中的道德问题和价值观的学科领域，涉及信息的获取、处理、传播和利用过程中的道德原则与规范。以下是信息伦理的基本概念。

隐私：指个人信息和数据的保护，包括个人对自己信息的控制权和权利，以及他人不越轨获取、使用或传播他人信息的道德要求。

透明度：指信息处理过程应当公开、清晰，让相关方了解信息的来源、用途和处理方式，确保信息活动的公正和诚信。

公正性：要求信息活动应当公平、公正，不偏袒任何一方，避免信息歧视和不当利益输送。

真实性：信息应当真实、准确，不得故意误导或虚假宣传，保持信息的可信度和可靠性。

责任：信息活动的参与者应当承担相应的责任和后果，包括对信息的使用、传播和影响负责任。

尊重：尊重他人的意愿、权利和利益，在信息活动中避免侵犯他人的隐私和权益。

信息伦理的基本概念旨在引导个体和组织在信息活动中遵循道德规范，保护信息的安全和隐私，维护公正和诚信，促进信息社会的健康发展。

8.1.2 伦理道德与社会相关法律

伦理道德与社会相关法律密切相关，法律通常是对道德原则和社会价值观的具体化与规范化。在信息领域，伦理道德和法律之间存在紧密的联系，以保护个人权利和社会利益。一些与信息伦理相关的法律包括：

（1）数据保护法：规定了个人数据的收集、处理和使用方式，保护个人隐私和数据安全。

（2）网络安全法：旨在维护网络安全，规范网络信息服务提供者的行为，防范网络犯罪和数据泄露。

（3）信息安全法：强调信息系统和信息内容的安全，规范了信息的存储、传输和处理方式。

（4）消费者权益保护法：保护消费者的合法权益，规范了商家在信息传播和营销中的行为。

（5）知识产权法：保护知识产权，规范了信息的使用和分享，防止侵权行为。

这些法律不仅规定了信息活动中的行为准则，也为违反道德规范的行为提供了法律依据。因此，在信息社会中，遵守伦理道德和遵守相关法律同样重要，以确保信息活动的合法性、公正性和安全性，促进社会的和谐发展。